2022年广西普通本科高校优秀教材
普通高等教育电气工程与自动化（应用型）系列教材

计算机控制技术

第2版

罗文广　廖凤依　石玉秋　袁海英　编著

机械工业出版社

本书在第 1 版的基础上修订而成。本书涉及计算机控制系统的硬件设计、软件设计、控制算法和仿真技术等内容，既具有较强的理论性，也具有很强的实践性。主要内容包括：计算机控制系统的基本概念和组成、计算机控制系统的分类；采样过程、数字控制设计基础、离散化方法、数字控制器设计方法等计算机控制的基础理论；计算机控制系统的过程通道、数据处理和数字滤波、过程通道的可靠性措施；数字 PID 控制、最少拍控制、纯滞后补偿控制、模糊控制、神经网络控制等常用的控制算法的基本原理和实现方法；计算机控制系统的设计方法及步骤，以及用于教学的两个综合应用实例和用于学生研究性学习的两个综合项目。

本书适合作为自动化、测控技术与仪器、电气工程及其自动化等专业本科生的教材，也可供从事控制系统设计的专业技术人员参考。

图书在版编目（CIP）数据

计算机控制技术/罗文广等编著．—2 版．—北京：机械工业出版社，2018.8（2023.7 重印）
普通高等教育电气工程与自动化（应用型）系列教材
ISBN 978-7-111-60502-7

Ⅰ.①计…　Ⅱ.①罗…　Ⅲ.①计算机控制-高等学校-教材
Ⅳ.①TP273

中国版本图书馆 CIP 数据核字（2018）第 161509 号

机械工业出版社（北京市百万庄大街 22 号　邮政编码 100037）
策划编辑：于苏华　刘琴琴　责任编辑：于苏华　王　康
责任校对：刘雅娜　封面设计：张　静
责任印制：邓　博
北京盛通商印快线网络科技有限公司印刷
2023 年 7 月第 2 版第 7 次印刷
184mm×260mm · 15.25 印张 · 373 千字
标准书号：ISBN 978-7-111-60502-7
定价：39.00 元

电话服务　　　　　　　　　　网络服务
客服电话：010-88361066　　机 工 官 网：www.cmpbook.com
　　　　　010-88379833　　机 工 官 博：weibo.com/cmp1952
　　　　　010-68326294　　金　书　网：www.golden-book.com
封底无防伪标均为盗版　　机工教育服务网：www.cmpedu.com

前　言

计算机控制技术是把计算机技术与自动化控制原理融为一体的一门综合性学问，是以计算机为核心部件的过程控制工程和运动控制工程的综合性技术。随着自动化技术、计算机技术、通信技术、网络技术、管理技术等的发展，计算机控制技术将这些技术融合起来，呈现开放性、集散性、智能化、网络化等特点，并以日新月异的速度发展。以计算机控制技术为基础的计算机控制系统在军事、航天、工业、农业、交通运输、经济管理、能源开发与利用等各个领域获得了广泛的应用。基于这样的应用需求，社会对掌握计算机控制技术的高素质人才的需求不断扩大。

本书为普通高等教育电气工程与自动化（应用型）系列教材，教材编写依据“全国高等学校电气工程与自动化（应用型）规划教材编审委员会”提出的“基本理论适度、注重工程应用”的基本原则，将理论知识与实践知识有机地融合起来。结合案例教学、项目教学、研究性学习等方法，借鉴国外精品教材以及国内应用型本科优秀教材的写作思路、写作方法以及章节安排，并不照搬适用于国内研究型大学的教材编写模式，坚持“有所为，有所不为”，将计算机控制技术最核心的内容写透、写好，期望编写出更加适合应用型人才培养需要的教材，使学生易于理解和掌握，并掌握其应用方法，基本具备计算机控制系统的设计能力。本书的编写特色如下：

1）把握核心内容，仍以最基本的直接数字控制系统为主要对象，计算机控制基础理论、过程通道（硬件和数字滤波）、常用的控制算法作为核心内容。

2）注意以问题（或案例、项目）为驱动，引出各章（或节）的知识点，激发学生的学习兴趣。

3）注重实际和工程应用，给出较多的实际例子和实物图例，将理论知识与实践知识有机地融合起来，并将作者多年的科研成果应用到教材中。

4）进行理论分析时注重应用 MATLAB 对实例进行仿真，使抽象的理论知识易于理解。

5）文字阐述简洁易懂，理论论述简单、通俗、易于理解，有利于学生课后自学。

6）二维码新形态教材。借本书重印之契机，积极推进党的二十大精神进教材，结合教材内容，融入伟大建党精神、科学家精神、工匠精神、中国创造、数字技术世界等相关思政元素的二维码视频。此外，以微课视频形式融入每章的重点难点和学习要求。

本书共分5章：第1章计算机控制系统概述，第2章计算机控制的理论基础，第3章过程通道，第4章常用的计算机控制算法，第5章计算机控制系统设计。其中，第2~4章是本书的重点，也是设计计算机控制系统的核心基础。

本书适合作为自动化、测控技术与仪器、电气工程及其自动化等专业本科生的教材，也可供其他专业及从事控制系统设计的专业技术人员参考。本书参考学时为56学时（含8学时的实验），可根据教学计划和专业的不同要求进行适当安排，部分内容可自学，因此也可按48学时组织教学。

本书由广西科技大学罗文广教授组织编写和统稿，第1章、第4章的4.5节和4.6节由广西科技大学袁海英编写，第2章由广西科技大学石玉秋编写，第3章由广西科技大学廖凤依编写，第4章的4.1~4.4节、4.7节和4.8节、第5章由罗文广编写。

由于作者水平有限，书中疏漏和不妥之处在所难免，敬请读者批评指正。

作　者

目　录

第 1 章　计算机控制系统概述

1.1　计算机控制系统的概念

第 1 章重难点　　伟大建党精神

1.1.1　基本概念和组成

1. 引例：烟气脱硫控制系统

现代工业废气中所含硫化物是空气污染的一个重要来源，图 1-1 是某火电厂的烟气脱硫系统结构图，从废气输入到净化后的清洁烟气排放、副产品回收都由计算机及相应的传感器、执行装置实现自动控制。

整个系统包括吸收剂制备、烟气系统、CFB 吸收塔、注水系统、吸收剂定量给料、电除尘器、物料循环、副产品排放等子系统。该系统应用于 2×300MW 机组，共采用两套脱硫除尘岛系统，采用分布式 IO 配置，在现场共安装 18 个工业控制柜，板卡点数近千点：包含 DI、DO、AI、AO、RTD（分度热电阻）、PI（脉冲量输入）等多种类型的信号。

图 1-2 是系统实物图，中间低矮的建筑为中央控制室，它的两侧即是 1 号和 2 号脱硫系统的吸收塔和除尘器，两套脱硫系统共用中央控制室后方的清洁烟气排气烟囱。

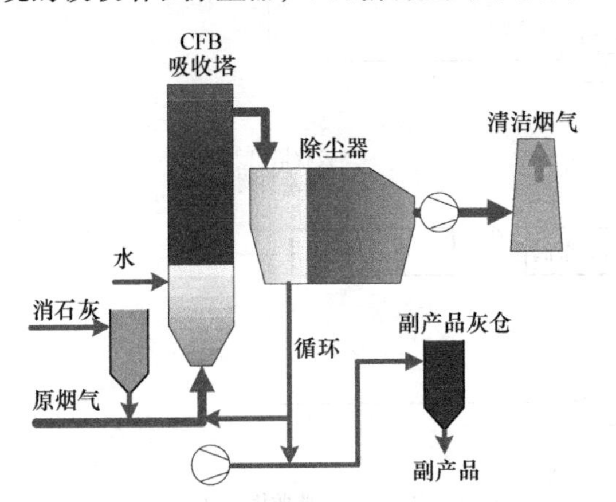

图 1-1　某火电厂的烟气脱硫系统结构图

图 1-2　系统实物图

图 1-3 是控制系统工作平台结构图。整个系统通过标准以太网连接为一个整体。控制系统主要包括 SO_2 排放浓度控制、吸收塔床层压差控制、吸收塔温度控制及吸收塔入口烟气流量控制。这些主要控制回路的结构图如图 1-4 所示。

上例也反映出工业用计算机控制系统的一些典型特征：整个系统是一个控制网络；I/O 采集方式由集中式走向分布式；在工业上仍然采用以 PID，尤其是 PI 为主的控制算法，但不是用模拟元件而是用计算机来实现；控制算法正在逐步从经典算法（PID）走向高级控制算法、智能控制算法（动态矩阵控制（DMC）、模糊控制、神经网络控制等）。

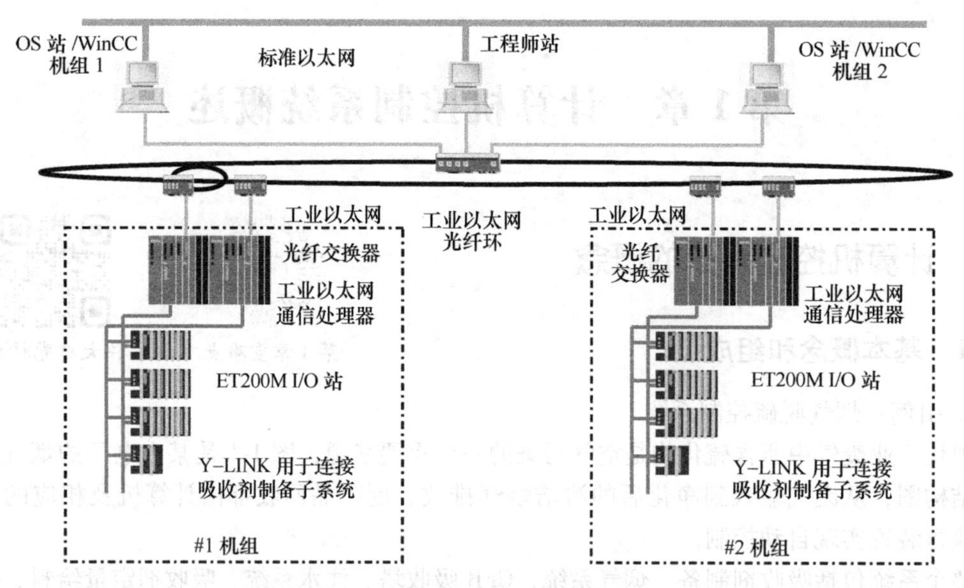

图 1-3　控制系统工作平台结构图

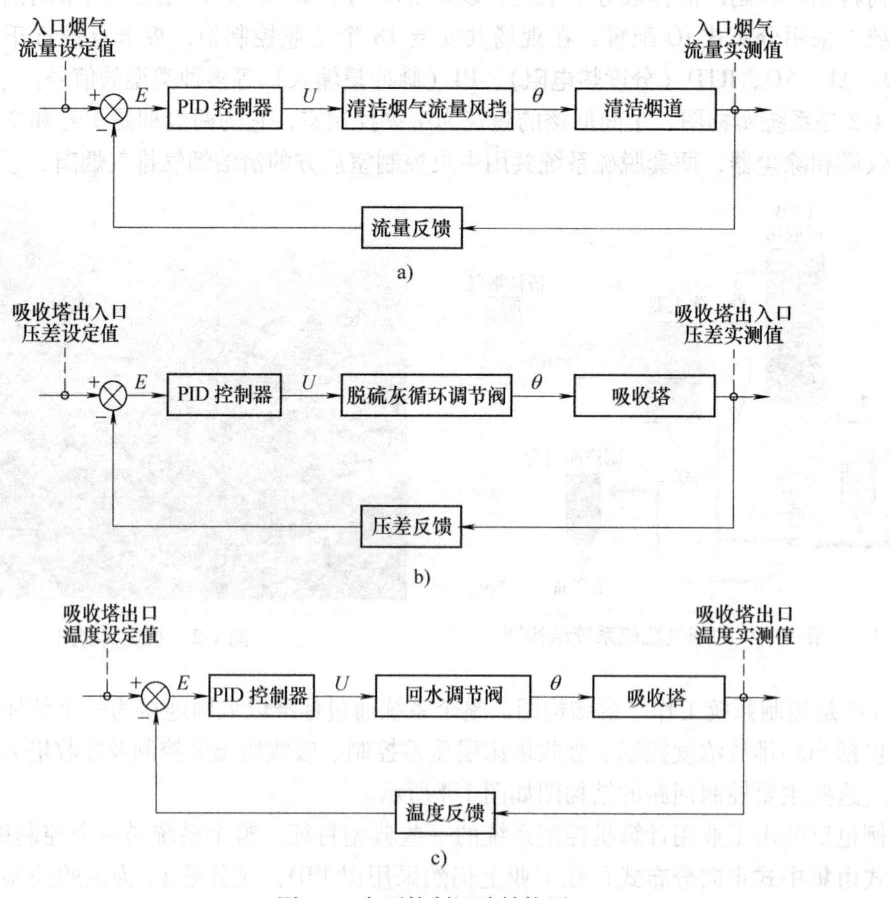

图 1-4　主要控制回路结构图

a）吸收塔入口烟气流量控制　b）吸收塔温度控制　c）吸收塔床层压差控制

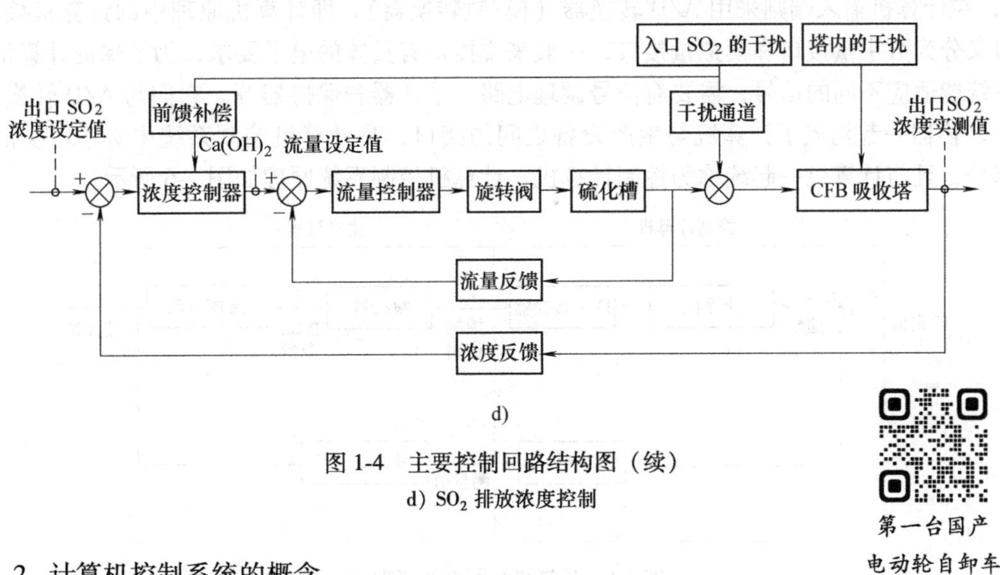

d)

图 1-4　主要控制回路结构图（续）
d) SO_2 排放浓度控制

第一台国产
电动轮自卸车

2. 计算机控制系统的概念

计算机控制系统就是利用计算机来实现生产过程自动控制的系统。

用控制器或控制装置来调节或控制被控对象输出行为的模拟系统，称为模拟控制系统。图 1-5 所示为模拟控制系统，该系统由两部分组成：被控对象和测控装置。其中被控对象可能是电动机、水箱或电热炉等，测控装置则主要由测量变送器、比较器、控制器以及执行器等组成。系统的工作原理为：当给定值或外界干扰变化时，系统将测量变送器反馈回来的被控参数与给定值比较后得出偏差信号 e，控制器根据偏差信号的大小按照预先设定的控制规律进行运算，并将运算结果作为输出控制量 u 送到执行机构，自动调整系统的输出，使偏差信号趋向于 0。

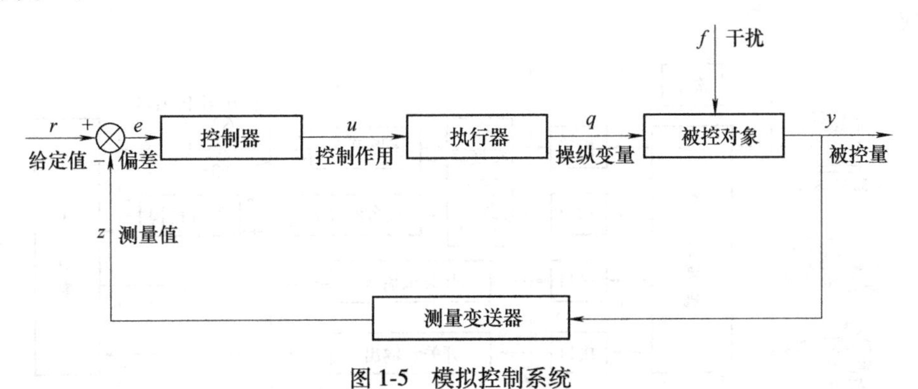

图 1-5　模拟控制系统

在常规的控制系统中，上述控制器采用气动或电动的模拟调节器实现，随着计算机的普及，特别是微处理器的性能价格比不断提高，工程技术人员用计算机来代替模拟调节器实现系统的自调节，逐渐形成了计算机控制系统。在计算机控制系统中，计算机的输入/输出信号都为数字量，被控对象的输入/输出信号往往是连续变化的模拟量，要想实现计算机与具有模拟量输入/输出的被控对象信号的传递，就必须有信号转换装置，这些信号转换装置也就是常说的 A/D 转换器和 D/A 转换器。在执行器的输出端使用 D/A 转换器（数/模转换器)，在计算机输入端则采用A/D转换器（模/数转换器)，即计算机原理中的计算机接口。接口又分为数字量接口和模拟量接口，一般来说接口有具体的电平要求，为了保证计算机控制系统能适应不同的信号，需要有信号调理电路、采样器和保持器等。它们与A/D转换器、D/A转换器一起构成了计算机与生产设备之间的接口，是计算机控制系统中必不可少的组成部分，且与计算机一起统称为控制计算机。计算机控制系统原理如图1-6所示。

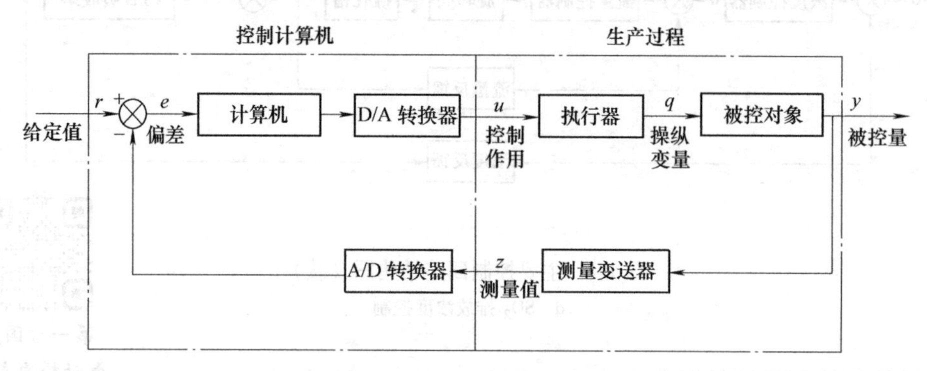

图1-6　计算机控制系统原理图

在控制系统中引入计算机，可以充分利用计算机强大的计算、逻辑判断和记忆等信息处理能力，运用微处理器或微控制器的丰富指令，可以编写出满足某种控制规律的程序，执行该程序，就可以实现对被控参数的控制。计算机控制系统中的计算机是广义的，可以是工业控制计算机、嵌入式计算机、可编程序控制器（Programmable Logical Controller，PLC)、单片机系统、数字信号处理器（Digital Signal Processor，DSP）等。

3. 计算机控制系统的组成

计算机控制系统由计算机系统和被控对象组成，如图1-7所示。计算机系统又由硬件和软件组成。

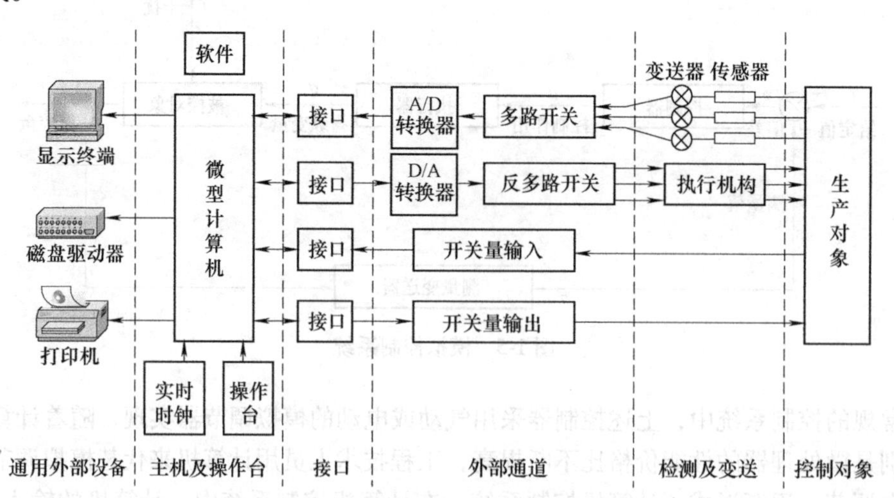

图1-7　计算机控制系统硬件组成框图

(1) 硬件

硬件主要包括计算机、过程输入/输出通道（外部通道)、外部设备和操作台等。

1）计算机。计算机是计算机控制系统的核心，通过接口可以向系统的各个部分发出各种命令，同时对被控对象的被控参数进行实时检测及处理。其具体功能是完成程序存储、程序执行、数值计算、逻辑判断、数据处理等工作。

2）过程输入/输出通道。过程输入/输出通道是在计算机和被控对象（或生产过程）之间设置的信息传送和转换的连接通道。过程输入通道把被控对象（或生产过程）的被控参数转换成计算机可以处理的数字代码。过程输出通道把计算机输出的命令和数据，转换成可以对被控对象（或生产过程）进行控制的信号。过程输入/输出通道一般分为：模拟量输入通道、模拟量输出通道、开关量输入通道、开关量输出通道。

3）外部设备。实现计算机和外界交换信息的设备称为外部设备（简称外设）。外部设备包括人-机通信设备、输入/输出设备和外存储器（简称外存）等。输入设备有键盘、光电输入机等，主要用来输入程序和数据。输出设备有打印机、记录仪、纸带穿孔机、显示器（数码显示器或 CRT 显示器）等，主要用来向操作人员提供各种信息和数据，以便及时了解控制过程。外存储器有磁带装置、磁盘装置等，兼有输入/输出功能，主要用来存储系统程序和数据。

4）操作台。操作台是操作人员与计算机控制系统进行“对话”的设备，主要包括如下几部分。

①显示装置，如显示屏幕、LED 或 LCD 数码显示器，主要用来显示操作人员要求显示的内容或报警信号。

②一组或几组功能键，通过功能键，可向主机申请中断服务。功能键包括复位键、启动键、打印键、显示键等。

③一组或几组数字键，用来输出某些数据或修改控制系统的某些参数。

（2）软件

软件是指能够完成各种功能的计算机控制程序系统。它是计算机系统的神经中枢，整个系统的动作都是在软件的指挥下进行工作的。它由系统软件和应用软件组成。

系统软件是指能提高计算机使用效率，扩大功能，为用户使用、维护和管理计算机提供方便的程序的总称。系统软件通常包括操作系统、语言加工系统和诊断系统，具有一定的通用性，一般随硬件一起由计算机生产厂家提供。应用软件是用户根据要解决的实际问题而编写的各种程序。在计算机控制系统中则是指完成系统内各种任务的程序，如控制程序、数据采集及处理程序、巡回检测及报警程序等。

1.1.2　计算机控制系统的功能与特点

1. 功能

计算机在工业自动化领域中的应用，经历了逐步发展的过程。就国外情况看，大体上经历了三个阶段。1965 年以前是试验阶段。20 世纪 50 年代初，首先在化工生产中实现了自动测量和数据处理。1954 年开始用计算机构成开环系统，1959 年工业上第一台闭环计算机控制装置在美国一个炼油厂建成。1960 年美国的一个氨厂用 RW-300 实现了计算机监督控制。1962 年 3 月，在一个乙烯工厂实现了工业装置中的第一个直接数字控制（DDC）系统。同年 7 月，英国的一个制碱厂也实现了一个 DDC 系统。

1965~1969 年是计算机控制进入实用和开始逐步普及的阶段。由于小型计算机的出现，使可靠性不断提高，成本逐年下降，计算机在生产控制中的应用得到了很大的发展，但这个阶段仍然主要是集中型的计算机控制系统。在高度集中控制时，若计算机出现故障，将对整个生产装置和整个生产系统带来严重影响。虽然采用多机并用方案可以提高集中控制的可靠性，但这样就要增加投资。

1970年以后进入了大量推广和分级控制阶段。现代一些工业的高度连续化、大型化的特点，仅仅实现局部范围内的孤立控制，是难以取得显著效果的，必须使用系统工程方法实现综合管理和最优控制。这种控制方式称为分级分散型计算机控制系统。特别是微型计算机具有高可靠性、价格便宜、使用方便灵活等特点，为分散型计算机控制系统的发展创造了良好的条件。

计算机控制系统中，控制规律是由计算机通过程序实现的（数字控制器），修改控制规律，只需修改相应的程序，一般不对硬件电路进行改动，因此具有很大的灵活性和适应性。计算机具有丰富的指令系统和很强的逻辑判断功能，能够实现模拟电路不能实现的复杂控制规律。并且由于计算机具有高速的运算处理能力，一个数字控制器经常可以采用分时控制的方式，同时控制多个回路。采用计算机控制系统，如分级计算机控制系统、集散控制系统、计算机网络控制系统等，便于实现控制与管理一体化，使工业企业的自动化程度进一步提高。

目前，计算机的应用已使自动化发展到一个高级的阶段，一些新型的设备和生产方式正在逐步推广应用，像工业机器人、柔性生产系统（FMS）等，必将带来更加显著的经济和社会效益。计算机与自动化学科的融合，加上其他新兴学科的支撑，使得自动化在国民生产、生活领域的应用在广度和深度上不断拓展。

2. 计算机控制系统的特点

计算机控制系统相对于连续控制系统，其主要特点如下所述。

（1）系统结构的特点

计算机控制系统执行控制功能的核心部件是计算机，而连续系统中的被控对象、执行部件及测量部件均为模拟部件。这样系统中还必须加入信号转换装置，以完成系统信号的转换。因此，计算机控制系统是模拟部件和数字部件的混合系统。若系统中各部件都是数字部件，则称为全数字控制系统。

（2）信号形式上的特点

连续系统中各点信号均为连续模拟信号，而计算机控制系统中有多种信号形式，因为计算机是串行工作的，必须按照一定的采样间隔（称为采样周期）对连续信号进行采样，将其变为时间上离散的信号才能进入计算机，所以计算机控制系统除了有连续模拟信号外，还有离散模拟、离散数字、连续数字等信号形式，是一种混合信号形式的系统。

（3）信号传递时间上的差异

连续系统中（除纯延迟环节外）模拟信号的计算速度和传递速度都极快，可以认为是瞬时完成的，即该时刻的系统输出反映了同一时刻的输入响应，系统各点信号都是同一时刻的相应值。而在计算机控制系统中就不同了，由于存在"计算机延迟"，因此系统的输出与输入不是在同一时刻的相应值。

（4）系统工作方式上的特点

在连续控制系统中，一般是一个控制器控制一个回路，而计算机具有高速的运算处理能力，一个控制器（控制计算机）经常可采用分时控制的方式同时控制多个回路。通常，它利用一次巡回的方式实现多路分时控制。

（5）计算机控制系统具有很大的灵活性和适应性

对于连续控制系统，控制规律越复杂，所需的硬件也往往越多，越复杂。模拟硬件的成本几乎和控制规律的复杂程度、控制回路的多少成正比，并且，若要修改控制规律，一般必须改变硬件结构。由于计算机控制系统的控制规律是由软件实现的，并且计算机具有强大的记忆和判断功能，修改一个控制规律，无论是复杂的还是简单的，只需修改软件程序，一般不需改变硬件结构，因此便于实现复杂的控制规律和对控制方案进行在线修改，使系统具有灵活性高、适应性强的特点。

（6）计算机控制系统具有较高的控制质量

由于计算机的运算速度快、精度高、具有极丰富的逻辑判断功能和大容量的存储能力，因此能实现复杂的控制规律，如最优控制、自适应控制、智能控制等，从而可达到较高的控制质量。随着微电子技术的不断发展和对自动控制系统功能要求的不断提高，计算机控制系统的优越性表现得越来越突出。现在控制系统不管是简单的，还是复杂的，几乎都是采用计算机进行控制的。

3. 工业控制机（IPC）的特点

（1）可靠性高和可维修性好

可靠性和可维修性是两个非常重要的因素，它们决定着系统在控制上的可用程度。可靠性的简单含义是指设备在规定的时间内运行不发生故障，为此采用可靠性技术来解决；可维修性是指工业控制机发生故障时，维修快速、简单、方便。

（2）环境适应性强

工业环境恶劣，要求工业控制机适应高温、高湿、腐蚀、振动、冲击、灰尘等环境。工业环境电磁干扰严重，供电条件不良，工业控制机必须要有极高的电磁兼容性。

（3）控制的实时性

工业控制机应具有时间驱动和事件驱动能力，要能对生产过程工况变化实时地进行监视和控制。为此，需要配有实时操作系统和中断系统。

（4）完善的输入输出通道

为了对生产过程进行控制，需要给工业控制机配备完善的输入输出通道，如模拟量输入、模拟量输出、开关量输入、开关量输出、人-机通信设备等。

（5）丰富的软件

工业控制机应配备较完整的操作系统、适合生产过程控制的应用程序。工业控制软件正向结构化、组态化方向发展。

（6）适当的计算机精度和运算速度

一般生产过程，对于精度和运算速度要求并不苛刻。通常字长为8~32位、速度在每秒几万次至几百万次。但随着自动化程度的提高，对于精度和运算速度的要求也在不断提高，应根据具体的应用对象及使用方式，选择合适的机型。

1.1.3 计算机控制系统的工作过程与方式

在计算机控制系统中，计算机的输入和输出都是数字信号，因此在这样的控制系统中需要有将模拟信号转换为数字信号的A/D转换器，以及将数字控制信号转换为模拟控制信号的D/A转换器。

从本质上来看，计算机控制系统的控制过程可以归结为以下三个步骤：

1）实时数据采集。对被控参数的瞬时值进行检测，并输入。

2）实时决策。对采集到的表征被控参数的状态量进行分析，并按已定的控制规律，决定进一步的控制过程。

3）实时控制。根据决策，适时地对控制机构发出控制信号。

上述过程不断重复，使整个系统能够按照一定的动态品质指标进行工作，并且对被控参数和设备本身出现的异常状态及时监督并做出迅速处理。对微处理器来讲，控制过程的三个步骤，实际上只是执行算术、逻辑操作和输入/输出操作。

所谓“实时”是指信号的输入、计算和输出都要在一定的时间范围内完成，亦即计算机对输入信息以足够快的速度进行处理，并在一定的时间内做出反应或进行控制。超出这个时间，就失去了控制的时机，控制也就失去了意义。实时的概念不能脱离具体过程。如炼钢炉的炉温控制，延迟1s，仍然认为是实时的。而一个火炮控制系统，当目标状态量变化时，一般必须在几毫秒或几十毫秒之内及时控制，否则就不能击中目标了。实时性的指标，涉及如下一系列的时间延迟：一次仪表的延迟、过程量输入的延迟、计算和逻辑判断的延迟、控制量输出的延迟、数据传输的延迟等。一个在线的系统不一定是一个实时系统，但一个实时控制系统必定是一个在线系统。例如，一个只用于数据采集的微型机系统是在线系统，但它不一定是实时系统；而计算机直接数字控制系统必定是在线系统。

1.2 计算机控制系统分类

计算机控制系统所采用的形式与它所控制的生产过程的复杂程度密切相关，不同的被控对象和不同的控制要求，应有不同的控制方案。计算机控制系统大致可分为以下几种典型的形式。

1.2.1 操作指导控制系统

操作指导控制系统的构成如图1-8所示。该系统不仅具有数据采集和处理的功能，而且能够为操作人员提供反映生产过程工况的各种数据，并相应地给出操作指导信息，供操作人

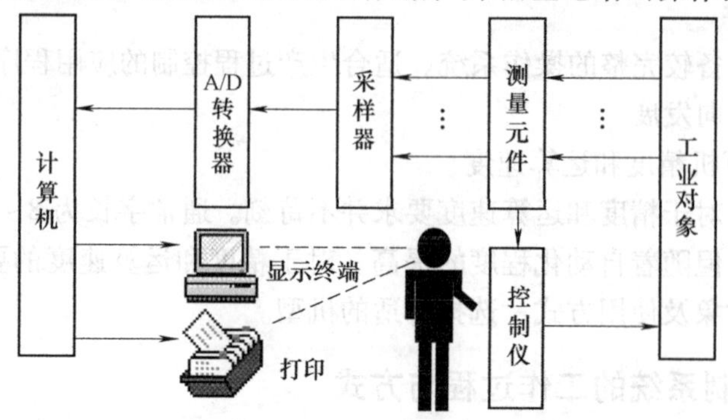

图1-8 操作指导控制系统的构成

员参考。该控制系统属于开环控制结构。计算机根据一定的控制算法（数学模型），依赖测量元件测得的信号数据，计算出供操作人员选择的最优操作条件及操作方案。操作人员根据计算机的输出信息，如CRT显示图形或数据、打印机输出等去改变调节器的给定值或直接操作执行机构。

操作指导控制系统的优点是结构简单，控制灵活和安全。缺点是要由人工操作，速度受到限制，不能控制多个对象。

1.2.2　直接数字控制系统

直接数字控制（Direct Digital Control，DDC）系统是计算机用于工业过程最普遍的一种方式，属于闭环控制型结构，其结构如图1-9所示。计算机通过测量元器件对一个或多个生产过程的参数进行巡回检测，经过过程输入通道输入计算机，并根据规定的控制规律和给定值进行运算，然后发出控制信号，通过过程输出通道直接去控制执行机构，使各个被控量达到预定的要求。

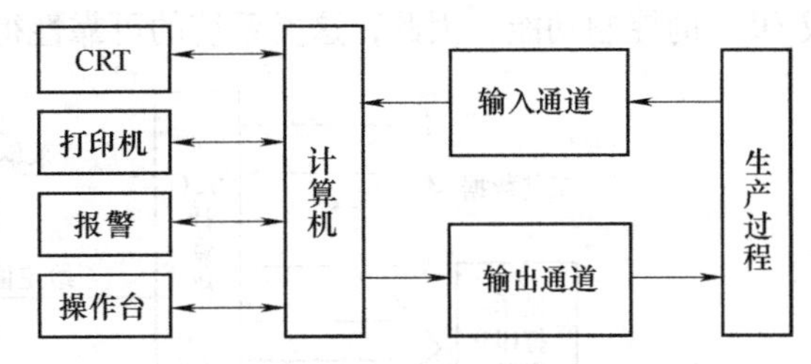

图1-9　直接数字控制系统结构

在DDC系统中使用计算机作为数字控制器，参与闭环控制过程，它不仅能完全取代模拟调节器，实现多回路的PID（比例、积分、微分）调节，而且不需要改变硬件，只需通过改变软件就能实现多种较复杂的控制规律，如串级控制、前馈控制、非线性控制、自适应控制、最优控制等。

由于DDC系统中的计算机直接承担控制任务，所以要求（系统）实时性好、可靠性高和适应性强。为了充分发挥计算机的利用率，一台计算机通常要控制几个或几十个回路，那就要合理地设计应用软件，使其不失时机地完成所有功能。DDC系统是计算机用于工业生产过程控制的一种系统，在热工、化工、机械、冶金等行业已获得广泛应用。

1.2.3　监督控制系统

在直接数字控制方式中，对生产过程产生直接影响的被控参数给定值是预先设定的，并且存入微型机的内存中，这个给定值不能根据过程条件和生产工艺信息的变化及时修改，故直接数字控制方式无法使生产过程处于最优工况，这显然是不够理想的。

在监督控制（Supervisory Computer Control，SCC）系统中，计算机根据原始工艺信息和其他参数，按照描述生产过程的数学模型或其他方法，自动地改变模拟调节器或以直接数字控制方式工作的微型机中的给定值，从而使生产过程始终处于最优工况（如保持高质量、高效率、低消耗、低成本等）。从这个角度上说，它的作用是改变给定值，所以又称给定值控制（Set Point Computer Control，SPCC）。

监督控制系统的控制效果主要取决于数学模型的优劣。这个数学模型一般是针对某一目标函数设计的，如果这一数学模型能使某一目标函数达到最优状态，那么这种控制方式就能实现最优控制。当数学模型不理想时，控制效果也不会太理想。监督控制系统也可以实现自适应控制。监督控制系统有两种不同的结构形式，如图1-10所示。

（1）SCC+模拟调节器控制系统

该系统（见图1-10a）由微型机系统对各物理量进行巡回检测，并按一定的数学模型对生产工况进行分析。计算后，得出控制对象各参数最优给定值送给调节器，使工况保持在最优状态。当SCC微型机出现故障时，可由模拟调节器独立完成操作。

（2）SCC+DDC分级控制系统

这实际上是一个二级控制系统（见图1-10b），SCC可采用高档微型机，它与DDC之间通过接口进行信息传递。SCC微型机可完成工段、车间高一级的最优化分析和计算，并给出最优给定值，送给DDC级执行过程控制。当DDC级微型机出现故障时，可由SCC微型机完成DDC的控制功能。因此，这类系统的可靠性得以提高。

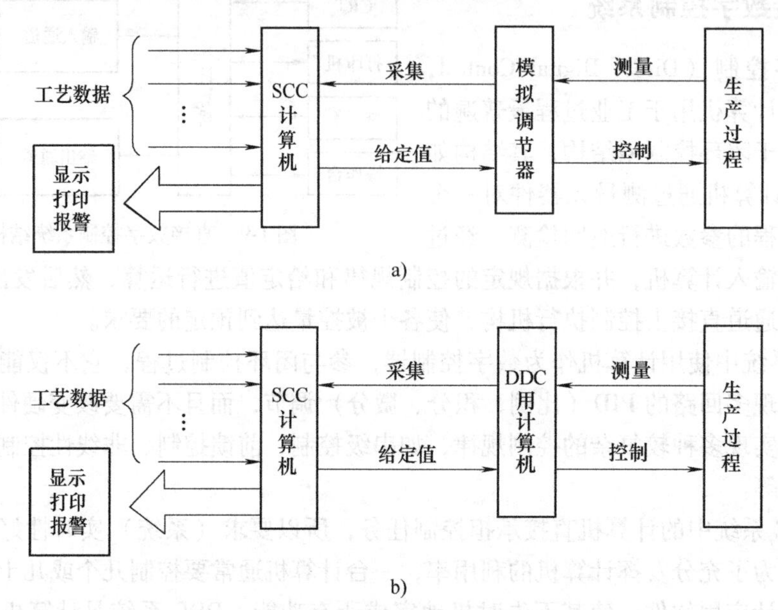

图1-10　监督计算机控制系统的两种结构形式
a）SCC+模拟调节器控制系统　b）SCC+DDC分级控制系统

1.2.4　分布式控制系统

生产过程中既存在控制问题，也存在大量的管理问题。而且设备一般建在不同的区域，其中各工序、各设备并行工作，基本相互独立，故整个系统比较复杂。过去，由于计算机价格高，复杂的生产过程系统往往采取集中型控制方式，以便充分利用计算机。这种控制方式任务过于集中，一旦计算机出现故障，将会影响全局。使用价格低廉而功能完善的微型计算机，可以实现由若干个微处理器或微型计算机分别承担部分任务而组成的计算机控制系统，称为分布（或分级式）计算机控制系统（Distributed Control System，DCS）。该系统有代替集中控制系统的趋势。该系统的特点是将控制任务分散，用多台计算机分别执行不同的任务，既能进行控制又能实现管理。图1-11所示的分布式控制系统是一个四级系统，各级计算机的任务如下。

1）装置控制计算机（DDC）。对生产过程或单机直接进行控制，如进行PID控制或前馈控制等，使所控制的生产过程在最优的工况下工作。

2）车间级监控计算机（SCC）。根据厂级下达的命令和通过装置控制级获得的生产过程进行最优化控制。它还担负着车间各个工段的协调控制并担负着对DDC级的监督。

3）工厂级集中控制计算机。根据上级下达的任务和本厂情况，制定生产计划、安排本厂人员调配及各车间的协调，并及时将SCC级和DDC级的情况向上级反映。

4）企业级经营管理计算机。制定长期发展规划、生产计划、销售计划，发命令至各工厂，并接受各工厂发回来的数据，实行全企业的调度。

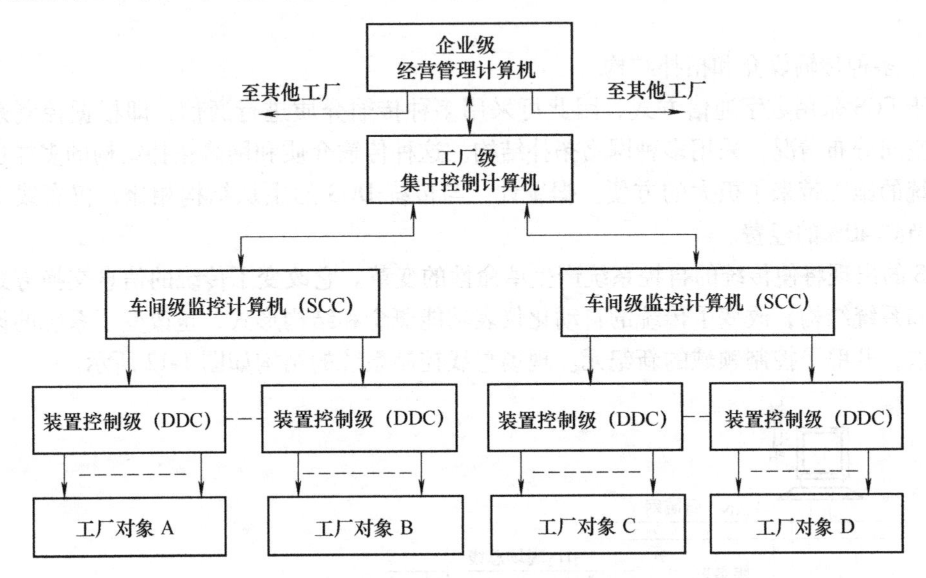

图1-11 分布式控制系统

1.2.5 现场总线控制系统

现场总线控制系统（Fieldbus Control System，FCS）是分布控制系统（DCS）的更新换代产品，并且已经成为工业生产过程自动化领域中一个新的热点。

现场总线控制系统（FCS）与传统的分布控制系统（DCS）相比，有以下特点。

（1）数字化的信息传输

无论是现场底层传感器、执行器、控制器之间的信号传输，还是与上层工作站及高速网之间的信息交换，系统全部使用数字信号。在网络通信中，采用了许多防止碰撞、检查纠错的技术措施，实现了高速、双向、多变量、多地点之间的可靠通信；与传统的DCS中底层到控制站之间4~20mA模拟信号传输相比，它在通信质量和连线方式上都有重大的突破。

（2）分散的系统结构

这种结构废除了传统的DCS中采用的“操作站—控制站—现场仪表”三层主从结构的模式，把输入/输出单元、控制站的功能分散到智能型现场仪表中去。每个现场仪表作为一个智能节点，都带CPU单元，可分别独立完成测量、校正、调节、诊断等功能，靠网络协议把它们连接在一起统筹工作。任何一个节点出现故障只影响本身而不会危及全局，这种彻底的分散型控制体系使系统更加可靠。

（3）方便的互操作性

FCS特别强调“互联”和“互操作性”。也就是说，不同厂商的FCS产品可以异构，但组成统一的系统后，便可以相互操作，统一组态，打破了传统DCS产品互不兼容的缺点，方便了用户。

（4）开放的互联网络

FCS技术及标准是全开放式的。从总线标准、产品检验到信息发布都是公开的，面向所有的产品制造商和用户。通信网络可以和其他系统网络或高速网络相连接，用户可共享网络资源。

（5）多种传输媒介和拓扑结构

由于FCS采用数字通信方式，因此可采用多种传输介质进行通信，即根据控制系统中节点的空间分布情况，采用多种网络拓扑结构。这种传输介质和网络拓扑结构的多样性给自动化系统的施工带来了极大的方便。据统计，与传统DCS的主从结构相比，仅布线工程一项即可节省40%的经费。

FCS的出现将使传统的自控系统产生革命性的变革。它改变了传统的信息交换方式、信号制式和系统结构，改变了传统的自动化仪表功能概念和结构形式，也改变了系统的设计和调试方法，开辟了控制领域的新纪元。现场总线控制系统的结构如图1-12所示。

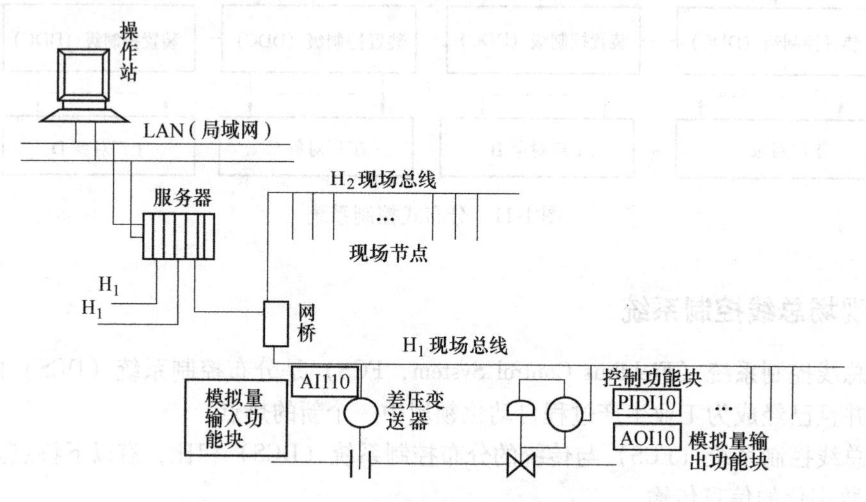

图1-12 现场总线控制系统的结构

现场总线的节点设备称为现场设备或现场仪表，节点设备的名称及功能随所应用的企业而定。用于过程自动化构成FCS的基本设备如下。

1）变送器。常用的变送器有温度、压力、流量、物位和分析五大类，每类又有多个品种。变送器既有检测、变换和补偿功能，又有PID控制和运算功能。

2）执行器。常用的执行器有电动和气动两大类，每类又有多个品种。执行器的基本功能是信号驱动和执行，还内含调节阀输出特性补偿、PID控制和运算等功能，另外还有阀门特性自校验和自诊断功能。

3）服务器和网桥。服务器下接节点H_1和H_2，上接局域网LAN（Local Area Network）；网桥上接服务器，由服务器接节点H_2。

4）辅助设备。H_1气压、H_1/电流和电流/H_1转换器、安全栅、总线电源、便携式编程器等。

5）监控设备。监控设备主要包括工程师站、操作员站和计算机站。工程师站供现场总线组态，操作员站供工艺操作与监视，计算机站用于优化控制和建模。

FCS 的核心是现场总线。现场总线技术是 20 世纪 90 年代兴起的一种先进的工业控制技术，它将当今网络通信与管理的观念引入工业控制领域。从本质上说，它是一种数字通信协议，是连接智能现场设备和自动化系统的数字式、全分散、双向传输、多分支结构的通信网络。它是控制技术、仪表工业技术和计算机网络技术三者的结合，具有现场通信网络、现场设备互联、互操作性、分散的功能块、通信线供电、开放式互联网络等技术特点。这些特点不仅保证了它完全可以适应目前工业界对数字通信和自动控制的需求，而且使它与 Internet 网互联构成不同层次的复杂网络成为可能，代表了今后工业控制体系结构发展的一种方向。

现场总线控制系统作为新一代的过程控制系统，无疑具有十分广阔的发展前景。但是，同时也应看到，FCS 与已经历了 20 多年不断发展和完善的 DCS 系统相比，在某些方面尚存在一些问题，要在复杂度很高的过程控制系统中应用 FCS 尚有一定的困难。当然，随着现场总线技术的进一步发展和完善，这些问题将会逐渐得到解决。

1.2.6　工业以太网控制系统

1. 工业以太网控制的概念

近几年来，控制系统技术发生了深刻的变革。控制系统结构向网络化、开放性方向发展是控制系统技术发展的主要潮流。以太网作为目前应用最为广泛的局域网技术，在工业自动化和过程控制领域得到了越来越多的应用。一般来讲，控制系统网络可分为三层：信息层、控制层和设备层。传统的控制系统在信息层大都采用以太网，而在控制层和设备层一般采用不同的现场总线或其他专用网络。目前多种现场总线标准共存，无法真正体现网络控制系统的优点，如开放性、互换性和互操作性等。以太网能否在工业过程控制底层（设备层）广泛应用，取代现有的现场总线技术成为统一的工业网络标准？这个问题是目前自动化行业研究的热点。

2. 工业以太网控制系统结构

典型的工业以太网控制系统结构如图 1-13 所示。

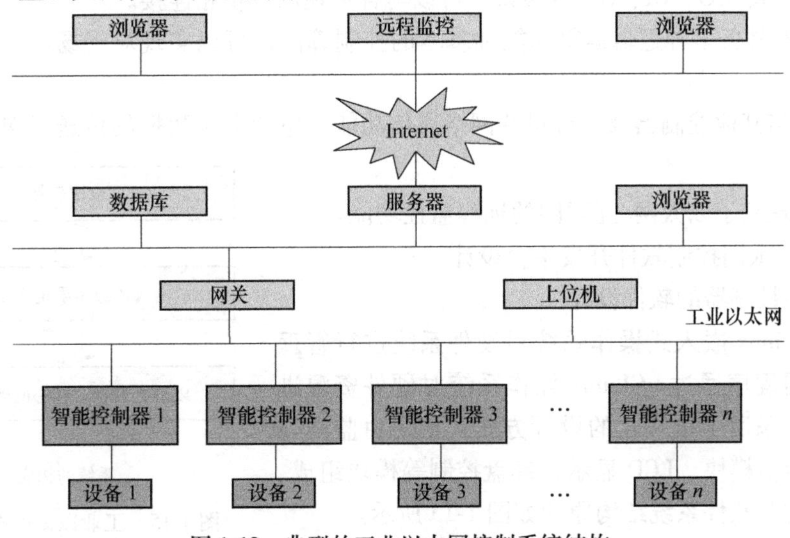

图 1-13　典型的工业以太网控制系统结构

3. 工业以太网控制要解决的主要问题

虽然以太网相对于传统的现场总线在传输速率、价格以及普及性等方面具有绝对的优势，但是工业控制网络对网络的实时性有着严格的要求。共享式以太网存在的不确定性和实时性能欠佳的问题是阻碍以太网进入工控领域的主要原因。工业以太网实时性问题的解决方案主要有以下几种：

1）采用交换式以太网。

2）改进以太网介质访问控制方式。

3）采用基于以太网的上层通信协议。

4. 工业以太网控制器设计

图1-14给出了一种工业以太网控制器的设计方案。

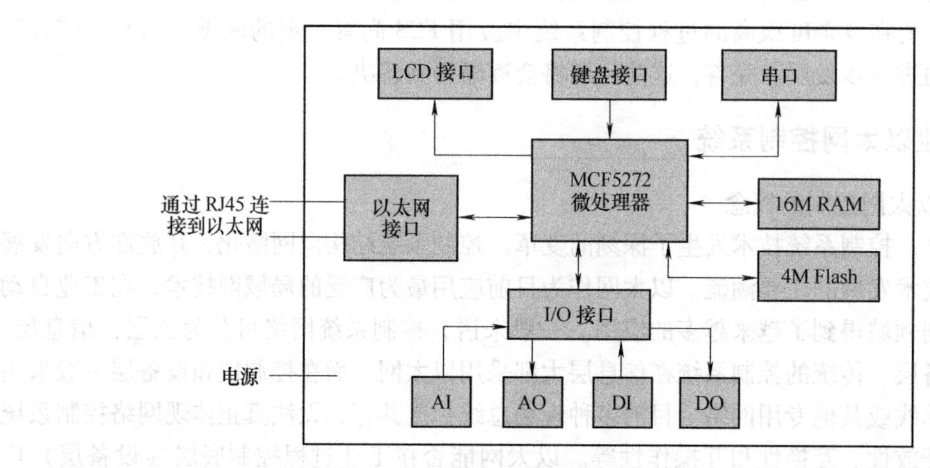

图1-14　工业以太网控制器

5. 工业以太网控制器的功能

图1-14所示工业以太网控制器的主要功能如下：

1）具备AI、AO、DI、DO等接口，可以与各种现场设备相连接。

2）控制器具备多种逻辑运算功能和基本的控制算法，可以实现对现场设备监测与控制的功能。

3）具备与其他控制器及上位机的网络通信功能，包括实时数据的传送、网络管理以及控制组态等。

4）可实现基于以太网/互联网的远程监控功能。

6. 工业以太网控制软件开发平台设计

（1）智能控制器的软件设计

采用*u*CLinux嵌入式操作系统对硬件系统进行管理和维护。应用程序通过*u*CLinux操作系统对硬件资源进行间接访问。采用了模块化的设计方式，主要由监测与控制模块、通信模块、LCD显示、键盘控制等模块组成。工业以太网控制软件系统结构原理如图1-15所示。

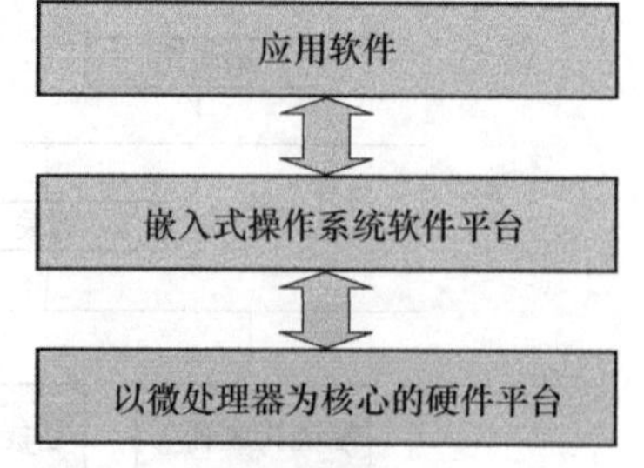

图1-15　工业以太网控制软件系统结构原理

（2）应用软件开发

1）监测与控制模块实现对被控对象的监控功能，包括数据采集子程序、数据处理子程序、控制算法子程序和控制输出子程序四部分。

2）通信模块可以实现智能控制器之间以及智能控制器与计算机之间的通信，由发送子程序、接收中断服务子程序和接收处理子程序三部分构成。

3）LCD 显示模块和键盘控制模块则提供智能控制器的人机界面，使用户无需通过上位机即可实现对现场设备的现场监控。

7. 工业以太网控制的应用

工业以太网可以较好应对网络通用性问题，扩展了网络控制技术的适应能力，图 1-16 所示为工业以太网在过程控制中的典型应用方式。

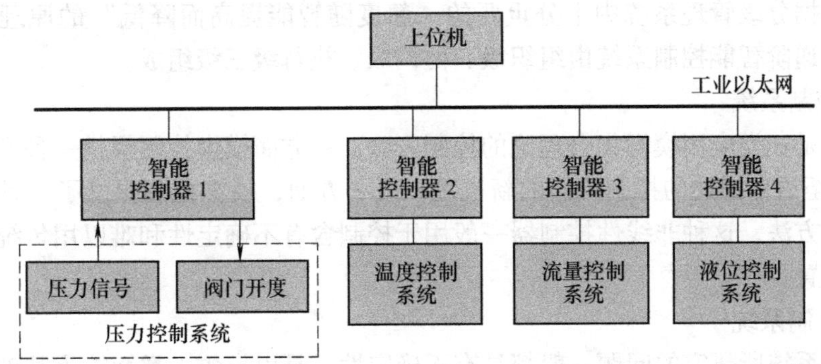

图 1-16　工业以太网在过程控制中的典型应用方式

“两弹一星”功勋科学家：钱学森

1.3　计算机控制系统的发展趋势

根据目前计算机控制技术的发展情况，展望未来，前景诱人。要发展计算机控制技术，必须对生产过程知识、测量技术、计算机技术和控制理论等领域进行广泛深入的研究。

1.3.1　推广应用成熟的先进技术

1. 普及应用可编程序控制器（PLC）

近年来，由于开发了具有智能 I/O 模块的 PLC，它可以将顺序控制和过程控制结合起来，实现对生产过程的控制，并具有高可靠性。

2. 广泛使用智能调节器

智能调节器不仅可以接收 4~20mA 电流信号，而且具有 RS-232 或 RS-422/485 异步串行通信接口，可与上位机连成主从式测控网络。

3. 采用新型的 DCS 和 FCS

采用新型的 DCS 和 FCS，并采用先进的控制策略，向低成本综合自动化系统的方向发展，实现计算机集成制造系统（CIMS）。

1.3.2　大力研究和发展智能控制系统

经典的反馈控制、现代控制和大系统理论在应用中遇到不少难题。首先，这些控制系统的设计和分析都是建立在精确的系统数学模型的基础上的，而实际系统一般无法获得精确的数学模型；其次，为了提高控制性能，整个控制系统变得极其复杂，增加了设备的投资，降低了系统的可靠性。人工智能的出现和发展，促进自动控制向更高的层次发展，即智能控制。智能控制是一类无需人的干预就能够自主地驱动智能机器实现其目标的过程，也是用机器模拟人类智能的又一重要领域。

1. 分级递阶智能控制系统

分级递阶智能控制系统是在研究学习控制系统的基础上，从工程控制论的角度，总结人工智能与自适应、自学习和自组织控制的关系之后而逐渐形成的。

由 Saridis 提出的分级递阶智能控制方法，作为一种认知和控制系统的统一方法论，其控制智能是根据分级管理系统中十分重要的“精度随智能提高而降低”的原理而分级分配的。这种分级递阶智能控制系统由组织级、协调级、执行级三级组成。

2. 模糊控制系统

模糊控制是一类应用模糊集合理论的控制方法。一方面模糊控制提供一种实现基于知识（规则）的甚至语言描述的控制规律的新机理；另一方面，模糊控制提供了一种改进非线性控制器的替代方法，这种非线性控制器一般用于控制含有不确定性和难以用传统非线性控制理论处理的装置。

3. 专家控制系统

专家控制系统所研究的问题一般都具有不确定性，是以模仿人类智能为基础的。工程控制论与专家系统的结合，形成了专家控制系统。

4. 学习控制系统

学习是人类的主要智能之一。用机器来代替人类从事体力和脑力劳动，就是用机器代替人的思维。学习控制系统是一个能在其运行过程中逐步获得被控对象及环境的非预知信息，积累控制经验，并在一定的评价标准下进行估值、分类、决策和不断改善系统品质的自动控制系统。当今，随着深度学习算法研究的不断深入，其应用使控制系统具有更广泛的智能性。

5. 神经控制系统

基于人工神经网络的控制简称神经控制，是智能控制的一个崭新的研究方向。尽管尚无法肯定神经网络控制理论及其应用研究将会有突破性成果，但是可以确信，神经控制是一个很有希望的研究方向。这不但是由于神经网络技术和计算机技术的发展为神经控制提供了基础，而且还由于神经网络具有一些适合于控制的特性和能力。现在神经控制的硬件尚未真正解决，对实用神经控制系统的研究，也有待继续开展与加强。

随着多媒体计算机和人工智能计算机的发展，应用自动控制理论和智能控制技术来实现先进的计算机控制系统，必将大大推动科学技术的进步和提高工业自动化系统的水平。

1.3.3　适应工业4.0和《中国制造2025》的发展要求

由德国提出的工业4.0以及2015年5月8日我国提出的《中国制造2025》，将深刻影响制造业、社会经济的发展。计算机控制系统将在工业4.0时代发挥更加重要的作用，但其技术应用必须适应工业4.0的发展要求。物联网是工业4.0的基础，而智能生产、智能产品、生产服务化、云工厂、跨界经济等是工业4.0的内涵标志。计算机控制系统必然要应用物联网技术、云计算和大数据技术等当今最先进的技术。

习题与思考题

1. 计算机控制系统的硬件由哪几部分组成？各部分的作用是什么？
2. 计算机控制系统的软件有什么作用？说出各部分软件的作用。
3. 常用工业控制机有几种？它们各有什么用途？
4. 操作指导、DDC和SCC系统工作原理如何？它们之间有何区别和联系？
5. 分布式控制系统（DCS）的特点是什么？
6. CIMS系统与DCS系统相比有哪些特点？
7. 计算机控制系统与模拟控制系统相比有什么特点？
8. 什么叫现场总线系统？它有什么特点？
9. 工业以太网控制系统的技术特点有哪些？
10. 未来控制系统的发展趋势是什么？

第 2 章　计算机控制的理论基础

第 2 章重难点

2.1　概述

一般来说，把所有信号都是时间连续函数的控制系统称为连续控制系统；系统中有一部分信号或全部信号不是时间的连续函数，而是一组离散的脉冲序列或数字序列，这类系统称为离散系统。随着计算机技术的迅猛发展，计算机参与控制已日趋广泛。由于计算机只能处理离散时间数码形式的信息，计算机控制系统属于离散控制系统，而大多数被控对象为模拟对象，因此大多数计算机控制系统都属于数模混合系统，即系统中既有数字部件，也有模拟部件（或被控制对象为模拟对象），处理的信号既有模拟信号也有数字信号。此时控制系统中存在一处或几处信号是一串脉冲或数码，连续系统的拉普拉斯变换、传递函数和频率特性等不再适用，因此必须探讨新的分析方法来研究这类系统。

图 2-1 是一个简化的计算机控制系统原理框图，计算机处理的信号是数字信号，而被控对象为模拟对象。从硬件上看，系统必须有将模拟量转换为数字量的部件（如 A/D 转换器），也需要有将数字量转换为模拟量的部件（如 D/A 转换器）。

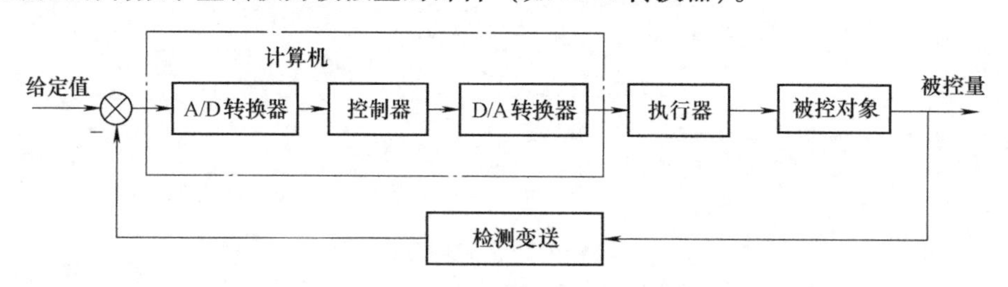

图 2-1　计算机控制系统原理框图

离散控制系统与连续控制系统在数学分析工具、稳定性、动态特性、静态特性、校正与综合等方面都具有一定的联系和区别，所以对于计算机控制系统的分析和设计，不能是简单地推广原来的连续系统的控制原理，必须有专门的理论进行支撑。本章介绍计算机控制的基础理论。

计算机控制系统理论主要包括采样系统理论和离散系统理论。

（1）采样系统理论

主要包括以下一些内容：

1）采样理论。主要包括香农（Shannon）采样定理、采样频谱和混叠、采样信号还原、采样系统的结构图分析等。

2）连续对象模型及性能指标的离散化。

3）性能指标函数的计算。

4）采样控制系统的仿真。

5）采样周期的选择。

（2）离散系统理论

离散系统理论主要指对离散系统进行分析和设计的各种方法和相关理论。离散系统的数学基础是 z 变换，通过 z 变换这个数学工具，把连续系统的分析方法应用到离散控制系统中。它主要包括：

1）差分方程及 z 变换理论。利用差分方程、z 变换及脉冲传递函数等数学工具来描述和分析离散系统的性能及稳定性。

2）离散化方法。如欧拉方法、数字积分等效法、零极点匹配等效方法、保持器等效方法。

3）数字控制器基本设计方法。如对连续系统进行离散化的模拟化设计方法，以脉冲传递函数作为数学模型的直接数字设计方法。

2.2　采样过程

数字技术的世界（一）

数字技术的世界（二）

数字技术的世界（三）

2.2.1　信号类型及系统类型

1. 信号类型

从控制系统中信号的形式来划分控制系统的类型，可以把控制系统划分为连续控制系统和离散控制系统。在离散控制系统中，常用的信号有以下三种类型。

（1）模拟信号

在时间和幅值上连续的量称为模拟信号（见图 2-2），存在于实际系统中的绝大多数物理过程或物理量都是模拟信号。该类信号一般为被控对象的输入输出量。

（2）离散模拟信号

按一定时间间隔循环对模拟信号进行取值，得到一串按时间顺序排列的而在幅值上连续取值的离散信号，称为离散模拟信号（见图 2-3）。该类信号一般为变换过程中传递的信息量。

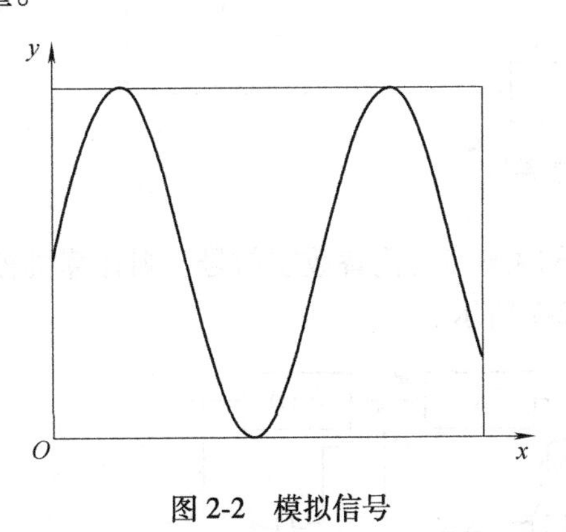

图 2-2　模拟信号

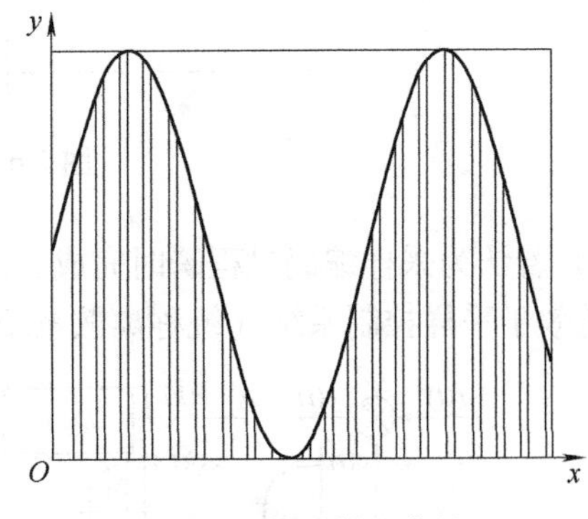

图 2-3　离散模拟信号

（3）离散数字信号

按一定时间间隔循环对模拟信号进行取值，得到在时间和幅值上均不连续取值的离散信号，称为离散数字信号（见图2-4）。该类信号通常用二进制代码形式表示。显然，数字信号由计算机接收、处理和输出，是离散信号的一种特殊形式。该类信号一般为计算机内部处理的信息量。

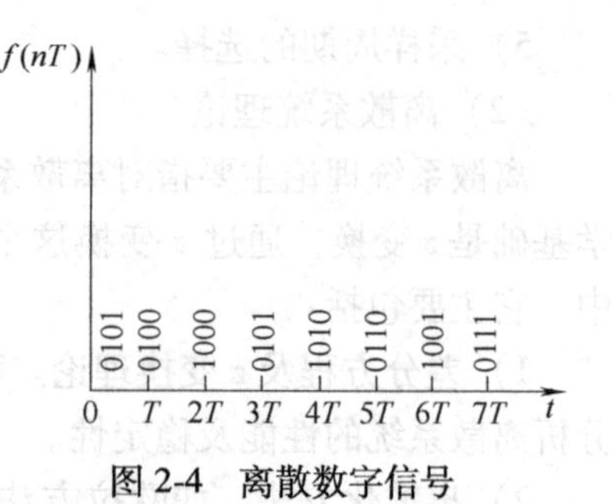

图2-4　离散数字信号

2. 系统类型

根据信号的形式将离散控制系统进行区分时，又可以把离散控制系统进一步分为采样控制系统和计算机控制系统两大类。本章统称为离散系统。

1）系统中的信号是脉冲序列形式的离散信号，称为采样控制系统或脉冲控制系统，如图2-5所示。

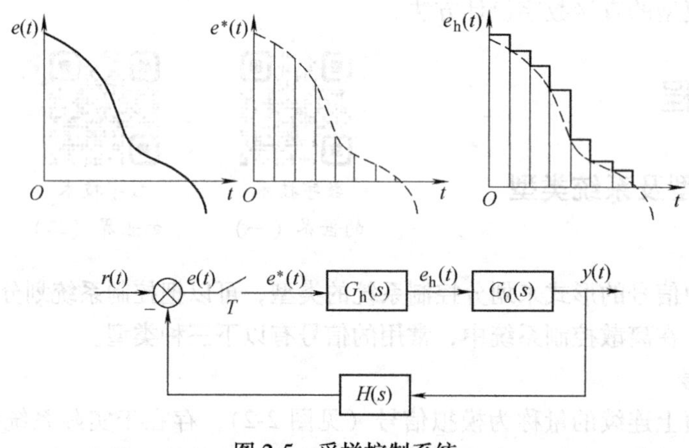

图2-5　采样控制系统

2）信号为数字序列形式时，称为计算机控制系统或数字控制系统，如图2-6所示。

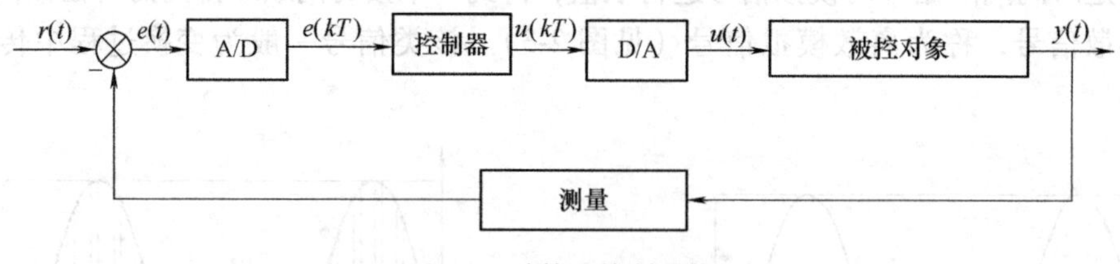

图2-6　计算机控制系统

3）若认为采样编码过程瞬时完成，并用理想脉冲来等效代替数字信号，则计算机控制系统等效于采样控制系统（统称离散系统），如图2-7所示。

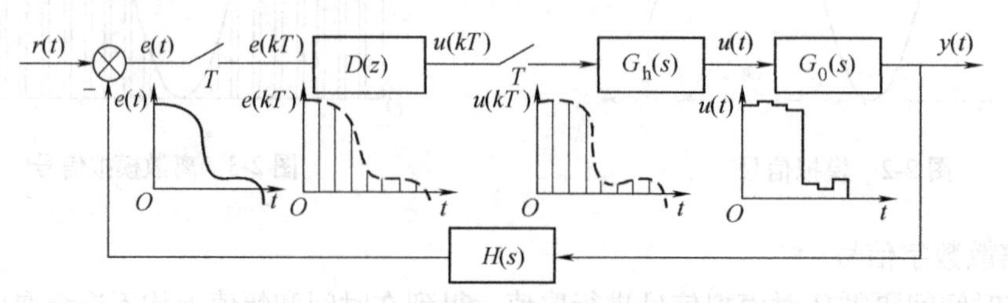

图2-7　计算机控制系统等效采样控制系统

2.2.2 采样与保持

无论是采样控制系统还是计算机控制系统，它们均面临一个共同的问题：怎样把连续信号近似为离散信号，而后又将离散信号复原为连续信号？即在计算机上如何用有限的时间间隔和有限的离散值，与在时间和幅值上均具有无穷多值的连续量进行转换？

把连续信号变换为脉冲信号，需要使用采样器；为了能够控制模拟部件，又需要使用保持器将脉冲信号变换成连续信号。因此，为了定量研究离散系统，必须对信号的采样过程和保持过程用数学的方法加以描述。

采样周期可以是按一定规律变化的（或不变的），也可以是随机的，如图 2-8 所示。

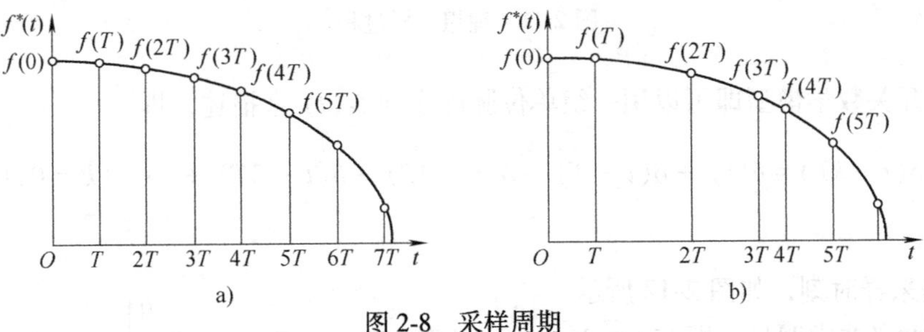

图 2-8 采样周期

a) 均匀采样 b) 非均匀采样

若采样过程中采样周期不变，则这种采样称为均匀采样（周期采样）；若采样周期是变化的，则称为非均匀采样。若计算机控制系统中有多个采样开关，这些开关的采样周期相同，则称为单速率采样；若各采样开关同时开闭，则称为同步采样；若各采样开关以不同的周期采样，则称为多速采样；若采样周期是随机的，则称为随机采样。在采样的各种方式中，最简单而又最普通的是采样间隔相等的周期采样。

本书仅讨论应用最广的同步周期采样。

1. 采样

把连续信号转换成离散信号的过程，叫作采样。实现采样的装置叫作采样器或采样开关。

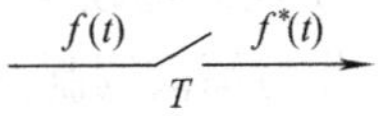

$f(t)$ $f^*(t)$ T

图 2-9 理想采样开关

采样开关的物理动作就是简单的开与关，如图 2-9 所示。

其数学描述为

$$\delta(t)=\begin{cases}1 & t=0\\ 0 & t\neq 0\end{cases}$$

将连续信号加到采样开关的输入端，采样开关以周期 T 闭合一次，闭合持续时间为 τ，于是采样开关输出端得到周期为 T、宽度为 τ 的脉冲序列 $f^*(t)$，如图 2-10 所示。

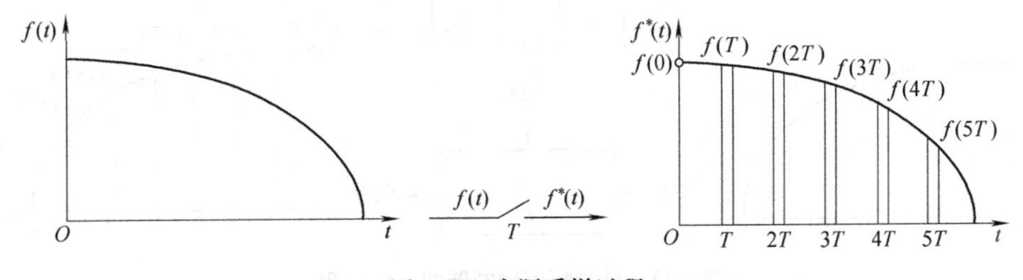

图 2-10 实际采样过程

如采样持续时间非常小，就可以用理想单位脉冲函数来取代采样点处的矩形脉冲。所谓理想采样，就是把一个连续信号$f(t)$，按一定的时间间隔逐点地取其瞬时值，从而得到一串脉冲序列信号$f^*(t)$，如图2-11所示。

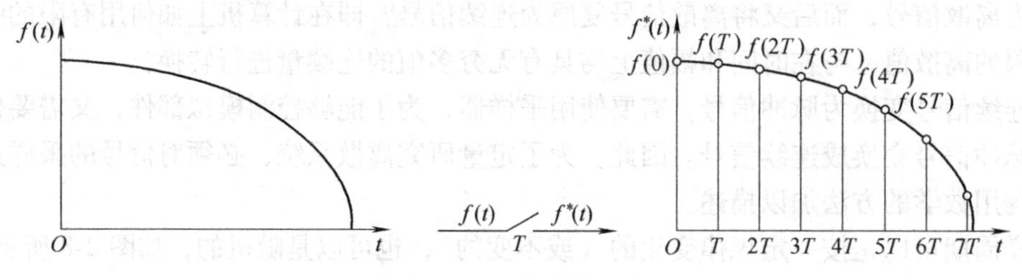

图2-11　理想采样过程

该采样开关数学模型即可以用一组单位脉冲序列$\delta_T(t)$来描述，即

$$\delta_T(t)=\sum_{k=0}^{\infty}\delta(t-kT)=\delta(t)+\delta(t-T)+\delta(t-2T)+\delta(t-3T)+\cdots\quad(k=0,1,2,3,\cdots)\tag{2-1}$$

式中，kT是采样时刻，如图2-12所示。

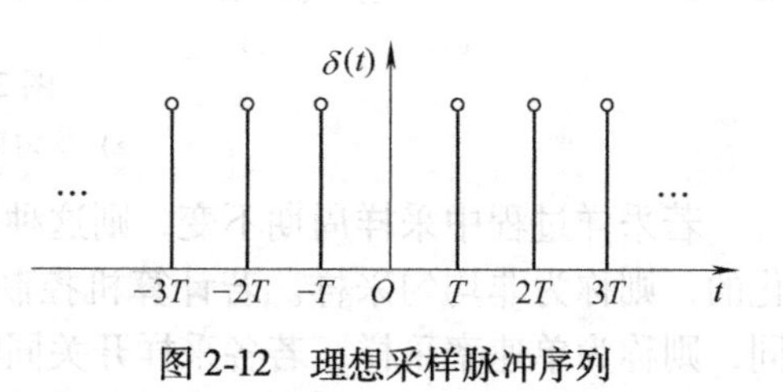

图2-12　理想采样脉冲序列

其物理意义非常明显，即在$t=0(k=0$，0时刻)，仅有$\delta(t)=1$，其他δ均为0，表明在0时刻开关闭合；在$t=T(k=1$，1时刻)，仅有$\delta(t-T)=1$，其他δ均为0，表明在1时刻开关闭合；同样地，在$t=kT$(k时刻)，仅有$\delta(t-kT)=1$，表明在k时刻开关闭合。

脉冲幅值调制器的采样过程如图2-13所示。理想采样过程可以看成用一组单位脉冲序列$\delta_T(t)$调制连续信号$f(t)$幅值的过程，采样器相当于一个幅值调制器，理想脉冲序列$\delta_T(t)$作为幅值调制器的载波信号，这样采样信号可以描述为

$$\begin{aligned}f^*(t)&=f(t)\delta_T(t)\\&=\sum_{k=0}^{\infty}f(kT)\delta(t-kT)\\&=f(0)\delta(t)+f(T)\delta(t-T)+f(2T)\delta(t-2T)+f(3T)\delta(t-3T)+\cdots\\&\quad(k=0,1,2,3,\cdots)\end{aligned}\tag{2-2}$$

式中，$f(kT)$代表这一时刻的脉冲强度；$\delta(t-kT)$表示kT时刻出现的脉冲。

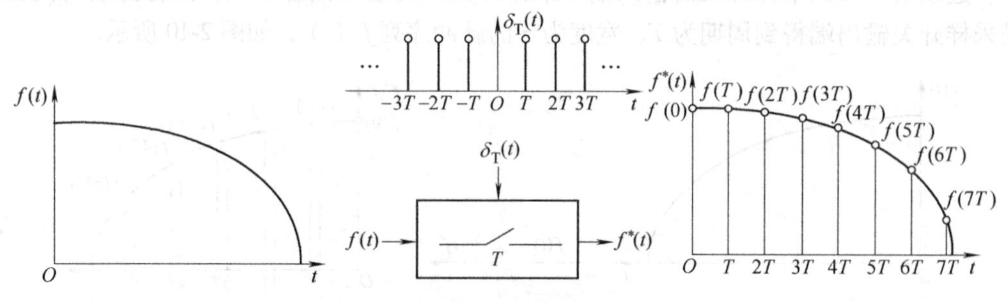

图2-13　脉冲幅值调制器的采样过程

2. 保持

前已述及，信号的采样就是将连续信号转换为离散信号，而在大量的实际应用中，被控对象的输入信号通常是连续信号，离散信号不能直接对其作用，必须将其转换为连续信号，这称为数据的保持。计算机控制系统的数据采样和控制量输出都存在数据保持问题。数据采样时，一方面，A/D 转换需要一定的时间，为了保证转换数据的稳定和转换精度，需要对某一时刻采集的数据进行保持；同样地，控制量输出时，由于计算机控制给出的控制量为数字量，通常对象为连续对象，控制量也需要转换为模拟量，进行 D/A 转换时，通常也需要一定的转换时间，输出量也需要保持一定的时间。另一方面，整个控制系统循环操作一次，数据至少要保持一个采样周期。这样的保持作用其实就是一种滤波作用，能够将一种信号变成另一种信号，例如将离散的信号恢复为连续的信号。实现保持功能的电路称为保持器或保持电路，它就是一类低通滤波器，如图 2-14 所示。它的功能就是滤去高频分量，而无损失地保留原信号频谱。常用的保持器为零阶保持器和一阶保持器。

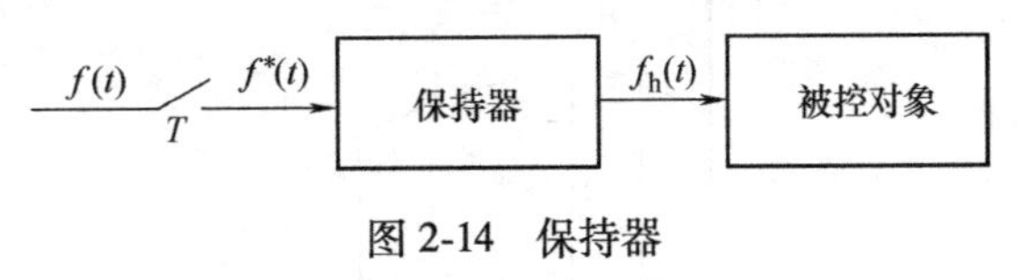

图 2-14　保持器

（1）零阶保持器

零阶保持器是一种最常用的保持器，它将采样值保持一个采样周期，即将前一个采样时刻 kT 的采样值恒定不变地保持到下一个采样时刻 $(k+1)T$，也就是说在区间 $[kT, (k+1)T]$ 内，零阶保持器的输出为常数。当下一个采样时刻 $(k+1)T$ 来到时，又换成新的采样值继续保持。一个采样值只能保持一个采样周期。

零阶保持器时域定义为

$$f_k(t)=f(kT)\quad kT \leqslant t < (k+1)T \tag{2-3}$$

式中，$f(kT)$ 是 k 时刻的采样值。

式（2-3）的另一描述形式为

$$f_k(t)=f(kT)[1(t-kT)-1(t-kT-T)] \tag{2-4}$$

式中，1(*) 表示单位阶跃信号。

以上两式表明零阶保持器是一种外推器，它只用了一个时刻的采样值进行外推，外推的方式就是让该时刻的采样值保持一个采样时刻。零阶保持器的时域特性如图 2-15 所示，是由一个单位阶跃信号和另一个延时 T 时刻的负单位阶跃信号叠加后获得的矩形波信号。

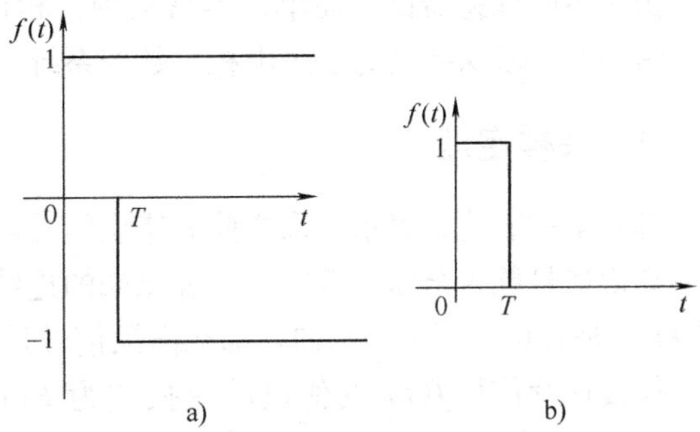

图 2-15　零阶保持器的时域特性
a）两阶跃信号叠加　b）矩形波信号

若采样脉冲序列 $f^*(t)$ 通过零阶保持器以后，获得的信号为阶梯形式的连续信号，如图 2-16 所示，则零阶保持器输入、输出之间的关系为

$$f_h(t)=\sum_{k=0}^{\infty} f(kT)[1(t-kT)-1(t-kT-T)] \tag{2-5}$$

将式（2-5）进行拉普拉斯变换，有

$$F_{\mathrm{h}}(s)=\sum_{k=0}^{\infty}f(kT)\mathrm{e}^{-kTs}\left(\frac{1-\mathrm{e}^{-Ts}}{s}\right) \tag{2-6}$$

将式（2-2）也进行拉普拉斯变换，有

$$F^{*}(s)=\sum_{k=0}^{\infty}f(kT)\mathrm{e}^{-kTs} \tag{2-7}$$

式（2-6）和式（2-7）相比，得到零阶保持器的传递函数

$$G_{\mathrm{h}}(s)=\frac{F_{\mathrm{h}}(s)}{F^{*}(s)}=\frac{1-\mathrm{e}^{-Ts}}{s} \tag{2-8}$$

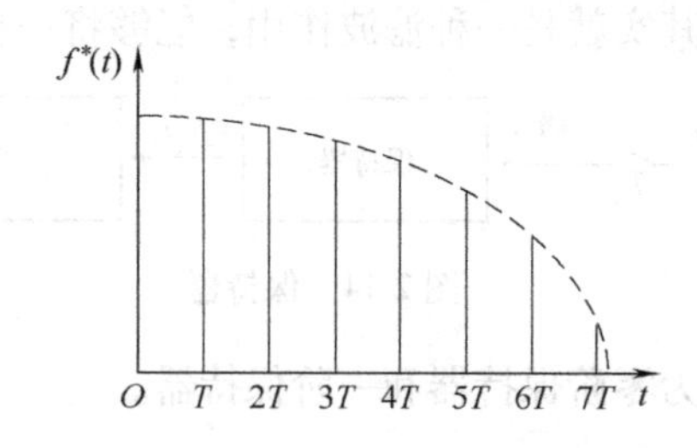

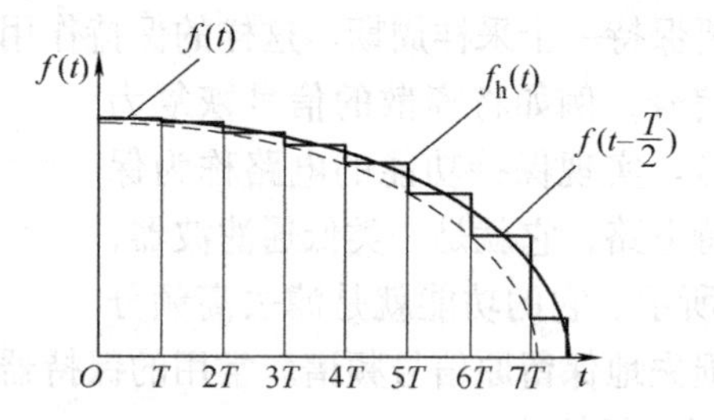

图2-16　应用零阶保持器恢复的信号

零阶保持器的一个优点是可以近似地用无源 RC 网络来实现，如图2-17所示。

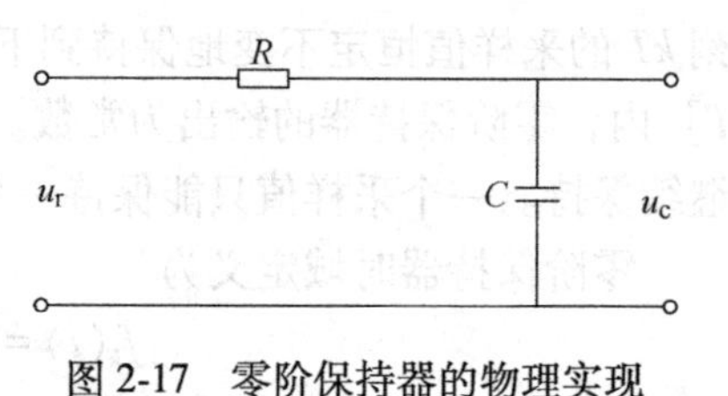

图2-17　零阶保持器的物理实现

（2）一阶保持器

零阶保持器只用一个时刻的采样值实行外推，而一阶保持器是以两个时刻的采样值实行外推，其外推输出为

$$f_{\mathrm{k}}(t)=f(kT)+\frac{f(kT)-f[(k-1)T]}{T}\Delta T \tag{2-9}$$

式中，$0\leqslant\Delta T<T$。

由于零阶保持器比较简单，容易实现，相位滞后比一阶保持器小得多，因此被广泛采用。常用的零阶保持器为步进电机、数控系统中的寄存器、D/A转换器等。

2.2.3　采样定理

理想采样表达式表示了采样前的连续信号与采样后的离散信号之间的关系。然而，采样后的离散信号能否全面而真实地代表原来的连续信号呢？因为从采样（离散化）过程来看，“采样”是有可能损失信息的。那么离散信号是否包含了原连续信号的全部信息呢？

假设连续信号 $f(t)$ 的傅里叶变换式为 $F(\mathrm{j}\omega)$，采样后信号 $f^{*}(t)$ 的傅里叶变换式为 $F^{*}(\mathrm{j}\omega)$，由于理想脉冲序列 $\delta_{\mathrm{T}}(t)$ 是一个周期函数，其周期为 T，因此它可以展开成指数形式的傅里叶级数，即

$$\delta_{\mathrm{T}}(t)=\frac{1}{T}\sum_{k=-\infty}^{\infty}\mathrm{e}^{\mathrm{j}n\omega_{s}t} \tag{2-10}$$

式中，ω 为采样角频率，$\omega_{\mathrm{s}}=2\pi/T$。

将式（2-10）的结果代入式（2-2）得

$$f^*(t) = f(t)\delta_T(t) = \frac{1}{T}\sum_{k=-\infty}^{\infty} f(t)e^{jn\omega_s t} \tag{2-11}$$

根据复位移定理；若 $F[f(t)] = F(j\omega)$，则 $F[f(t)e^{\pm at}] = F(j\omega \mp a)$。

因此，式（2-11）的傅里叶变换式为

$$F[f^*(t)] = F^*(j\omega) = \frac{1}{T}\sum_{k=-\infty}^{\infty} F(j\omega - jk\omega_s) \tag{2-12}$$

1）$k=0$，该项为 $\frac{1}{T}F(j\omega)$，称为基本频谱，它正比于原连续信号 $f(t)$ 的频谱。

2）$k=\pm1, \pm2, \cdots$，这些项为无限多个 ω_s 整数倍的高频频谱分量。

假定连续信号 $f(t)$ 的频谱如图 2-18a 所示，则根据式（2-12）可得采样信号 $f^*(t)$ 的频谱如图 2-18b 所示，该图表明了连续信号与它所对应的离散信号在频谱上的差别。

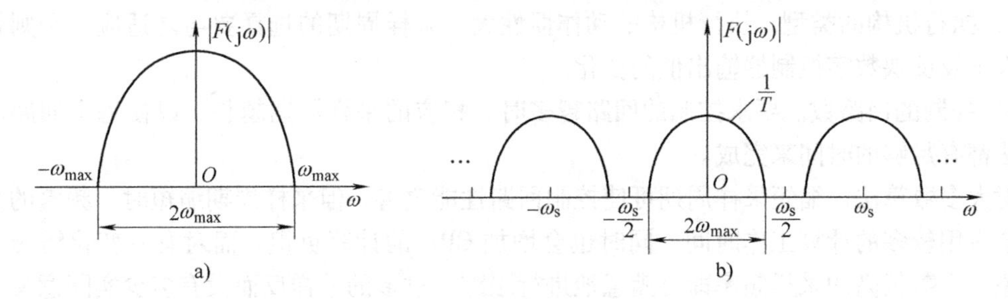

图 2-18　信号的频谱特性

a）连续信号 $f(t)$ 的频谱　b）采样信号 $f^*(t)$ 的频谱

从傅里叶变换及其反变换的有关定理可知，在一定条件下，由傅里叶变换式 $F(j\omega)$ 可以唯一地还原成原函数 $f(t)$。如果让采样信号通过某理想滤波器，将所有衍生出来的高频分量全部滤掉，仅仅保留其基本频谱信号，那么处理后的信号，只要将其幅值放大 T 倍，就能完全重现原信号。

要想完全滤掉高频分量，筛选出基本频谱，从而根据采样信号 $f^*(t)$ 来复现采样前的连续信号 $f(t)$，采样频率 ω_s 就必须大于或等于连续信号 $f(t)$ 频谱中最高频率 ω_{max} 的两倍，即

$$\omega_s \geqslant 2\omega_{max} \tag{2-13}$$

这就是著名的香农（Shannon）采样定理。由这一定理可知，只要采样频率足够高，完全不必担心采样过程会损失任何信息。

由图 2-18 也可看出，若采样频率不够高，即 $\omega_s < 2\omega_{max}$ 时，则将会出现如图 2-19 所示的频谱重叠现象。很明显，此时无法再把基本频谱和衍生高频频谱分开，无法重现原信号，采样过程将损失部分信息。

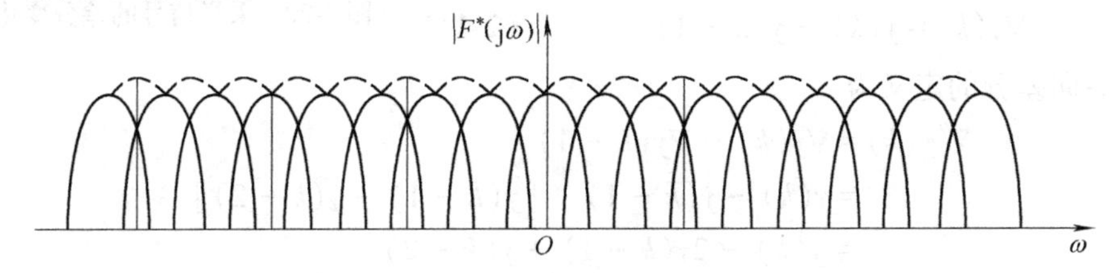

图 2-19　信号的频谱重叠现象

2.2.4 采样周期的选择

采样周期越小，数字模拟越精确，控制效果就越接近连续控制。选择采样周期的原则依据香农采样定理。选择采样周期应综合考虑的因素如下：

1）给定值的变化频率。给定值变化频率越高，采样频率应越高，通过采样能迅速反映给定值的变化，不会产生大的时延。

2）被控对象的特性。根据对象变化的具体情况取值，若是慢速变化的对象，则一般 T 取得较大；而在被控对象变化较快的场合，T 应取得较小。

3）使用的控制算法。采样周期太小，会使积分作用、微分作用不明显。

4）计算机的计算精度。当采样周期小到一定程度时，前后两次采样的差别反映不出来，控制作用不明显。

5）执行机构的类型。执行机构的动作惯性大，采样周期的选择要与之适应，否则执行机构来不及反映数字控制器输出值的变化。

6）控制的回路数。要求控制的回路越多时，相应的采样周期越长，以使每个回路的调节算法都有足够的时间来完成。

对大多数算法，缩短采样周期可使控制回路性能改善，但采样周期缩短时，频繁的采样必然会占用较多的计算工作时间，同时也会增加 CPU 的计算负担，而对有些变化缓慢的被控对象，无需很高的采样频率即可满意地进行跟踪，过多的采样反而没有多少实际意义。

2.3 离散控制系统设计的理论基础

2.3.1 差分方程

连续系统的动态过程是利用微分方程来描述的，但对于信号已离散化的采样系统，微分、微商等概念就不适用了，则必须采用建立在差分、差商等概念基础上的差分方程来描述。

1. 差分的概念

差分是采样信号两相邻采样脉冲之间的差值。一系列差值变化的规律，可反映出采样信号的差分变化规律，如图 2-20 所示。

1）反映当前时刻采样值 $y(k)$ 与上一时刻采样值 $y(k-1)$ 之差称为后向差分，记为 $\nabla y(k)$。

一阶后向差分的定义为

$$\nabla y(k)=y(k)-y(k-1) \tag{2-14}$$

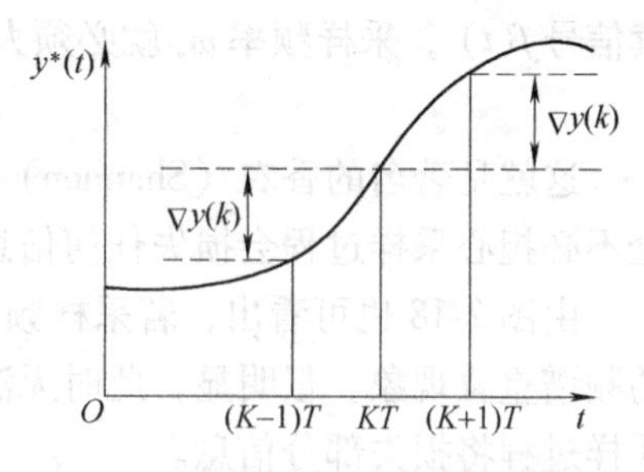

图 2-20 采样信号的差分变化规律

二阶后向差分的定义为

$$\begin{aligned}\nabla^2 y(k)&=\nabla y(k)-\nabla y(k-1)\\&=y(k)-y(k-1)-[y(k-1)-y(k-2)]\\&=y(k)-2y(k-1)+y(k-2)\end{aligned} \tag{2-15}$$

n 阶后向差分的定义为

$$\nabla^n y(k)=\nabla^{n-1}[\Delta y(k)]=\nabla^{n-1}y(k)-\nabla^{n-1}y(k-1)=\sum_{i=0}^{n}(-1)^i\frac{n!}{i!\ (n-i)!}y(k-i) \tag{2-16}$$

2）反映下一时刻采样值 $y(k+1)$ 与当前时刻采样值 $y(k)$ 之差称为前向差分。

一阶前向差分的定义为

$$\Delta y(k)=y(k+1)-y(k) \tag{2-17}$$

二阶前向差分的定义为

$$\begin{aligned}\Delta^2 y(k)&=\Delta[\Delta y(k)]\\&=\Delta[y(k+1)-y(k)]\\&=y(k+2)-y(k+1)-[y(k+1)-y(k)]\\&=y(k+2)-2y(k+1)+y(k)\end{aligned} \tag{2-18}$$

n 阶前向差分的定义为

$$\Delta^n y(k)=\Delta^{n-1}[\Delta y(k)]=\Delta^{n-1}y(k+1)-\Delta^{n-1}y(k)=\sum_{i=0}^{n}(-1)^i\frac{n!}{i!\ (n-i)!}y(k+n-i) \tag{2-19}$$

从上述定义可以看出，前向差分所采用的是 kT 时刻未来的采样值，而后向差分所采用的是 kT 时刻过去的采样值，所以后向差分获得了更广泛的实际应用。

2. 差分方程

对于一个单输入单输出的线性离散系统，设输入脉冲序列用 $r(kT)$ 表示，输出脉冲序列用 $y(kT)$ 表示，且为了简便，通常也可省略 T 而直接写成 $r(k)$ 或 $y(k)$ 等。很显然，在某一采样时刻 $t=kT$ 的输出 $y(k)$，不仅与 k 时刻的输入 $r(k)$ 有关，而且与 k 时刻以前的输入 $r(k-1)$、$r(k-2)$、…以及 k 时刻以前的输出 $y(k-1)$、$y(k-2)$、…有关，这样的差分方程称为后向差分方程；或者与 k 时刻以后的输入 $r(k+1)$、$r(k+2)$、…以及 k 时刻以后的输出 $y(k+1)$、$y(k+2)$、…有关，这样的差分方程称为前向差分方程。

n 阶后向差分方程描述为

$$\begin{aligned}&y(k)+a_1y(k-1)+a_2y(k-2)+\cdots+a_{n-1}y(k-n+1)+a_ny(k-n)\\&=b_0r(k)+b_1r(k-1)+b_2r(k-2)+\cdots+b_{m-1}r(k-m+1)+b_mr(k-m)\end{aligned} \tag{2-20}$$

同理，n 阶前向差分方程描述为

$$\begin{aligned}&y(k)+a_1y(k+1)+a_2y(k+2)+\cdots+a_{n-1}y(k+n-1)+a_ny(k+n)\\&=b_0r(k)+b_1r(k+1)+b_2r(k+2)+\cdots+b_{m-1}r(k+m-1)+b_mr(k+m)\end{aligned} \tag{2-21}$$

式中，$r(k)$、$y(k)$ 分别为输入信号和输出信号；$a_n\cdots a_0$ 及 $b_m\cdots b_0$ 均为常系数，且有 $n\geqslant m$。差分方程的阶次是由最高阶差分的阶次而定的，其数值上等于方程中自变量的最大值和最小值之差。

线性常系数差分方程的求解方法有经典法、迭代法和 z 变换法。

若已知差分方程式，并且给定输出序列的初值，则可以利用递推关系，在计算机上通过迭代一步一步地算出输出序列。这种方法称为迭代法。

线性定常系统差分方程可以写成递推形式

$$\begin{cases} y(k) = \sum_{j=0}^{m} b_j r(k-j) - \sum_{i=1}^{n} a_i y(k-i) \\ \vdots \\ y(k+n) = \sum_{j=0}^{m} b_j r(k+m-j) - \sum_{i=1}^{n} a_i y(k+n-i) \end{cases} \tag{2-22}$$

例 2-1　已知二阶差分方程 $y(k)=r(k)+2y(k-1)+3y(k-2)$，输入信号 $r(k)=1$，初始条件为 $y(0)=0$，$y(1)=1$，试用迭代法求输出信号 $y(k)$，$k=0, 1, 2, 3, 4, 5, \cdots$。

解：根据初始条件及递推关系，得

$$y(0)=0$$

$$y(1)=1$$

$$y(2)=r(2)+2y(1)+3y(0)=1+2\times1+3\times0=3$$

$$y(3)=r(3)+2y(2)+3y(1)=1+2\times3+3\times1=10$$

$$y(4)=r(4)+2y(3)+3y(2)=1+2\times10+3\times3=30$$

$$y(5)=r(5)+2y(4)+3y(3)=1+2\times30+3\times10=91$$

$$\vdots$$

用 z 变换法求解常系数差分方程的方法与用拉普拉斯变换求解微分方程方法类似，需要用到 z 变换。

2.3.2　z 变换及其特性

1. 定义

在求解常系数差分方程时，无法直接使用拉普拉斯变换解决问题，其根本原因就是由于采样信号的拉普拉斯变换式中含有超越函数，将使整个系统的变换式不能化为代数式，分析研究很不方便。为解决这一问题，引出了 z 变换。z 变换实质上是拉普拉斯变换的一种扩展，也称作采样拉普拉斯变换。

在采样系统中，连续函数信号 $f(t)$ 经过采样开关采样后得到脉冲序列 $f^*(t)$，则

$$f^*(t)=\sum_{k=0}^{\infty} f(kT)\cdot\delta(t-kT) \tag{2-23}$$

两边取拉普拉斯变换

$$F^*(s)=L[f^*(t)]=\sum_{k=0}^{\infty} f(kT)\cdot \mathrm{e}^{-kTs} \tag{2-24}$$

从式（2-24）可以看出，在任何采样信号的拉普拉斯变换中，都含有超越函数 e^{-kTs}，求解很麻烦。为此，引入新变量 z，令 $z=\mathrm{e}^{Ts}$，将 $F^*(s)$ 记作 $F(z)$，则式（2-24）可以改写为

$$F(z)=\sum_{k=0}^{\infty} f(kT)z^{-k} \tag{2-25}$$

这样就变成了以复变量 z 为自变量的函数。此函数称为 $f^*(t)$ 的 z 变换，记为

$$F(z)=Z[f^*(t)] \tag{2-26}$$

其展开式为

$$F(z)=f(0)z^0+f(T)z^{-1}+f(2T)z^{-2}+\cdots+f(kT)z^{-k}+\cdots \tag{2-27}$$

可见，采样函数的 z 变换是变量 z 的幂级数，其中 $f(kT)$ 表示采样脉冲的幅值；z 的幂次表示

该采样脉冲出现的时刻，包含着量值与时间的概念。

由 z 变换定义式可知，z 变换只针对采样点上的信号。因此，当存在两个不同的时间函数 $f_1(t)$ 和 $f_2(t)$ 时，若它们的采样值完全重复，则其 z 变换是一样的。即虽然 $f_1(t) \neq f_2(t)$，但由于 $f_1^*(t)=f_2^*(t)$，则 $F_1(z)=F_2(z)$，就是说采样脉冲序列 $f^*(t)$ 与其 z 变换函数是一一对应的，而其对应的连续函数 $f(t)$ 却不唯一。

2. z 变换的基本定理

（1）线性定理

若 $Z[f_1(t)]=F_1(z)$，$Z[f_2(t)]=F_2(z)$，$Z[f(t)]=F(z)$，a 为常数，则

$$Z[f_1(t)+f_2(t)]=F_1(z)+F_2(z) \tag{2-28}$$

$$Z[af(t)]=aF(z) \tag{2-29}$$

（2）滞后定理

设时间连续信号 $f(t)$ 的 z 变换为 $F(z)$，且 $t<0$ 时，$f(t)=0$，则有

$$Z[f(t-nT)]=z^{-n}F(z) \tag{2-30}$$

（3）超前定理

设时间连续信号 $f(t)$ 的 z 变换为 $F(z)$，且 $t<0$ 时，$f(t)=0$，则有

$$Z[f(t+nT)]=z^{n}F(z)-z^{n}\sum_{m=0}^{n-1}f(mT)z^{-m} \tag{2-31}$$

（4）复位移定理

设时间连续信号 $f(t)$ 的 z 变换为 $F(z)$，则

$$Z[f(t)\mathrm{e}^{\mp at}]=F(z\mathrm{e}^{\pm aT}) \tag{2-32}$$

式中，a 为实数。

（5）初值定理

设时间连续信号 $f(t)$ 的 z 变换为 $F(z)$，并且极限 $\lim\limits_{z\to\infty}F(z)$ 存在，则有

$$f(0)=\lim_{t\to 0}f^*(t)=\lim_{z\to\infty}F(z) \tag{2-33}$$

（6）终值定理

设时间连续信号 $f(t)$ 的 z 变换为 $F(z)$，且 $(z-1)F(z)$ 的极点全部在 z 平面的单位圆内，即极限存在且原系统是稳定的，$f(t)$ 的终值为

$$f(\infty)=\lim_{t\to\infty}f^*(t)=\lim_{k\to\infty}f(kT)=\lim_{z\to 1}(z-1)F(z) \tag{2-34}$$

3. z 变换

（1）定义法

已知连续函数信号 $f(t)$ 经过采样开关，采样后得到脉冲序列 $f^*(t)$

$$Z[f^*(t)]=\sum_{k=0}^{\infty}f(kT)z^{-k} \tag{2-35}$$

展开后得

$$F(z)=f(0)z^{0}+f(T)z^{-1}+f(2T)z^{-2}+\cdots+f(kT)z^{-k}+\cdots \tag{2-36}$$

求 $f(0)$，$f(1T)$，$f(2T)$ …即可求出函数的 z 变换。

z 变换的无穷项级数的形式具有很鲜明的物理含义。变量 z^{-n} 的系数代表了连续时间函

数在各采样时刻上的采样值。

例 2-2　求单位脉冲信号的 z 变换。

解：设 $f(t)=\delta(t)$，则 $f^*(t)=f(t)\sum_{k=0}^{+\infty}\delta(t-kT)=\delta(t)$，由于 $f^*(t)$ 在 $t=0$ 时刻的脉冲强度为 1，其余时刻的脉冲强度均为零，所以有 $F(z)=1\cdot z^0=1$。

例 2-3　求单位斜坡信号 $f(t)=t$，$(0<t<5)$，$T=1s$ 的 z 变换。

解：由题 $f(t)=t(0<t<5)$，$T=1\text{s}$

因为　$f^*(kT)=kT$

求 $f(0)=0, f(1T)=1, f(2T)=2, f(3T)=3, f(4T)=4, f(5T)=5$

而 $F(z)=\sum_{k=0}^{+\infty}f^*(kT)z^{-k}=\sum_{k=0}^{+\infty}f(kT)z^{-k}$

$F(z)=0\times z^{-0}+1\times z^{-1}+2\times z^{-2}+3\times z^{-3}+4\times z^{-4}+5\times z^{-5}$

（2）部分分式法（查表法）

设连续函数 $f(t)$ 的拉普拉斯变换式 $F(s)$ 为有理分式，且可以展开成部分分式的形式，其中部分分式对应简单的时间函数，从而可以根据附录的 z 变换表求出 $F(z)$。

例 2-4　设 $f(t)=t^2\mathrm{e}^{-3t}$，求 $f^*(t)$ 的 z 变换。

解：

$$Z[t^2]=\frac{T^2z(z+1)}{(z-1)^3}$$

由复移位定理 $Z[f(t)\,\mathrm{e}^{\mp at}]=F(z\mathrm{e}^{\pm aT})$，得到

$$Z[t^2\mathrm{e}^{-3t}]=\frac{T^2z\mathrm{e}^{3T}(z\mathrm{e}^{3T}+1)}{(z\mathrm{e}^{3T}-1)^3}=\frac{T^2z\mathrm{e}^{-3T}(z+\mathrm{e}^{-3T})}{(z-\mathrm{e}^{-3T})^3}$$

例 2-5　设 $F(s)=\dfrac{1}{s(s+1)}$，求 $f^*(t)$ 的 z 变换。

解：应用部分分式法：$F(s)=\dfrac{1}{s(s+1)}=\dfrac{1}{s}-\dfrac{1}{s+1}$，两边求拉普拉斯反变换，得 $f^*(t)=1-\mathrm{e}^{-t}\ (t>0)$，查 z 变换表得

$$F(z)=\frac{z}{z-1}-\frac{z}{z-\mathrm{e}^{-T}}=\frac{z(1-\mathrm{e}^{-T})}{(z-1)(z-\mathrm{e}^{-T})}$$

例 2-6　设 $F(s)=\dfrac{s+3}{s(s+1)(s+2)}$，求 $f^*(t)$ 的 z 变换

解：应用部分分式法：$F(s)=\dfrac{c_0}{s}+\dfrac{c_1}{s+1}+\dfrac{c_2}{s+2}$

$$c_0=\lim_{s\to 0}\frac{s+3}{(s+1)(s+2)}=\frac{3}{2}$$

$$c_1=\lim_{s\to -1}\frac{s+3}{s(s+2)}=\frac{2}{-1}=-2$$

$$c_2=\lim_{s\to -2}\frac{s+3}{s(s+1)}=\frac{1}{2}$$

$$F(s)=\frac{3/2}{s}-\frac{2}{s+1}+\frac{1/2}{s+2}$$

$$F(z)=\frac{3z}{2(z-1)}-\frac{2z}{z-\mathrm{e}^{-T}}+\frac{z}{2(z-\mathrm{e}^{-2T})}$$

4. z 反变换

z 反变换是 z 变换的逆运算，如同在拉普拉斯变换法中可利用拉普拉斯反变换求解连续系统的时间响应，z 变换法也可以通过获得时域函数 $f(t)$ 在 z 域中的代数解，最终通过 z 反变换求出离散系统的时间响应解。但是 $F(z)$ 的 z 反变换只能求出 $f^*(t)$，即离散后的脉冲序列 $f(kT)$，记为

$$Z^{-1}[F(z)]=f^*(t) \tag{2-37}$$

在求 z 反变换时，仍假定当 $k<0$ 时，$f(kT)=0$。下面介绍最常用的两种求 z 反变换的方法。

（1）部分分式展开法

此法是将 $F(z)$ 通过部分分式分解为低阶的分式之和，直接从 z 变换表中求出各项对应的 z 反变换，然后相加得到 $f(kT)$。步骤如下：

1）先将变换式写成 $\frac{F(z)}{z}$，展开成部分分式 $\frac{F(z)}{z}=\sum_{i=1}^{n}\frac{A_i}{z-z_i}$。

2）两端乘以 z，$F(z)=\sum_{i=1}^{n}\frac{A_i z}{z-z_i}$。

3）查 z 变换表，$f(kT)=\sum_{i=1}^{n}A_i z_i{}^{k}$。

则

$$f^*(t)=\sum_{k=0}^{n}f(kT)\delta(t-kT)$$

例 2-7　已知 $F(z)=\frac{z}{(z-1)(z-2)}$，求 $f^*(t)$。

解：1）先将变换式写成 $\frac{F(z)}{z}$ 形式，即

$$\frac{F(z)}{z}=\frac{1}{(z-1)(z-2)}=\frac{-1}{z-1}+\frac{1}{z-2}$$

2）两端乘以 z，得

$$F(z)=\frac{-z}{z-1}+\frac{z}{z-2}$$

3）查 z 变换表，得到

$$Z^{-1}\left[\frac{-z}{z-1}\right]=-1,\quad Z^{-1}\left[\frac{z}{z-2}\right]=2^k$$

所以
$$f^*(t)=\sum_{k=0}^{\infty}(-1+2^k)\delta(t-kT)=0\times\delta(t)+1\times\delta(t-T)+3\times\delta(t-2T)+7\times\delta(t-3T)+15\times\delta(t-4T)+31\times\delta(t-5T)+\cdots$$

即
$$f(0)=0,\ f(T)=1,\ f(2T)=3,\ f(3T)=7,\ f(4T)=15,\ f(5T)=31$$

（2）长除法

若 z 变换函数 $F(z)$ 是复变量 z 的有理函数，则可将其展成 z^{-1} 的无穷级数，即 $F(z)=f_0+f_1z^{-1}+\cdots+f_kz^{-k}+\cdots$，然后与 z 变换定义式对照，求出原函数的脉冲序列。

例 2-8 试用长除法求 $F(z)=\dfrac{z}{(z-1)(z-2)}$ 的 z 反变换。

解：

$$
\begin{array}{r}
z^{-1}+3z^{-2}+7z^{-3}+15z^{-4}\cdots \\
z^2-3z+2\,\big)\,\overline{z\qquad\qquad\qquad\qquad\qquad} \\
\underline{z-3+2z^{-1}} \\
3-2z^{-1} \\
\underline{3-9z^{-1}+6z^{-2}} \\
7z^{-1}-6z^{-2} \\
\underline{7z^{-1}-21z^{-2}+14z^{-3}} \\
15z^{-2}-14z^{-3} \\
\underline{15z^{-2}-45z^{-3}+30} \\
31z^{-3}-30 \\
\vdots
\end{array}
$$

$$F(z)=0+z^{-1}+3z^{-2}+7z^{-3}+15z^{-4}+31z^{-5}+63z^{-6}+\cdots$$

由上式的系数可知

$f(0)=0$，$f(T)=1$，$f(2T)=3$，$f(3T)=7$，$f(4T)=15$，$f(5T)=31$，$f(6T)=63$，…

此结果与例 2-7 所得结果相同。

长除法容易求得采样脉冲序列 $f(kT)$ 的前几项的具体数值，但不易得到通项表达式。

5. 用 z 变换法解差分方程

用 z 变换法求解常系数差分方程的一般步骤：

1）利用 z 变换的超前或延迟定理对差分方程两边进行 z 变换，代入相应的初始条件，化为复变量 z 的代数方程。

2）求出代数方程的解 $F(z)$。

3）对 $F(z)$ 进行反变换，得出 $f(kT)$ 或 $f^*(t)$。

例 2-9 试用 z 变换法解差分方程：$f(k+2)+3f(k+1)+2f(k)=0$，已知初始条件为 $f(0)=0$，$f(1)=1$，求 $f(kT)$。

解：对方程两边取 z 变换，并应用时移定理，得

$$Z[f(k+2)]=z^2F(z)-z^2f(0)-zf(1)$$

$$Z[f(k+1)]=zF(z)-zf(0)$$

$$Z[f(k)]=F(z)$$

将差分方程转换为 z 的代数方程为

$$z^2F(z)-z^2f(0)-zf(1)+3zF(z)-3zf(0)+2F(z)=0$$

代入初始条件，整理后得

$$(z^2+3z+2)F(z)=z$$

$$F(z)=\frac{z}{z^2+3z+2}=\frac{z}{z+1}-\frac{z}{z+2}$$

查变换表，进行反变换得

$$f(k)=(-1)^k-(-2)^k \quad k=0,\ 1,\ 2,\ \cdots$$

2.3.3　脉冲传递函数

1. 脉冲传递函数的定义

线性连续系统中，当初始状态为零时，系统输出信号拉普拉斯变换与输入信号拉普拉斯变换之比称为传递函数。

类似的，线性离散系统把初始状态为零时，系统离散输出信号的 z 变换与离散输入信号的 z 变换之比，称为脉冲传递函数，如图 2-21 所示，记为

$$G(z)=\frac{Y(z)}{R(z)} \tag{2-38}$$

实际上当一个环节的输出不是离散信号时，严格来说，其脉冲传递函数不能求出。可采用虚拟开关的办法求得，如图 2-22 所示。作为一种转换，可以假定在输出端存在一个采样开关 S_2，其采样周期与 S_1 相同，且 S_2 与 S_1 同步动作，则在 S_2 后可表示为 $y^*(t)$，即可按照定义求出相应的脉冲传递函数。

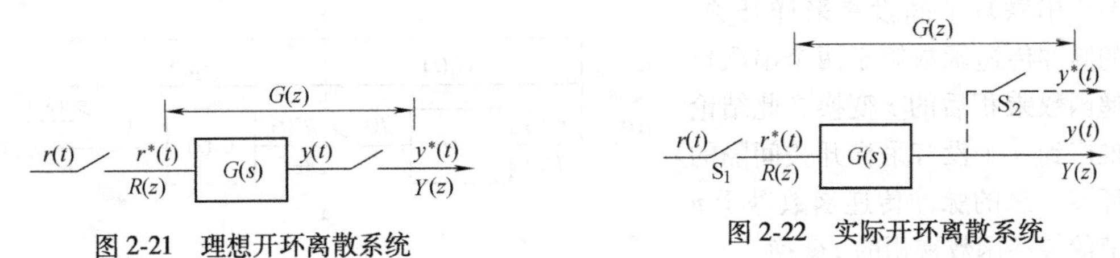

图 2-21　理想开环离散系统

图 2-22　实际开环离散系统

2. 串联环节的脉冲传递函数

（1）串联环节间有采样开关的开环脉冲传递函数

由脉冲传递函数定义可知

$$D(z)=G_1(z)R(z)$$

$$Y(z)=G_2(z)D(z)$$

则有

$$Y(z)=G_2(z)G_1(z)R(z)$$

即

$$G(z)=\frac{Y(z)}{R(z)}=G_1(z)G_2(z) \tag{2-39}$$

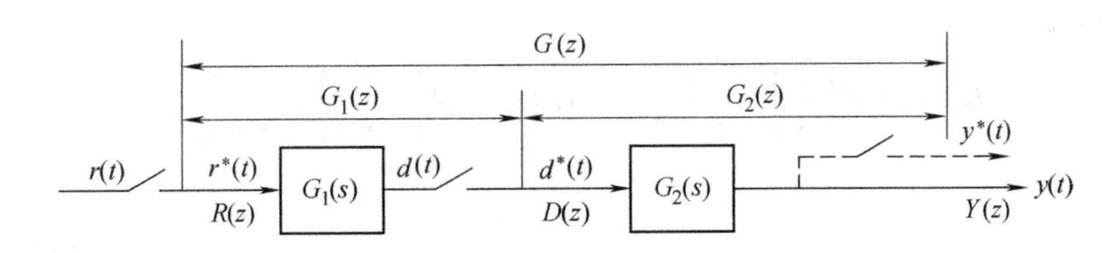

图 2-23　串联环节间有采样开关

两个串联环节间有采样开关，其脉冲传递函数等于这两个环节各自脉冲传递函数的乘积。这个结论可以推广到 n 个串联环节，且串联环节之间都有采样开关分隔的情况，总的脉冲传递函数等于每个环节的脉冲传递函数的乘积。

（2）串联环节间没有采样开关的开环脉冲传递函数

如图2-24所示，先求出

$$G(s)=G_1(s)G_2(s)$$

对传递函数 $G(s)$ 取拉普拉斯反变换，求脉冲响应 $g(t)$

$$g(t)=L^{-1}[G(s)]$$

对 $g(t)$ 进行 z 变换，则脉冲传递函数

$$G(z)=Z\{L^{-1}[G_1(s)G_2(s)]\}=G_1G_2(z) \tag{2-40}$$

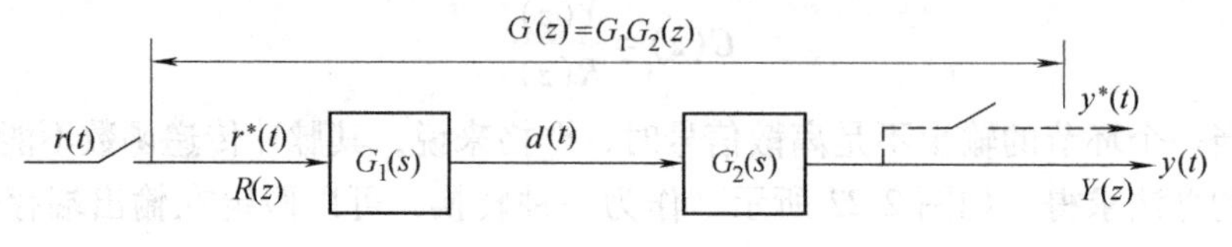

图2-24　串联环节间没有采样开关

两个串联环节间没有采样开关，系统的脉冲传递函数等于两个串联环节传递函数乘积后的 z 变换。此结论可以推广到 n 个没有采样开关间隔的串联环节，总的脉冲传递函数等于 n 个环节的传递函数乘积的 z 变换。

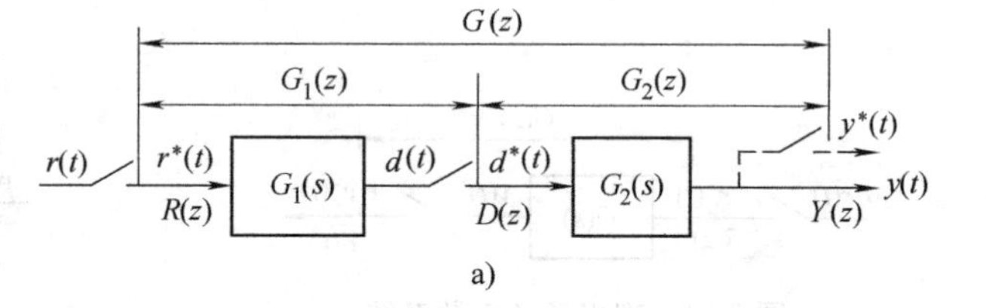

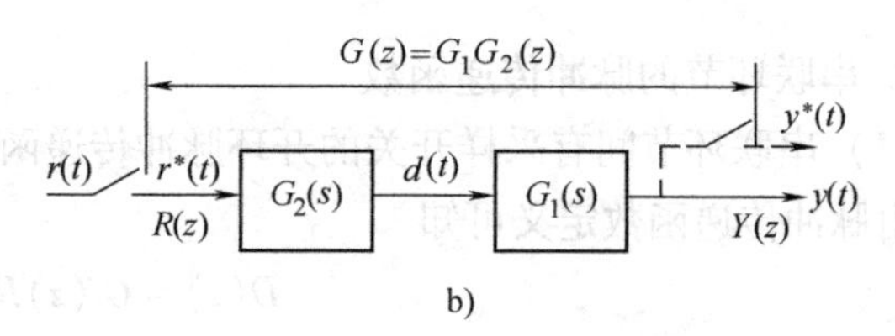

图2-25　开环离散系统

a）系统1　b）系统2

例2-10　开环离散系统如图2-25所示。

其中 $G_1(s)=\dfrac{1}{s}$，$G_2(s)=\dfrac{1}{s+1}$，输入信号 $r(t)=1(t)$，试求系统1和系统2的脉冲传递函数 $G(z)$ 和输出的 z 变换 $C(z)$。

解：首先输入信号的 z 变换为

$$R(z)=Z[1(t)]=\frac{z}{z-1}$$

对于系统1可知

$$G_1(z)=Z\left[\frac{1}{s}\right]=\frac{z}{z-1}\qquad G_2(z)=Z\left[\frac{1}{s+1}\right]=\frac{z}{z-\mathrm{e}^{-T}}$$

因此可得

$$G(z)=G_1(z)G_2(z)=\frac{z^2}{(z-1)(z-\mathrm{e}^{-T})}$$

$$Y(z)=G(z)R(z)=\frac{z^3}{(z-1)^2(z-\mathrm{e}^{-T})}$$

对于系统2可知

$$G_1(s)G_2(s)=\frac{1}{s(s+1)}=\frac{1}{s}-\frac{1}{s+1}$$

此时可得

$$G(z)=Z[G_1(s)G_2(s)]=Z\left[\frac{1}{s}-\frac{1}{s+1}\right]=\frac{z(1-\mathrm{e}^{-T})}{(z-1)(z-\mathrm{e}^{-T})}$$

$$Y(z)=R(z)G(z)=\frac{z^2(1-\mathrm{e}^{-T})}{(z-1)^2(z-\mathrm{e}^{-T})}$$

（3）有零阶保持器的开环脉冲传递函数

具有零阶保持器的开环系统的结构图如图 2-26 所示。求解开环脉冲传递函数时，为便于求 z 变换，可将图 a 改画成图 b 的形式。则根据两个串联环节间没有采样开关，系统的脉冲传递函数等于两个串联环节传递函数乘积后的 z 变换，求出开环脉冲传递函数

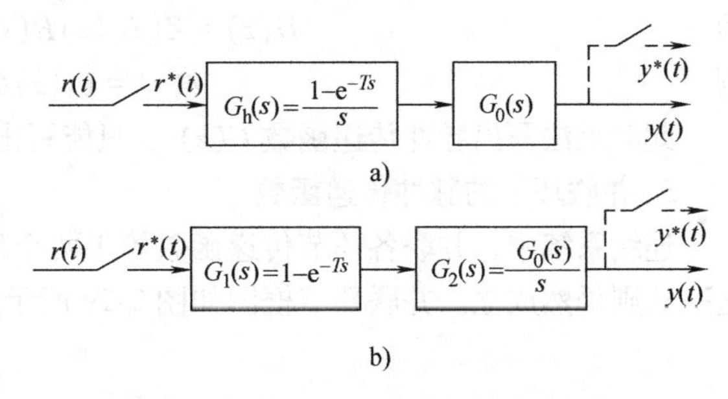

图 2-26　具有零阶保持器的开环离散系统

$$G_1(s)G_2(s)=(1-\mathrm{e}^{-Ts})\frac{G_0(s)}{s}$$

$$G(z)=G_1G_2(z)=Z\{L^{-1}[G_1(s)G_2(s)]\}$$

$$=Z\{L^{-1}[(1-\mathrm{e}^{-Ts})\frac{G_0(s)}{s}]\}=(1-z^{-1})Z\left[\frac{G_0(s)}{s}\right] \tag{2-41}$$

例 2-11　离散系统如图 2-27 所示，其中 $G_0(s)=\dfrac{1}{s(s+1)}$，试求该系统的脉冲传递函数 $G(z)$。

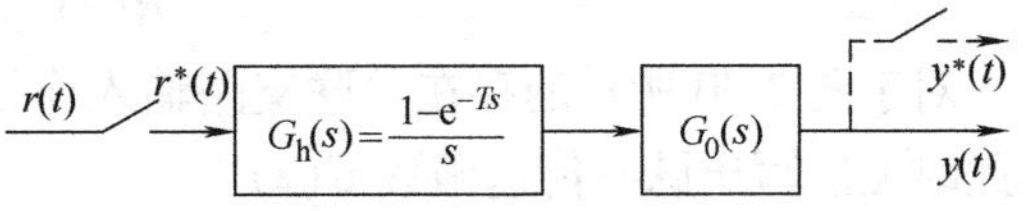

图 2-27　离散系统

解：由式（2-41）可得

$$G(z)=(1-z^{-1})Z\left[\frac{G_0(s)}{s}\right]$$

其中

$$\frac{G_0(s)}{s}=\frac{1}{s^2(s+1)}$$

将上式部分分式展开得

$$\frac{G_0(s)}{s}=\frac{1}{s^2}-\frac{1}{s}+\frac{1}{s+1}$$

求上式的 z 变换得

$$Z\left\{L^{-1}\left[\frac{G_0(s)}{s}\right]\right\}=\frac{Tz}{(z-1)^2}-\frac{z}{z-1}+\frac{z}{z-\mathrm{e}^{-T}}$$

最后

$$G(z)=\frac{z-1}{z}G_2(z)=\frac{z-1}{z}\left[\frac{Tz}{(z-1)^2}-\frac{z}{z-1}+\frac{z}{z-e^{-T}}\right]$$

$$=\frac{(e^{-T}+T-1)z+[1-(T+1)e^{-T}]}{(z-1)(z-e^{-T})}$$

$$=\frac{(e^{-T}+T-1)z+[1-(T+1)e^{-T}]}{z^2-(1+e^{-T})z+e^{-T}}$$

（4）连续信号进入连续环节的情况

如图2-28所示，根据定义有 $Y(z)=G_2(z)D(z)$

而
$$D(z)=Z[G_1(s)R(s)]=G_1R(z)$$

则
$$Y(z)=G_2(z)G_1R(z)$$

此时无法写出脉冲传递函数 $G(z)$，只能写出输出信号的 z 变换。

3. 并联环节的脉冲传递函数

连续系统中，并联各环节传递函数等于两个环节的脉冲传递函数之和。在离散系统中，这一法则仍然成立。并联环节框图如图2-29所示。

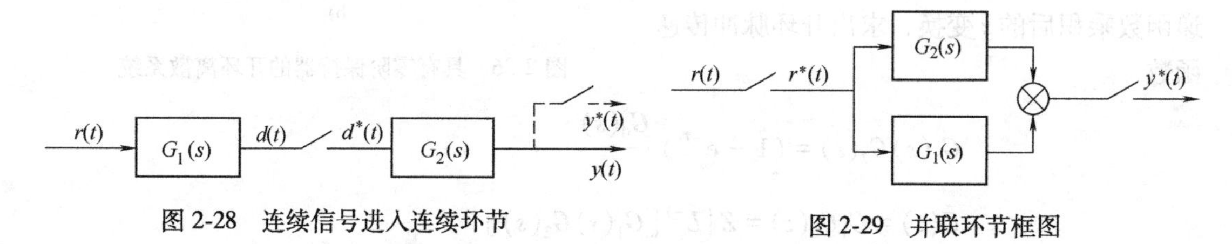

图2-28　连续信号进入连续环节　　图2-29　并联环节框图

显然有 $Y(z)=G_1(z)R(z)+G_2(z)R(z)=[G_1(z)+G_2(z)]R(z)$

即
$$G(z)=\frac{Y(z)}{R(z)}=G_1(z)+G_2(z) \tag{2-42}$$

对于图2-30所示的存在并联支路输入连续信号的情况，加法法则对于 $y^*(t)$ 仍然成立，但此时无法写出脉冲传递函数 $G(z)$。

4. 闭环系统的脉冲传递函数

在连续系统中，闭环传递函数与开环传递函数有确定的关系。可以用典型结构描述，用通用公式求闭环传递函数。但在采样系统中，由于采样开关的位置不同，结构形式就不一样，求出的脉冲传递函数和输出表达式不同，因此不存在唯一的典型结构图，没有所谓的通用公式。不过，也有一定的规律可循。

某系统如图2-31所示，其闭环脉冲传递函数可得

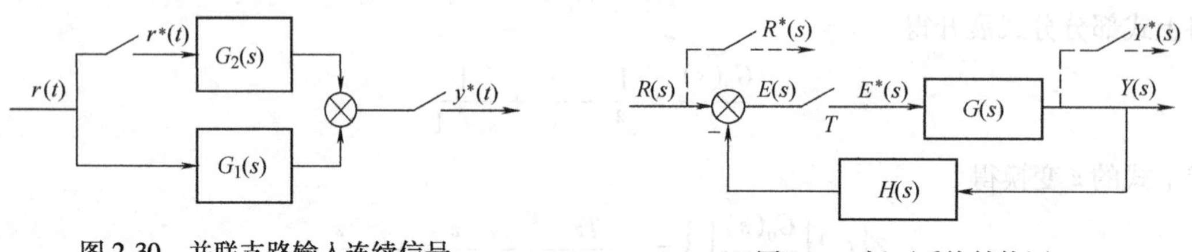

图2-30　并联支路输入连续信号　　图2-31　闭环系统结构图

$$E(s)=R(s)-H(s)Y(s)\qquad Y(s)=E^*(s)G(s)$$

$$E(s)=R(s)-H(s)G(s)E^*(s)\tag{2-43}$$

对式（2-43）做 z 变换，则有

$$E(z)=R(z)-Z[G(s)H(s)E^*(s)]\tag{2-44}$$

因 $G(s)$ 和 $H(s)$ 之间没有采样开关，而 $H(s)$ 和 $E^*(s)$ 之间有采样开关

$$E(z)=R(z)-GH(z)E(z)$$

整理得

$$E(z)=\frac{R(z)}{1+GH(z)}$$

$$Y(z)=E(z)G(z)=\frac{G(z)}{1+GH(z)}R(z)$$

闭环脉冲传递函数为

$$\Phi(z)=\frac{Y(z)}{R(z)}=\frac{G(z)}{1+GH(z)}\tag{2-45}$$

与线性连续系统类似，闭环脉冲传递函数的分母 $1+GH(z)$ 即为闭环采样控制系统的特征多项式。典型离散控制系统的结构图及输出信号 $Y(z)$ 见表 2-1。

表 2-1　典型离散控制系统的结构图及输出信号 $Y(z)$

序号	系统结构图	$Y(z)$
1	R(s), −, T, G(s), T, Y(s), H(s)	$\dfrac{G(z)R(z)}{1+G(z)H(z)}$
2	R(s), −, $G_1(s)$, T, $G_2(s)$, T, $G_3(s)$, Y(s), H(s)	$\dfrac{RG_1(z)G_2(z)G_3(z)}{1+G_2(z)G_3G_1H(z)}$
3	R(s), −, T, G(s), Y(s), H(s), T	$\dfrac{G(z)R(z)}{1+G(z)H(z)}$
4	R(s), −, T, $G_1(s)$, T, $G_2(s)$, Y(s), H(s), T	$\dfrac{G_1(z)G_2(z)R(z)}{1+G_1(z)G_2(z)H(z)}$
5	R(s), −, G(s), Y(s), H(s), T	$\dfrac{RG(z)}{1+HG(z)}$

闭环脉冲传递函数简单求解方法：先按连续系统方式，写出 $\Phi(s)$ 和 $Y(s)$；然后将 s 变为 z；再将各环节间没有采样开关的 (z) 去掉。

若有如图 2-32 所示的系统，连续的输入信号直接进入连续环节 $G_1(s)$，如前面所述，在这种情况下，只能求输出信号的 z 变换表达式 $Y(z)$，而求不出系统的脉冲传递函数 $\dfrac{Y(z)}{R(z)}$。

图 2-32 连续的输入信号直接进入连续环节

例 2-12 当某离散系统中有数字控制器时，如图 2-33 所示，求该系统的闭环脉冲传递函数。

图 2-33 某离散系统

解：

$$Y(s)=G_2(s)D(s)$$

$$D(s)=G_1(s)E^*(s)$$

$$E^*(s)=R^*(s)-G_2(s)H(s)D^*(s)$$

$$Y^*(s)=\frac{G_1{}^*(s)G_2{}^*(s)R^*(s)}{1+G_1{}^*(s)\left[G_2(s)H(s)\right]^*}$$

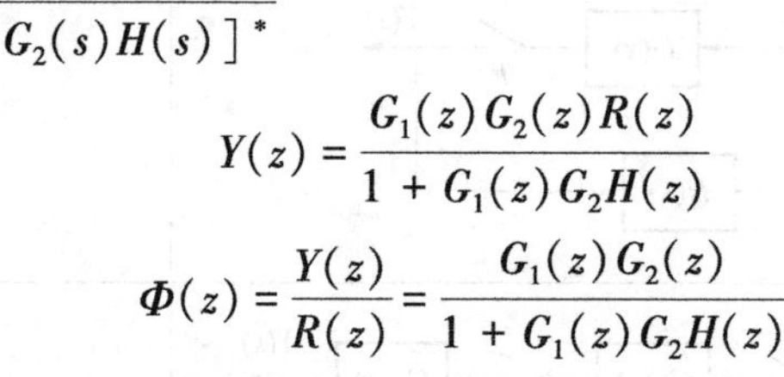

输出信号
$$Y(z)=\frac{G_1(z)G_2(z)R(z)}{1+G_1(z)G_2H(z)}$$

闭环脉冲传递函数
$$\Phi(z)=\frac{Y(z)}{R(z)}=\frac{G_1(z)G_2(z)}{1+G_1(z)G_2H(z)}$$

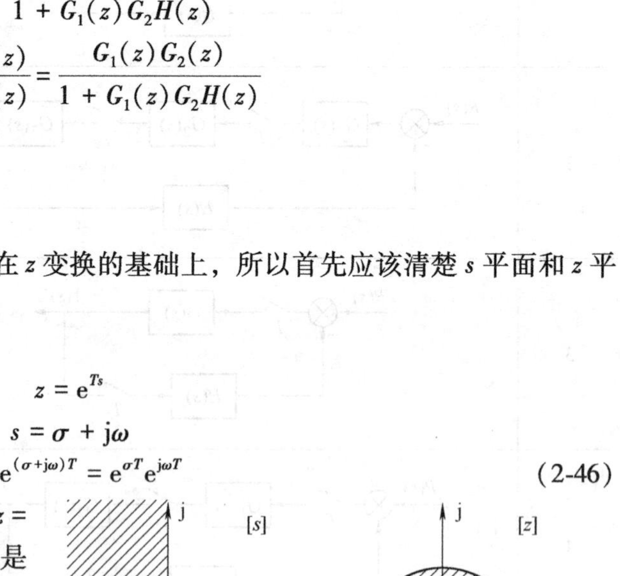

2.3.4 离散系统分析

1. 离散系统的稳定性分析

离散控制系统的稳定性分析是建立在 z 变换的基础上，所以首先应该清楚 s 平面和 z 平面的关系。

根据 z 变换定义，令

$$z=e^{Ts}$$

因为
$$s=\sigma+j\omega$$

则
$$z=e^{(\sigma+j\omega)T}=e^{\sigma T}e^{j\omega T} \tag{2-46}$$

z 的模和幅角分别为 $|z|=e^{\sigma T}$，$\arg z=\omega T$。那么 s 平面左半平面映射到 z 平面是以原点为圆心的单位圆内；s 平面的虚轴映射到 z 平面是以原点为圆心的单位圆上；s 平面右半平面映射到 z 平面是以原点为圆心的单位圆外，如图 2-34 所示。

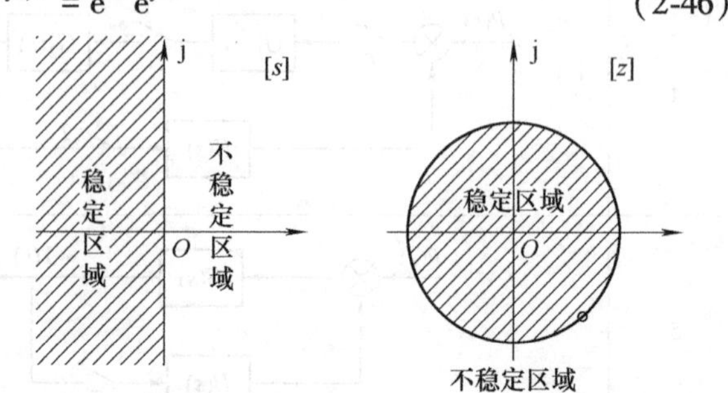

图 2-34 s 平面的稳定性区域与其在 z 平面的映射区域

根据上述讨论，可得出表 2-2 所示对应关系。

表 2-2　z 平面与 s 平面的影射关系对应表

s 平面	z 平面	稳定性讨论
$\sigma = 0$，虚轴上	$r = 1$，单位圆上	临界稳定
$\sigma < 0$，左半平面	$r < 1$，单位圆内	稳定
$\sigma > 0$，右半平面	$r > 1$，单位圆外	不稳定

（1）离散系统稳定的充要条件

连续系统稳定的充分必要条件为系统特征方程的特征根全部位于 s 平面的左半平面，根据 z 平面与 s 平面的映射关系，当极点分布在 z 平面的单位圆上或单位圆外时，对应的输出分量是等幅的或发散的序列，系统不稳定。当极点分布在 z 平面的单位圆内时，对应的输出分量是衰减序列，而且极点越接近 z 平面的原点，输出衰减越快，系统的动态响应越快。反之，极点越接近单位圆周，输出衰减越慢，系统过渡时间越长。由此可知，离散系统稳定的充分必要条件是离散系统特征方程的特征根全部位于 z 平面的单位圆内或者所有根的模均小于1，即 $|z_i| < 1\ (i=1, 2, \cdots, n)$，只要有一个在单位圆外，系统就不稳定；有一个在单位圆上时，系统处于临界稳定。

（2）离散控制系统的稳定判据

1）直接求根判别法。该判别方法根据离散系统稳定的充要条件，首先求取离散系统闭环特征根，然后根据其在 z 平面的位置来判断系统的稳定性。对于一、二阶系统，特征根很容易求解，可以直接解出，然后根据根的分布情况判别稳定状态。

例 2-13　在图 2-35 所示系统中，设采样周期 $T = 1\text{s}$，试分析当 $K = 4$ 和 $K = 5$ 时系统的稳定性。

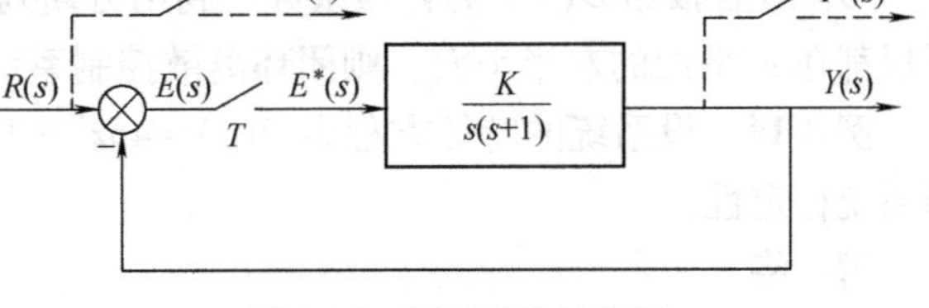

图 2-35　闭环系统结构图

解：系统的开环脉冲传递函数为

$$G(z) = Z\left[\frac{K}{s(s+1)}\right] = \frac{Kz(1 - e^{-T})}{(z-1)(z - e^{-T})}$$

所以，系统的闭环脉冲传递函数为

$$\Phi(z) = \frac{Y(z)}{R(z)} = \frac{G(z)}{1 + G(z)} = \frac{Kz(1 - e^{-T})}{(z-1)(z - e^{-T}) + Kz(1 - e^{-T})}$$

闭环特征方程为

$$(z-1)(z - e^{-T}) + Kz(1 - e^{-T}) = 0$$

1）将 $K = 4$，$T = 1$ 代入方程，得

$$z^2 + 1.16z + 0.368 = 0$$

解得　$z_1 = -0.580 + j0.178$，$z_2 = -0.580 - j0.178$

z_1、z_2 均在单位圆内，所以系统是稳定的。

2）将 $K = 5$，$T = 1$ 代入方程，得

$$z^2 + 1.792z + 0.368 = 0$$

解得　$z_1 = -0.237$，$z_2 = -1.555$

因为 z_2 在单位圆外，所以系统是不稳定的。

2）判定离散系统稳定的代数方法——劳斯稳定判据。对于高阶的闭环特征方程，或当

需要寻找使系统稳定的增益变化范围时，求根很麻烦。依据 z 平面与 s 平面的影射关系，可以将连续系统的劳斯（Routh）稳定判据通过映射定理转换到 z 平面实现离散控制系统稳定性判别。

离散系统稳定的充分必要条件是离散系统特征方程的特征根全部位于 z 平面的单位圆内，因此不能直接应用劳斯判据进行判别。但若将 z 平面复原回 s 平面，系统特征方程中还是会出现超越函数。因此需寻找一种新的变换，将 z 平面映射到一个新的平面，在此平面上，直接应用劳斯稳定判据。根据复变函数的双线性变换公式，令 $z=\dfrac{w+1}{w-1}$（其中 z、w 均为复变量），就可以实现 z 平面上单位圆的内部、外部及单位圆上分别对应 w 平面的左半平面、右半平面及虚轴。在连续系统中采用的分析方法均可用于 w 平面上的离散系统分析。

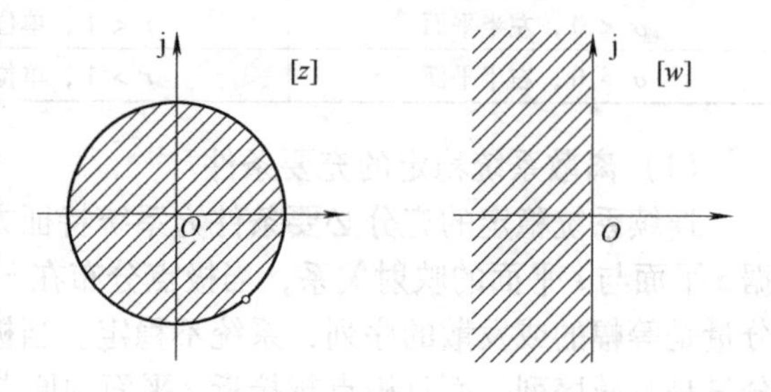

图 2-36　z、w 平面之间对应关系

首先求出闭环离散控制系统的特征方程 $D(z)=A_nz^n+A_{n-1}z^{n-1}+A_{n-2}z^{n-2}+\cdots+A_0=0$；然后令 $z=\dfrac{w+1}{w-1}$，整理后得到一个以 w 为变量的特征方程 $D(w)=a_nw^n+a_{n-1}w^{n-1}+a_{n-2}w^{n-2}+\cdots+a_0=0$，最后根据 $D(w)$ 的各项系数，利用劳斯判据确定系统特征根的分布位置。当所有特征根都在 w 平面的左半平面，则闭环离散控制系统稳定。

例 2-14　设系统的特征方程为 $D(z)=45z^3-117z^2+119z-39=0$，试用劳斯稳定判据判别系统稳定性。

解：将

$$z=\frac{w+1}{w-1}$$

代入特征方程得

$$45\left(\frac{w+1}{w-1}\right)^3-117\left(\frac{w+1}{w-1}\right)^2+119\left(\frac{w+1}{w-1}\right)-39=0$$

两边乘 $(w-1)^3$，化简后得　　$D(w)=w^3+2w^2+2w+40=0$

劳斯表为

w^3	1	2	0
w^2	2	40	0
w^1	−18	0	
w^0	40		

因为第一列元素有两次符号改变，所以系统不稳定。有两次符号改变，即有两个根在 w 右半平面，也即有两个根在 z 平面的单位圆外。

例 2-15　在图 2-37 所示系统中，设采样周期 $T=1\text{s}$，试分析使系统稳定的

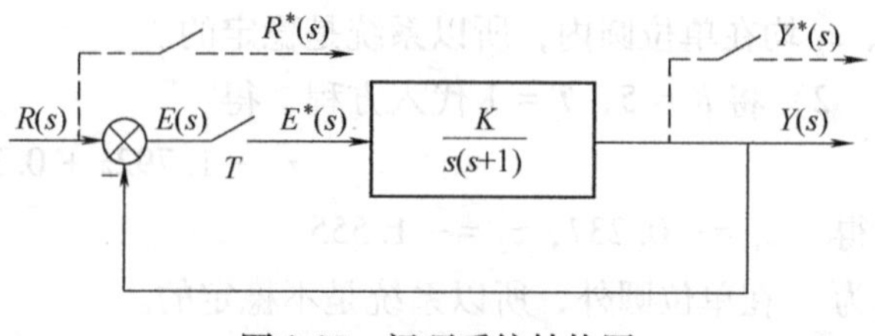

图 2-37　闭环系统结构图

K 的取值范围。

解：系统的开环脉冲传递函数为

$$G(z)=Z\left[\frac{K}{s(s+1)}\right]=\frac{Kz[1-\mathrm{e}^{-T}]}{(z-1)(z-\mathrm{e}^{-T})}$$

所以，系统的闭环脉冲传递函数为

$$\Phi(z)=\frac{C(z)}{R(z)}=\frac{G(z)}{1+G(z)}=\frac{Kz(1-\mathrm{e}^{-T})}{(z-1)(z-\mathrm{e}^{-T})+Kz(1-\mathrm{e}^{-T})}$$

闭环特征方程为

$$(z-1)(z-\mathrm{e}^{-T})+Kz(1-\mathrm{e}^{-T})=0$$

$$z^2+(0.632K-1.368)z+0.368=0$$

将 $z=\frac{w+1}{w-1}$ 代入特征方程得

$$\left(\frac{w+1}{w-1}\right)^2-\frac{(w+1)}{(w-1)}(0.632K-1.368)+0.368=0$$

$$0.632Kw^2+1.264w+(2.736-0.632K)=0$$

劳斯表为

w^2	$0.632K$	$2.736-0.632K$
w^1	1.264	0
w^0	$\frac{(2.736-0.632K)\times 1.264-0.632K\times 0}{1.264}$ $=2.736-0.632K$	

根据劳斯稳定判据，只要第一列全大于零，系统就是稳定的，于是 $0.632K>0$，$2.736-0.632K>0$，$K<4.32$。于是系统稳定的 K 值范围为 $0<K<4.32$。

例 2-16 某线性离散系统如图 2-38 所示，当 $T=1\mathrm{s}$ 和 $T=0.5\mathrm{s}$ 时使该系统稳定的 K 值范围。

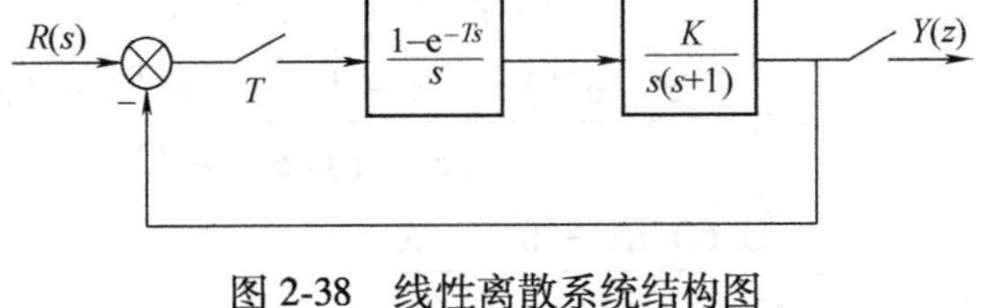

图 2-38 线性离散系统结构图

当 $T=1$ 时，系统开环脉冲传递函数为

$$G(z)=Z\left[\frac{1-\mathrm{e}^{-Ts}}{s}\frac{K}{s(s+1)}\right]=Z\left[(1-\mathrm{e}^{-Ts})\frac{K}{s^2(s+1)}\right]$$

$$=K(1-z^{-1})Z\left[\frac{1}{s^2}-\frac{1}{s}+\frac{1}{s+1}\right]=K(1-z^{-1})\left[\frac{Tz}{(z-1)^2}-\frac{z}{z-1}+\frac{z}{z-\mathrm{e}^{-T}}\right]$$

$$=K\frac{T(z-\mathrm{e}^{-T})-(z-1)(z-\mathrm{e}^{-T})+(z-1)^2}{(z-1)(z-\mathrm{e}^{-T})}=\frac{K(\mathrm{e}^{-1}z+1-2\mathrm{e}^{-1})}{(z-1)(z-\mathrm{e}^{-1})}$$

$$=\frac{0.368Kz+0.264K}{z^2-1.368z+0.368}$$

系统闭环传递函数为

$$\Phi(z)=\frac{G(z)}{1+G(z)}=\frac{0.368Kz+0.264K}{z^2+(0.368K-1.368)z+(0.264K+0.368)}$$

若想求使该系统稳定的 K 值范围，则

$$z^2+(0.368K-1.368)z+(0.264K+0.368)=0$$

令 $z=\dfrac{w+1}{w-1}$，代入到上面的闭环特征方程中去，得

$$\left(\frac{w+1}{w-1}\right)^2+(0.368K-1.368)\frac{w+1}{w-1}+(0.264K+0.368)=0$$

用 $(w-1)^2$ 乘上式两边，化简后得

$$0.632Kw^2+(1.264-0.528K)w+2.736-0.104K=0$$

劳斯表为

w^2	$0.632K$	$2.736-0.104K$
w^1	$1.264-0.528K$	0
w^0	$\dfrac{(2.736-0.104K)\times(1.264-0.528K)-0.632K\times 0}{1.264-0.528K}$ $=2.736-0.104K$	

根据劳斯稳定判据，只要第一列全大于零，系统就是稳定的，于是 $K>0$，$K<2.394$，$K<26.3$。于是系统稳定的 K 值范围为 $0<K<2.394$。

当 $T=0.5$ 时系统开环脉冲传递函数为

$$G(z)=Z\left[\frac{1-e^{-Ts}}{s}\frac{K}{s(s+1)}\right]=Z\left[(1-e^{-Ts})\frac{K}{s^2(s+1)}\right]$$

$$=K(1-z^{-1})Z\left[\frac{1}{s^2}-\frac{1}{s}+\frac{1}{s+1}\right]=K(1-z^{-1})\left[\frac{Tz}{(z-1)^2}-\frac{z}{z-1}+\frac{z}{z-e^{-T}}\right]$$

$$=K\frac{T(z-e^{-T})-(z-1)(z-e^{-T})+(z-1)^2}{(z-1)(z-e^{-T})}=\frac{K(e^{-0.5}z+1-2e^{-0.5})}{(z-1)(z-e^{-0.5})}$$

$$=\frac{0.607Kz-0.214K}{z^2-1.607z+0.607}$$

系统闭环传递函数为

$$\Phi(z)=\frac{G(z)}{1+G(z)}=\frac{0.607Kz-0.214K}{z^2+(0.607K-1.607)z+(0.607-0.214K)}$$

若想求使该系统稳定的 K 值范围，则

$$z^2+(0.607K-1.607)z+(0.607-0.214K)=0$$

令 $z=\dfrac{w+1}{w-1}$，代入到上面的闭环特征方程中去，得

$$\left(\frac{w+1}{w-1}\right)^2+(0.607K-1.607)\frac{w+1}{w-1}+(0.607-0.214K)=0$$

用 $(w-1)^2$ 乘上式两边，化简后得

$$0.393Kw^2+(0.786+0.428K)w+(3.214-0.393K)=0$$

劳斯表为

w^2	$0.393K$	$3.214-0.393K$
w^1	$0.786+0.428K$	0
w^0	$\dfrac{(3.214-0.393K)\times(0.786+0.428K)-0.393K\times 0}{0.786+0.428K}$ $=3.214-0.393K$	

根据劳斯稳定判据，只要第一列全大于零，系统就是稳定的，于是

$$\begin{cases}0.393K>0\\(0.786+0.428K)>0\\(3.214-0.393K)>0\end{cases}\quad \text{可得}\quad \begin{cases}K>0\\K>-1.83\\K<8.17\end{cases}$$

系统稳定的 K 值范围为 $0<K<8.17$。

两个例子表明，当没有采样器时，只要 $K>0$ 连续系统总是稳定的，增加采样器构成离散系统，其稳定范围是 $0<K<4.32$；稳定范围缩小；增加保持器后，系统稳定时 K 的范围是 $0<K<2.394$，稳定范围更小。当 T 不变时，K 越大稳定性能越差；当 K 不变时，T 越大稳定性能越差。通常，可以采用减小采样周期 T，使系统工作尽可能接近于相应的连续系统，扩大增益 K 的取值范围。

2. 离散系统的动态性能

（1）z 平面上极点分布与单位脉冲响应的关系

由线性连续系统理论可知，闭环极点及零点在 s 平面的分布将直接影响系统的暂态响应。相应的，闭环脉冲传递函数的极点在 z 平面的位置也将决定相应瞬态分量的性质与特征。

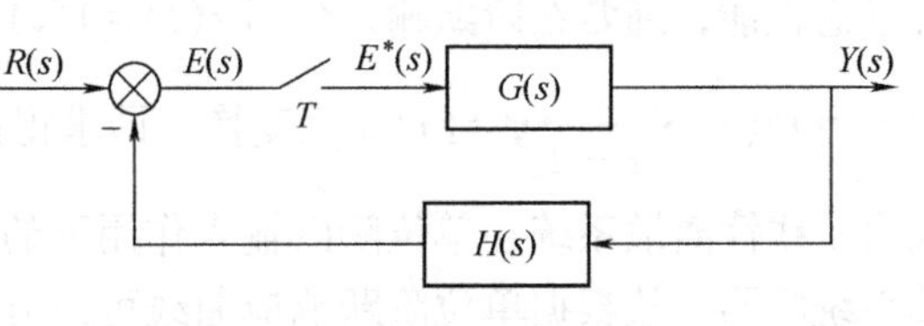

图 2-39　离散系统的典型框图

离散系统的典型框图如图 2-39 所示。

其闭环传递函数如下：

$$\Phi(z)=\frac{Y(z)}{R(z)}=\frac{b_m z^m+b_{m-1}z^{m-1}+\cdots+b_1 z+b_0}{a_n z^n+a_{n-1}z^{n-1}+\cdots+a_1 z+a_0}$$

$$=K\frac{(z-z_1)(z-z_2)\cdots(z-z_m)}{(z-p_1)(z-p_2)(z-p_n)}=K\frac{\prod_{i=1}^{m}(z-z_i)}{\prod_{j=1}^{n}(z-p_j)} \tag{2-47}$$

对应图 2-40 的采样系统在 z 平面上极点分布与单位脉冲响应的关系如下：

1）当闭环实极点 p_j 位于 z 平面上单位圆外的正实轴上，$y_j(kT)$ 按指数规律发散。

2）当闭环实极点 p_j 位于 z 平面上单位圆内的正实轴上，$y_j(kT)$ 按指数规律发散衰减，并且闭环极点 p_j 距离 z 平面上坐标原点越近，其对应的暂态分量衰减越快。

3）当闭环实极点 p_j 位于 z 平面上单位圆内的负实轴上，$y_j(kT)$ 是正负交替的衰减脉冲序列。并且，闭环极点 p_j 距离 z 平面上坐标原点越近，其对应的暂态分量衰减越快。

4）当闭环实极点 p_j 位于 z 平面上单位圆外的负实轴上，$y_j(kT)$ 是正负交替的发散脉冲

序列。

5）当闭环实极点 p_j 位于 z 平面上左半单位圆上，$y_j(kT)$ 为正负交替的等幅脉冲序列。

6）当闭环实极点 p_j 位于 z 平面上右半单位圆上，$y_j(kT)$ 为等幅脉冲序列。

7）当闭环复数极点 $p_{i,j}$ 位于 z 平面上单位圆外，$y_j(kT)$ 为发散的振荡脉冲序列。

8）当闭环复数极点 $p_{i,j}$ 位于 z 平面上单位圆内，$y_j(kT)$ 为衰减的振荡脉冲序列。并且，闭环极点 $p_{i,j}$ 距离 z 平面上坐标原点越近，其对应的暂态分量衰减越快。

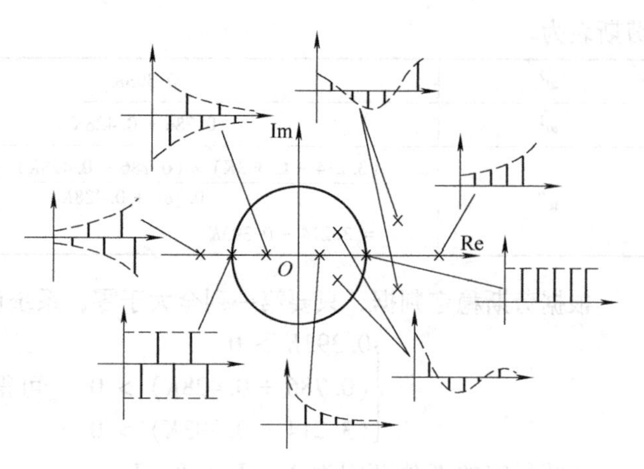

图 2-40　z 平面上极点分布与单位脉冲响应的关系图

9）当闭环复数极点 $p_{i,j}$ 位于 z 平面以原点为圆心的单位圆上，$y_j(kT)$ 为等幅振荡脉冲序列。

（2）用闭环脉冲传递函数分析离散系统的动态特性

若离散系统的闭环脉冲传递函数 $\Phi(z)=\dfrac{Y(z)}{R(z)}$ 已知，则可应用 z 变换法分析离散控制系统动态性能，通常在阶跃输入信号 $r(t)=1(t)$ 作用下，求出系统输出的 z 变换 $Y(z)=\Phi(z)\cdot R(z)=\Phi(z)\cdot\dfrac{z}{z-1}$，经过 z 反变换，即求得描述离散系统过渡过程的时间序列 $y(kT)$，它代表了线性离散系统在单位阶跃输入作用下的响应过程。由于离散系统时域指标的定义与连续系统相同，故根据单位阶跃响应曲线可以方便地分析离散系统的动态和稳态性能，确定系统的稳态和动态性能指标，例如超调量、上升时间、峰值时间、调节时间以及稳态误差等。

下面分析离散系统在单位阶跃输入信号作用下的过渡过程。

例 2-17　设某离散系统的结构图如图 2-41 所示，图中 $G_0(s)$ 和 $G_h(s)$ 分别为被控对象与零阶保持器的传递函数。假定控制器的传递函数 $G_C(s)=1$，采样周期 $T=1$s。

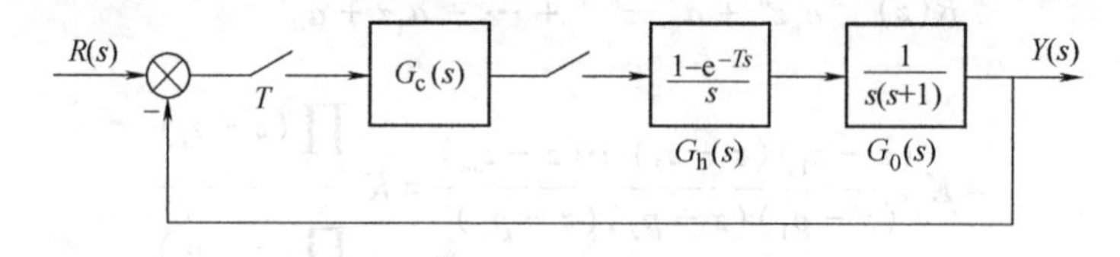

图 2-41　离散系统结构图

解：因为保持器与被控对象之间没有采样器，所以系统的闭环脉冲传递函数为

$$\Phi(z)=\frac{Y(z)}{R(z)}=\frac{G_hG_0(z)}{1+G_hG_0(z)}$$

因为

$$G_h(s)G_0(s)=(1-e^{-Ts})\frac{1}{s^2(s+1)}$$

进行 z 变换，并将 $T=1$ 代入，得

$$G_hG_0(z)=Z\left[(1-e^{-Ts})\frac{1}{s^2(s+1)}\right]=\frac{e^{-1}z+1-2e^{-1}}{z^2-(1+e^{-1})z+e^{-1}}=\frac{0.368z+0.264}{z^2-1.368z+0.368}$$

因此求得

$$\Phi(z)=\frac{G_hG_0(z)}{1+G_hG_0(z)}=\frac{0.368z+0.264}{z^2-z+0.632}$$

因为 $r(t)=1(t)$，则 $R(z)=\frac{z}{z-1}$。

系统输出的 z 变换为

$$Y(z)=\Phi(z)R(z)=\frac{0.368z+0.264}{z^2-z+0.632}\frac{z}{z-1}=\frac{0.368z^2+0.264z}{z^3-2z^2+1.632z-0.632}$$

用长除法进行 z 反变换，得

$$Y(z)=0.368z^{-1}+z^{-2}+1.4z^{-3}+1.4z^{-4}+1.147z^{-5}+0.895z^{-6}+0.803z^{-7}+0.871z^{-8}+0.998z^{-9}+1.082z^{-10}+1.085z^{-11}+1.035z^{-12}+\cdots$$

求得系统的单位阶跃响应序列值为

$y(0)=0$　　$y(1)=0.368$　　$y(2)=1$

$y(3)=1.4$　　$y(4)=1.4$　　$y(5)=1.147$

$y(6)=0.895$　　$y(7)=0.863$　　$y(8)=0.871$

$y(9)=0.998$　　$y(10)=1.082$　　$y(11)=1.085$

$y(12)=1.035$　　$\cdots$

根据这些系统输出在采样时刻的值，可以描绘出系统单位阶跃响应曲线序列，如图2-42所示。从图中可以看出有衰减振荡的形式。输出的峰值发生在阶跃输入后的第3、4拍之间，最大值 $Y_{max}\approx y(3)=y(4)=1.4$；第二个峰值发生在第11、12拍之间，其值为 $Y_{max2}\approx y(11)=1.085$；输出终值 $y(\infty)=1$。由此可得出响应的最大超调量为

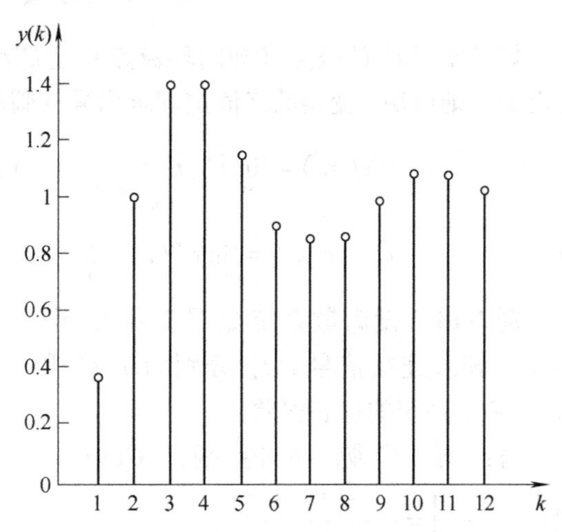

图2-42 离散系统的单位阶跃响应曲线序列

$$\sigma\%=\frac{Y_{max}-y(\infty)}{y(\infty)}\times100\%=\frac{1.4-1.0}{1.0}\times100\%=40\%$$

$$\sigma_2\%=\frac{Y_{max2}-y(\infty)}{y(\infty)}\times100\%=\frac{1.085-1.0}{1.0}\times100\%=8.5\%$$

递减比为
$$n=\frac{\sigma\%}{\sigma_2\%}=\frac{0.4}{0.085}=4.7$$

稳定时间为
$$t_s(5\%)\approx12T$$

由此可见，用 z 变换法分析采样系统的过渡过程，求取一些性能指标是很方便的。但

是，如果所得性能指标不满足要求，欲寻求改进措施，或者要探讨系统参数对性能的影响，从响应曲线就难以获得应有的信息。

大国工匠：大术无极

3. 离散系统的稳态误差

与连续系统类似，离散系统的稳态性能也是用稳态误差来表征的，其分析方法同样可以用终值定理来求取；也与系统的类别、参数及外作用的形式有关。下面仅讨论单位反馈系统在典型输入信号作用下的采样时刻处的稳态误差。

由于离散控制系统没有唯一的结构形式，因此无法给出误差脉冲传递函数的一般形式，只能根据具体结构进行具体求取。设典型的单位反馈离散系统的结构如图2-43所示。$G(s)$ 是系统连续部分的传递函数，$e(t)$ 为连续误差信号，$e^*(t)$ 为采样误差信号。

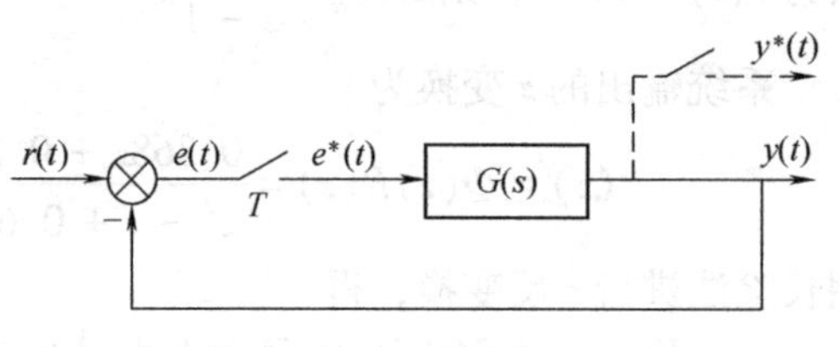

图2-43 典型的单位反馈离散系统的结构图

（1）终值定理法

该系统的误差脉冲传递函数为

$$\Phi_{er}(z)=\frac{E(z)}{R(z)}=\frac{1}{1+G(z)} \tag{2-48}$$

由此可得误差信号的 z 变换为

$$E(z)=\Phi_{er}(z)R(z)=\frac{1}{1+G(z)}R(z) \tag{2-49}$$

如果 $\Phi_{er}(z)$ 的极点（即闭环极点）全部严格位于 z 平面的单位圆内，即若离散系统是稳定的，则可用 z 变换的终值定理求出采样瞬时的终值误差为

$$e_{ss}=e(\infty)=\lim_{t\to\infty}e^*(t)=\lim_{z\to1}(z-1)E(z)=\lim_{z\to1}(z-1)\frac{1}{1+G(z)}R(z) \tag{2-50}$$

或
$$e_{ss}=e(\infty)=\lim_{t\to\infty}e^*(t)=\lim_{z\to1}(1-z^{-1})E(z)=\lim_{z\to1}\frac{(1-z^{-1})R(z)}{1+G(z)} \tag{2-51}$$

例2-18 设离散系统如图2-44所示，$T=1\mathrm{s}$，输入连续信号 $r(t)$ 分别为 $1(t)$ 和 t，求离散系统的稳态误差。

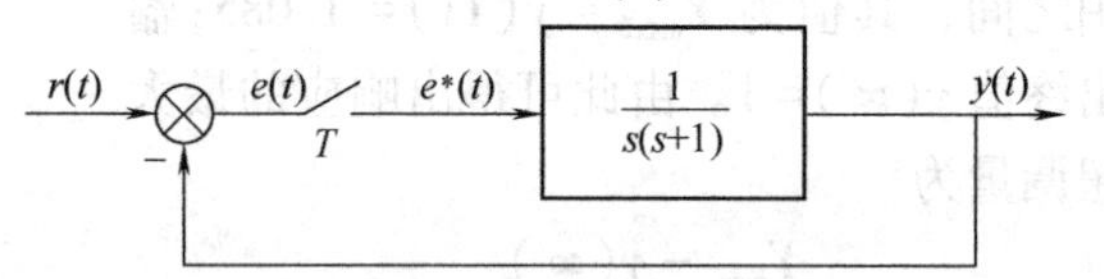

图2-44 典型的单位反馈离散系统结构图

解：开环脉冲传函：$G(z)=Z\left[\frac{1}{s(s+1)}\right]=\frac{z(1-e^{-1})}{(z-1)(z-e^{-1})}$

误差脉冲传递函数为 $\Phi_{er}(z)=\frac{1}{1+G(z)}=\frac{(z-1)(z-0.368)}{z^2-0.736z+0.368}$

判稳定性：系统闭环极点为 $z_1=0.368+\mathrm{j}0.482$，$z_2=0.368-\mathrm{j}0.482$，一对共轭极点位于 z 平面单位圆内，故系统稳定。

根据 z 变换的终值定理，稳态误差终值为

$$e_{ss}=e(\infty)=\lim_{t\to\infty}e^*(t)=\lim_{z\to1}(z-1)E(z)=\lim_{z\to1}(z-1)\Phi_{er}(z)R(z)$$

$$r(t)=1,\quad R(z)=\frac{z}{z-1},\ e_{ss}=e(\infty)=\lim_{z\to1}(z-1)\frac{(z-1)(z-0.368)}{z^2-0.736z+0.368}\frac{z}{z-1}=0$$

$$r(t)=t,\quad R(z)=\frac{Tz}{(z-1)^2},\ e_{ss}=e(\infty)=\lim_{z\to1}(z-1)\frac{(z-1)(z-0.368)}{z^2-0.736z+0.368}\frac{Tz}{(z-1)^2}=T=1$$

（2）误差系数法

由终值定理法可知，离散控制系统的稳态误差，与其输入信号的类型和表征系统结构的开环脉冲传递函数有关。设离散系统开环脉冲传递函数为

$$G(z)=\frac{K_g\prod_{i=1}^{m}(z-z_i)}{(z-1)^N\prod_{j=1}^{n-N}(z-p_j)}=\frac{K\prod_{i=1}^{m}(T_iz+1)}{(z-1)^N\prod_{j=1}^{n-N}(T_jz+1)}$$

式中，K_g 为系统的根轨迹增益；z_i 为系统的开环零点；p_j 为系统的开环极点；K 为系统的开环增益；T_i、T_j 为系统时间常数。$z=1$ 的极点有 N 重，当 $N=0$，1，2 时，分别称为 0 型、1 型、2 型系统。

在控制系统中，常用的三种典型的输入形式为：

①单位阶跃输入：$r(t)=1(t)$，$R(s)=\frac{1}{s}$，$R(z)=\frac{1}{1-z^{-1}}=\frac{z}{z-1}$；

②单位速度输入（单位斜坡输入）：$r(t)=t$，$R(s)=\frac{1}{s^2}$，$R(z)=\frac{Tz^{-1}}{(1-z^{-1})^2}=\frac{Tz}{(z-1)^2}$（$T$ 为采样周期）；

③单位加速度输入：$r(t)=\frac{1}{2}t^2$，$R(s)=\frac{1}{s^3}$，$R(z)=\frac{T^2z^{-1}(1+z^{-1})}{2(1-z^{-1})^3}=\frac{T^2z(z+1)}{2(z-1)^3}$（$T$ 为采样周期）。由此得到典型输入信号 Z 变换的一般形式（负次幂）

$$R(z)=\frac{A(z)}{(1-z^{-1})^m}$$

式中，$A(z)$ 是 $R(z)$ 中不包含 $(1-z^{-1})$ 因子的关于 z^{-1} 的多项式；m 是输入信号因子，只能取正整数，上面的三种典型输入中，m 分别取 1，2，3。

1）单位阶跃输入信号作用下的稳态误差。由

$$r(t)=1(t)\qquad R(z)=\frac{z}{z-1}$$

根据终值定理法，系统稳态误差为

$$e_{ss}=e(\infty)=\lim_{z\to1}\frac{(z-1)R(z)}{1+G(z)}=\lim_{z\to1}\frac{z}{1+G(z)}=\lim_{z\to1}\frac{1}{1+G(z)}$$

与连续系统类似，定义 $K_P=\lim_{z\to1}[1+G(z)]$ 为静态位置误差系数。则稳态误差为

$$e_{ss}=\frac{1}{K_P}\tag{2-53}$$

当为 0 型系统时，$K_P=\lim_{z\to1}[1+G(z)]=1+K$，$e_{ss}=\frac{1}{1+K}$；

当为 1、2 型系统以上时，$K_P=\lim_{z\to1}[1+G(z)]=\infty$，$e_{ss}=\frac{1}{1+\infty}=0$。

2）单位斜坡输入信号作用下的稳态误差。由

$$r(t)=t\qquad R(z)=\frac{Tz}{(z-1)^2}$$

根据终值定理法，系统稳态误差为

$$e_{ss}=e(\infty)=\lim_{z\to 1}(z-1)\frac{1}{1+G(z)}\frac{Tz}{(z-1)^2}=\lim_{z\to 1}\frac{T}{(z-1)[1+G(z)]}=\lim_{z\to 1}\frac{T}{(z-1)G(z)}$$

令 $K_V=\frac{1}{T}\lim_{z\to 1}(z-1)G(z)$ 为静态速度误差系数。则稳态误差为

$$e_{ss}=\frac{1}{K_V} \tag{2-54}$$

当为0型系统时，$K_V=0$，$N=0$，$e_{ss}=\infty$；

当为1型系统时，$K_V=\frac{K}{T}$，$N=1$，$e_{ss}=\frac{1}{K/T}=\frac{T}{K}$；

当为2型系统及以上时，$K_V=\frac{1}{T}\lim_{z\to 1}(z-1)G(z)=\infty$，$N\geqslant 2$，$e_{ss}=\frac{1}{\infty}=0$。

3）单位抛物线输入信号作用下的稳态误差。由

$$r(t)=\frac{1}{2}t^2 \qquad R(z)=\frac{T^2z(z+1)}{2(z-1)^3}$$

根据终值定理法，系统稳态误差为

$$e_{ss}=e(\infty)=\lim_{z\to 1}\frac{T^2(z+1)}{2(z-1)^2[1+G(z)]}=\lim_{z\to 1}\frac{T^2}{(z-1)^2G(z)}$$

定义 $K_a=\frac{1}{T^2}\lim_{z\to 1}(z-1)^2G(z)$ 为静态加速度误差系数。则稳态误差为

$$e(\infty)=\frac{1}{K_a} \tag{2-55}$$

当为0、1型系统时，$K_a=0$，$N=0$，1，$e_{ss}=\infty$；

当为2型系统时，$K_a=\frac{K}{T^2}$，$N=2$，$e_{ss}=\frac{1}{K/T^2}=\frac{T^2}{K}$；

当为3型系统及以上时，$K_a=\frac{1}{T}\lim_{z\to 1}(z-1)^2G(z)=\infty$，$N\geqslant 3$，$e_{ss}=\frac{1}{\infty}=0$。

从上面分析可以看出，单位反馈系统离散系统的稳态误差与输入信号的形式及开环脉冲传递函数 $G(z)$ 中 $z=1$ 的极点数目 N 有关，与采样周期 T 有关。典型输入信号作用下的稳态误差见表2-3。

表2-3 典型输入信号作用下的稳态误差 e_{ss}

系统型别	$u(t)=1(t)$		$u(t)=t$		$u(t)=\frac{1}{2}t^2$	
	K_P	e_{ss}	K_V	e_{ss}	K_a	e_{ss}
0	$1+K$	$\frac{1}{1+K}$	0	∞	0	∞
1	∞	0	$\frac{K}{T}$	$\frac{T}{K}$	0	∞
2	∞	0	∞	0	$\frac{K}{T^2}$	$\frac{T^2}{K}$

例2-19 离散系统的框图如图2-45所示。设采样周期 $T=0.1\text{s}$，试确定系统分别在单位阶跃、单位斜坡和单位抛物线函数输入信号作用下的稳态误差。

解：系统的开环传递函数为 $G(s)=\dfrac{1}{s(0.1s+1)}$

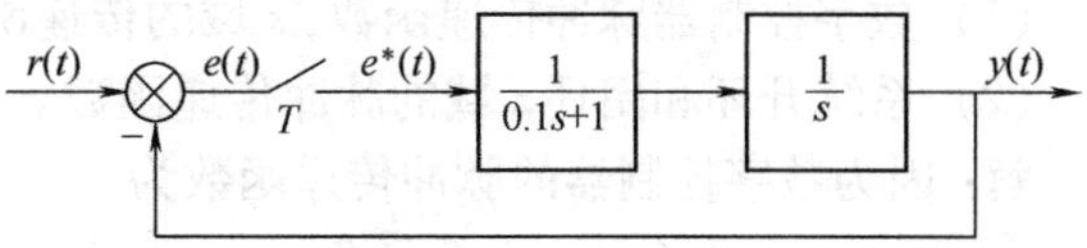

系统的开环脉冲传递函数为

$$G(z)=Z[G(s)]$$
$$=\frac{z(1-e^{-1})}{(z-1)(z-e^{-1})}=\frac{0.632z}{(z-1)(z-0.368)}$$

图 2-45　典型的单位反馈离散系统的结构图

判别系统稳定性，系统闭环特征方程为 $D(z)=1+G(z)=0$，即

$$(z-1)(z-0.368)+0.632z=0$$
$$z^2-0.736z+0.368=0$$

令 $z=\dfrac{w+1}{w-1}$ 代入上式，求得

$$D(w)=0.632w^2+1.264w+2.104=0$$

由于系数均大于零，所以系统是稳定的。

静态位置误差系数为 $K_P=\lim\limits_{z\to 1}1+G(z)=\lim\limits_{z\to 1}1+\dfrac{0.632z}{(z-1)(z-0.368)}=\infty$，$e_{ss}=\dfrac{1}{K_P}=0$；

静态速度误差系数为 $K_V=\dfrac{1}{T}\lim\limits_{z\to 1}(z-1)G(z)=\dfrac{1}{0.1}\lim\limits_{z\to 1}\dfrac{0.632z}{z-0.368}=10$，$e_{ss}=\dfrac{1}{K_V}=\dfrac{1}{10}=0.1$；

静态加速度误差系数为 $K_a=\dfrac{1}{T^2}\lim\limits_{z\to 1}(z-1)^2G(z)=\dfrac{1}{0.01}\lim\limits_{z\to 1}(z-1)\dfrac{0.632z}{z-0.368}=0$，$e_{ss}=\dfrac{1}{K_a}=\infty$。

实际上，若可确定系统属于 1 型系统，则可根据表 2-3 中的结论，直接得出上述结果，不必逐步计算。

2.3.5　离散控制系统的 MATLAB 仿真

1. 模型的转换

由于采样系统模型转换过程中遵循的原则和采用的算法与连续系统没有区别，而仅仅在参数的表达意义上有所不同，所以，在 MATLAB 的控制系统工具箱中提供的模型转换函数 ss2tf、ss2zp、tf2ss、tf2zp、zp2ss、zp2tf 均适用于采样系统。它们的调用格式与在连续系统下应用此类函数完全相同。

例 2-20　设某一控制系统的控制框图如图 2-46 所示，采样周期 $T=0.05$s，求取

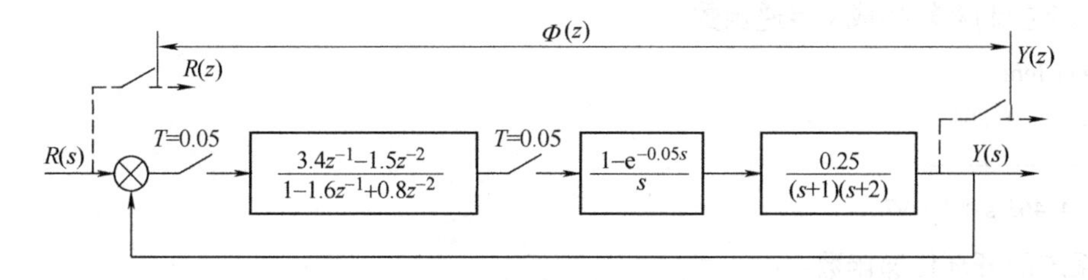

图 2-46　某一控制系统的控制框图

（1）数字控制器脉冲传递函数，s 域的传递函数、系统开环传递函数，闭环传递函数；

（2）系统开环和闭环 z 域的脉冲传递函数。

解：因为数字控制器的脉冲传递函数为

$$\frac{3.4z^{-1}-1.5z^{-2}}{1-1.6z^{-1}+0.8z^{-2}}=\frac{z^{-2}(3.4z-1.5)}{z^{-2}(z^2-1.6z+0.8)}=\frac{3.4z-1.5}{z^2-1.6z+0.8}$$

则数字控制器脉冲传递函数的 MATLAB 表达为：

```
dnum=[3.4,-1.5];
dden=[1, - 1.6,0.8]
```

其表达方式和 MATLAB 对连续控制系统传递函数的表达方式是一样的。

（1）求取数字控制器脉冲传递函数，s 域的传递函数、系统开环传递函数，闭环传递函数：

```
dnum=[3.4 -1.5];
dden=[1 -1.6 0.8];
Ts=0.05;
sysd=tf(dnum,dden,Ts);
sysc1=d2c(sysd,'zoh');
num1=0.25;
den1=[1 1];
num2=1;
den2=[1 2];
sys1=tf(num1,den1);
sys2=tf(num2,den2);
sysc2=sys1 * sys2;
sysc=sysc1 * sysc2;
sysbc=feedback(sysc,1)
```

程序执行结果：

·数字控制器脉冲传递函数：

```
Transfer function:
  3.4 z - 1.5
---------------------
z^2 - 1.6 z + 0.8
Sampling time: 0.05
```

·数字控制器转换成 s 传递函数：

```
Transfer function:
  55.97 s + 864.2
-------------------------
s^2 + 4.463 s + 90.97
```

·系统的开环传递函数：

```
Transfer function:
                    13.99 s + 216
```

```
---------------------------------------------
s^4 + 7.463 s^3 + 106.4 s^2 + 281.8 s + 181.9
```

· 系统的闭环传递函数：

```
Transfer function:
                   13.99 s + 216
---------------------------------------------
s^4 + 7.463 s^3 + 106.4 s^2 + 295.8 s + 398
```

（2）求取系统开环和闭环 z 域的脉冲传递函数程序为：

```
dnum=[3.4 -1.5];
dden=[1 -1.6 0.8];
 Ts=0.05;
sysd=tf(dnum,dden,Ts);
num1=0.25;
den1=[1 1];
num2=1;
den2=[1 2];
sys1=tf(num1,den1);
sys2=tf(num2,den2);
sysc2=sys1 * sys2;
syscd=c2d(sysc2,Ts,'zoh')
dsys=sysd * syscd
dsysb=feedback(dsys,1)
```

程序执行结果：

· s 传递函数转换成 z 传递函数：

```
Transfer function:
0.0002973 z + 0.0002828
-----------------------------------
z^2 - 1.856 z + 0.8607
Sampling time: 0.05
```

· 系统开环 z 传递函数：

```
Transfer function:
0.001011 z^2 + 0.0005156 z - 0.0004242
-------------------------------------------------------
z^4 - 3.456 z^3 + 4.63 z^2 - 2.862 z + 0.6886
Sampling time: 0.05
```

· 系统闭环脉冲传递函数：

```
Transfer function:
0.001011 z^2 + 0.0005156 z - 0.0004242
-------------------------------------------------------
z^4 - 3.456 z^3 + 4.631 z^2 - 2.861 z + 0.6881
```

Sampling time：0.05

程序也可应用 c2dm（ ）和 d2cm（ ）函数进行编程，达到同样的目的。

2. 离散控制系统的时域分析

例 2-21　仍以例 2-20 系统为例，编写程序绘制系统的单位阶跃响应图。

解：

```
dnum=[3.4 -1.5];
dden=[1 -1.6 0.8];
Ts=0.05;
sysd=tf(dnum,dden,Ts);
num1=0.25;
den1=[1 1];
num2=1;
den2=[1 2];
sys1=tf(num1,den1);
sys2=tf(num2,den2);
sysc2=sys1 * sys2;
syscd=c2d(sysc2,Ts,'zoh');
dsys=sysd * syscd;
dsysb=feedback(dsys,1);
[dnum,dden]=tfdata(dsysb,'v');
n=80;
t=0:Ts:5;                  %取采样次数为80;时间向量t:初值0,终值:5s
figure(1)
dstep(dnum,dden,n);        %单位阶跃响应图,注意横坐标以采样次数n为单位
figure(2);
step(dsysb,t);             %单位阶跃响应图,注意横坐标以时间t为单位,t=n * Ts
```

可从所得的单位阶跃响应图 2-47 中读取相应的性能指标，判断稳定性。

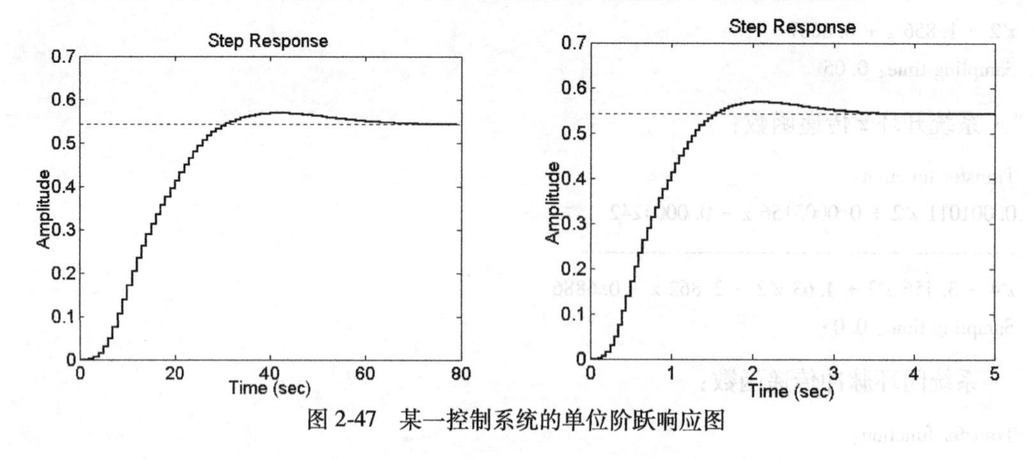

图 2-47　某一控制系统的单位阶跃响应图

注：书中用 MATLAB 编制的仿真程序中，%表示注释。

2.4 离散化方法

2.4.1 欧拉方法

欧拉方法又称差分变换法或差分反演法，这是一种最简单的变换方法。基本思想是迭代，模拟控制器如果用微分方程的形式表示，在采样周期足够小时，可做如下近似：用求和代替积分，用后向差分代替微分，使模拟 PID 离散化为数字形式的差分方程。欧拉方法分为前向差分法和后向差分法，由于在计算机控制系统中，必须要求有物理意义，前向差分法需要用到未来时刻的值，而系统无法直接给出，故该方法一般用在预估；后向差分法只需用到以前时刻的值，若系统给定初值，则可以利用递推关系，在计算机上通过迭代一步一步地算出输出序列。故下文只介绍后向差分方法。

令 $u(t) \approx u(k)$ ，$e(t) \approx e(k)$ ，

$$\begin{cases}\int_0^t e(t)\mathrm{d}t = \sum_{i=0}^{k} e(i)\Delta t = \sum_{i=0}^{k} Te(i) \\ \dfrac{\mathrm{d}e(t)}{\mathrm{d}t} \approx \dfrac{e(k)-e(k-1)}{\Delta t} = \dfrac{e(k)-e(k-1)}{T}\end{cases} \tag{2-56}$$

把式（2-56）代入模拟调节器的传递函数 $D(S)$ 中，即可求出数字控制器的脉冲传递函数 $D(z)$，得到后向差分法的计算公式。

例 2-22 已知模拟调节器的传递函数 $D(s)=\dfrac{1}{T_1 s+1}$，采用后向差分法对其进行离散化，求出其脉冲传递函数 $D(z)$ 以及所对应的差分方程。

解： 根据其变换公式，则

$$D(s)=\frac{U(s)}{E(s)}=\frac{1}{T_1 s+1} \Rightarrow E(s)=U(s)(T_1 s+1) \Rightarrow e(t)=u(t)+T_1\frac{\mathrm{d}u(t)}{\mathrm{d}t}$$

$$\frac{\mathrm{d}e(t)}{\mathrm{d}t} \approx \frac{e(k)-e(k-1)}{\Delta t}=\frac{e(k)-e(k-1)}{T},\ u(t) \approx u(k),\ e(t) \approx e(k)$$

代入上式，对应的差分方程为

$$e(k)=u(k)+T_1\frac{u(k)-u(k-1)}{T}$$

整理得
$$u(k)=\frac{Te(k)+T_1 u(k-1)}{T_1+T}$$

对差分方程两边进行 z 变换，有

$$(T_1+T)U(z)=TE(z)+T_1 z^{-1}U(z)$$

脉冲传递函数
$$D(z)=\frac{U(z)}{E(z)}=\frac{T}{T_1+T-T_1 z^{-1}}$$

2.4.2 零极点匹配等效方法

零极点匹配法又称为根匹配法或匹配 z 变换法，该方法就是直接把 s 平面上的零极点对

应地映射到 z 平面上的零极点，产生零点、极点都与连续系统相匹配的脉冲传递函数。

假设模拟控制器的传递函数中零极点多项式形式为

$$D(s)=\frac{K\prod_{p=1}^{m_1}(s_p+a_1)\prod_{q=1}^{m_2}s_q+b_1\ \pm \mathrm{j}c_1)}{\prod_{k=1}^{n_1}(s_k+a_2)\prod_{l=1}^{n_2}s_l+b_2\ \pm \mathrm{j}c_2)}$$

则零极点匹配法的变换公式为

$$s+a\rightarrow 1-z^{-1}\mathrm{e}^{-aT} \tag{2-57}$$

$$s+b\ \pm \mathrm{j}c\rightarrow 1-2z^{-1}\mathrm{e}^{-bT}\cos cT+z^{-2}\mathrm{e}^{-2bT} \tag{2-58}$$

例 2-23　已知模拟调节器的传递函数 $D(s)=\dfrac{s}{s+1}$，选择采样周期 $T=1\mathrm{s}$，用零极点匹配法求出数字控制器的脉冲传递函数 $D(z)$，并写出其差分方程。

解：模拟调节器的传递函数中零点多项式为 s，极点多项式为 $s+1$，根据式（2-57）和式（2-58），求出数字控制器的脉冲传递函数为

由 $s+a\rightarrow 1-z^{-1}\mathrm{e}^{-aT}\Rightarrow s+0\rightarrow 1-z^{-1}\mathrm{e}^{-0\times 1}=1-z^{-1}$

由 $s+a\rightarrow 1-z^{-1}\mathrm{e}^{-aT}\Rightarrow s+1\rightarrow 1-z^{-1}\mathrm{e}^{-1\times 1}=1-z^{-1}\times 0.368=1-0.368z^{-1}$

所以
$$D(z)=\frac{1-z^{-1}}{1-0.368z^{-1}}$$

所对应的差分方程为

$$u(k)=0.368u(k-1)+e(k)-e(k-1)$$

2.4.3　z 变换法

z 变换法也称为冲激不变法、脉冲响应不变法，就是直接对模拟调节器的传递函数 $D(z)$ 求 z 变换，即 $D(z)=Z[D(s)]$

例 2-24　设 $D(s)=\dfrac{s}{s+1}$，采样周期 $T=1\mathrm{s}$，用 z 变换法求出 $D(z)$，并写出其差分方程。

解：$D(z)=Z[D(s)]=Z\left[\dfrac{s}{s+1}\right]=Z\left[1-\dfrac{1}{s+1}\right]$

$$=1-\frac{z}{z-\mathrm{e}^{-1}}=\frac{z-\mathrm{e}^{-1}-z}{z-\mathrm{e}^{-1}}=\frac{-\mathrm{e}^{-1}}{z-\mathrm{e}^{-1}}=\frac{-\mathrm{e}^{-1}z^{-1}}{zz^{-1}-\mathrm{e}^{-1}z^{-1}}=\frac{-0.368z^{-1}}{1-0.368z^{-1}}$$

所对应的差分方程为

$$u(k)=0.368u(k-1)-0.368e(k-1)$$

2.4.4　保持器等效方法

由于计算机控制系统中往往在对象前用一保持器，保证离散近似后的数字控制器的阶跃响应序列与模拟调节器的阶跃响应的采样值相等。零阶保持器法就是在 z 变换法的基础之上改进的。即在模拟调节器前面串联一个零阶保持器，最后进行 z 变换，得到数字控制器的脉冲传递函数，即

$$D(z)=Z[G_{\mathrm{h}}(s)D(s)] \tag{2-59}$$

式中，零阶保持器的传递函数 $G_h(s)=\dfrac{1-e^{-Ts}}{s}$。

例 2-25　设模拟调节器的传递函数 $D(s)=\dfrac{s}{s+1}$，采样周期 $T=1s$，用零阶保持器法求其脉冲传递函数 $D(z)$ 及所对应的差分方程。

解：根据式（2-59），得数字控制器的脉冲传递函数为

$$D(z)=Z[G_h(s)D(s)]=(1-z^{-1})Z\left[\frac{s}{s(s+1)}\right]=(1-z^{-1})Z\left[\frac{1}{s+1}\right]$$

$$=(1-z^{-1})\left[\frac{1}{1-z^{-1}e^{-T}}\right]=\frac{1-z^{-1}}{1-0.368z^{-1}}$$

其对应的差分方程为

$$u(k)=0.368u(k-1)+e(k)-e(k-1)$$

2.5　数字控制器设计方法

随着采样周期的增大，由离散化方法得到的数字控制器的脉冲传递函数 $D(z)$ 的性能会变差，与模拟调节器传递函数 $D(s)$ 的频率特性的差别也变大。不论选用哪种离散化方法，只要能满足实际需要，能够用计算机实现模拟调节器的功能，我们就认为它是适用的。

离散控制系统在结构上是模拟部件和数字部件组成的混合系统，包含连续模拟、离散模拟、离散数字等多种信号形式。A/D 转换器的输出信号 $e(kT)$ 和 D/A 转换器的输入信号 $u(kT)$ 是数字量，而 A/D 转换器的输入信号 $e(t)$ 和 D/A 转换器的输出信号 $u(t)$ 则是模拟量。如果以离散控制系统的实际开环传递函数进行讨论，其输入输出都是模拟量，我们可以把它看作一个连续变化的模拟系统；如果以离散控制系统数字控制器的开环脉冲传递函数进行讨论，其输入输出都是数字量，我们可以把它看作一个离散系统；由此得到数字控制器的两种设计方法：数字控制器的模拟化设计方法和数字控制器的直接设计方法。这两种设计方法采用不同的控制理论进行分析和设计，使用的数学工具也不相同，见表 2-4。

表 2-4　两种设计方法所用的数学工具

分类	连续化设计方法	离散化设计方法
系统分析工具	拉普拉斯变换	z 变换
动态行为的描述	微分方程	差分方程
输入输出模型	传递函数	脉冲传递函数
分析平面	s 平面	z 平面

2.5.1　模拟化设计方法

数字控制器的模拟化设计法是忽略控制回路中所有零阶保持器和采样器，把计算机控制系统近似看作连续系统，按照连续系统的理论进行分析和设计，采用微分方程和拉普拉斯变换，在 s 域中进行初步设计，求出模拟控制器的传递函数，然后把模拟控制器近似离散化为数字控制器，得到其控制算式，并由计算机实现。所以这种方法也称为数字控制器的间接设

计法。由于工程技术人员比较熟悉连续系统的设计方法，经验比较丰富，而且该设计方法容易掌握，在设计中被广泛应用。但是该方法要求采样周期足够小才能得到满意的设计结果，因此只能实现比较简单的控制算法。

模拟调节器离散化的目的就是由模拟调节器的传递函数 $D(s)$ 得到数字控制器的脉冲传递函数 $D(z)$，从而求出其差分方程。而将连续控制器离散化过程可以采用多种离散化方法。常用的离散化方法有欧拉方法、零极点匹配等效方法、z 变换法和保持器等效方法，且由于所选择的方法不同，离散化之后的结果并不唯一。

图 2-48 是带采样开关的离散控制系统的结构图，$G_0(s)$ 是被控对象的传递函数，$G_h(s)$ 是零阶保持器的传递函数，$D(z)$ 是数字控制器的脉冲传递函数，由计算机实现。模拟化设计的任务就是根据系统的性能指标和被控对象的数学模型，设计数字控制器的脉冲传递函数 $D(z)$，并用计算机实现。其设计可以按照以下步骤进行：

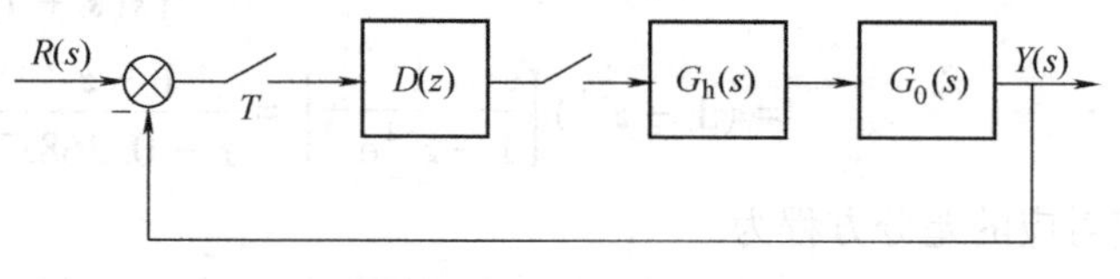

图 2-48　带采样开关的离散控制系统的结构

1）求出模拟调节器的传递函数 $D(s)$。把图 2-48 所示的计算机控制系统看作结构如图 2-49 所示的连续模拟系统。

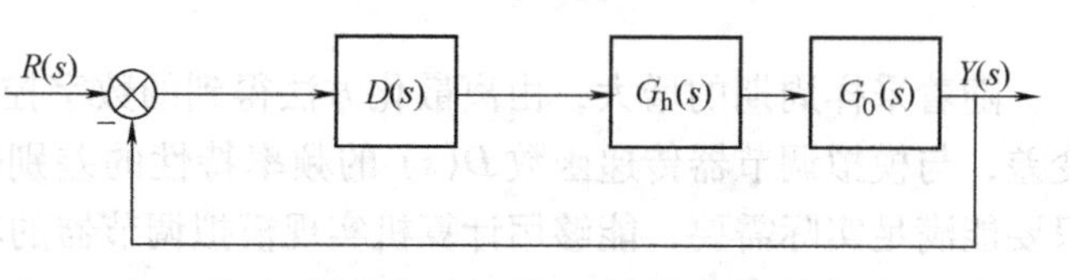

图 2-49　连续控制系统结构

广义被控对象的传递函数 $G(s)=G_h(s)G_0(s)$。

根据系统性能指标的要求，按照连续系统的设计方法设计出模拟调节器的传递函数 $D(s)$。

2）选择合适的采样周期 T。该法要求采样周期足够小才能得到满意的设计结果，一般情况下，设计人员都是根据经验选择相当小的采样周期。具体选择方法见第 4 章。

3）把 $D(s)$ 离散化，求出数字控制器的脉冲传递函数 $D(z)$。选择合适的离散化方法，保证 $D(z)$ 的性能接近 $D(s)$ 的性能，满足系统性能指标的要求。

4）检验系统的闭环特性是否满足设计要求。求出广义被控对象的脉冲传递函数 $G(z)$，把 $D(z)$ 连入系统，对系统进行仿真实验，检查系统设计是否满足要求。如果不满足要求，就修改参数或重新设计。

5）把 $D(z)$ 变换成差分方程的形式，并编程实现。由于模拟系统采用微分方程来描述，而离散系统用差分方程来描述。所以把 $D(z)$ 变换成差分方程得到控制算式，即可编程实现数字控制器的功能。

6）现场调试。用计算机对系统进行控制，把硬件和软件结合起来进行现场调试，这是计算机控制系统设计的关键部分。

2.5.2　直接数字设计方法

实际上，当控制回路比较多或者控制规律比较复杂时，系统的采样周期不可能取得太小，采用数字控制器的模拟化设计法常无法达到预期的控制效果。此时可从被控对象的实际特性出发，直接根据采样控制理论进行分析和综合。在 z 平面上设计数字控制器，最后通过软件编程实现，这种方法称为数字控制器的直接设计法。该方法完全根据采样系统的特点进行分析和设计，不论采样周期的大小都适合，因此它更具有一般的意义。

图 2-50 中，$G_0(s)$ 是被控对象的传递函数，$G_h(s)$ 是零阶保持器的传递函数，$G_1(z)$ 是广义被控对象的脉冲传递函数，$D(z)$ 是数字控制器的脉冲传递函数，$R(z)$ 是系统的给定输入，$Y(z)$ 是系统的输出，$\Phi(z)$ 是闭环系统的脉冲传递函数。

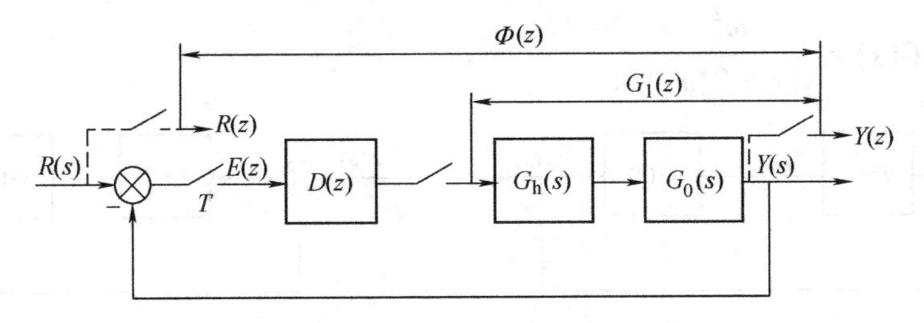

图 2-50　离散控制系统基本结构

零阶保持器的传递函数为

$$G_h(s) = \frac{1 - e^{-Ts}}{s} \tag{2-60}$$

广义被控对象的脉冲传递函数为

$$G_1(z) = Z[G_h(s)G_0(s)] \tag{2-61}$$

由图 2-50 可以求出开环系统的脉冲传递函数为

$$G(z) = \frac{Y(z)}{E(z)} = D(z)G_1(z) \tag{2-62}$$

闭环系统的脉冲传递函数为

$$\Phi(z) = \frac{Y(z)}{R(z)} = \frac{G(z)}{1 + G(z)} = \frac{D(z)G_1(z)}{1 + D(z)G_1(z)} \tag{2-63}$$

误差的脉冲传递函数为

$$\Phi_e(z) = \frac{E(z)}{R(z)} = \frac{1}{1 + G(z)} = \frac{1}{1 + D(z)G_1(z)} = 1 - \Phi(z) \tag{2-64}$$

由式（2-62）可以求出数字控制器的脉冲传递函数为

$$D(z) = \frac{\Phi(z)}{G_1(z)[1 - \Phi(z)]} \tag{2-65}$$

离散化方法设计数字控制器的步骤如下：

1）求广义被控对象的脉冲传递函数 $G_1(z)$。

2）根据系统的性能指标要求和其他约束条件，确定闭环系统的脉冲传递函数 $\Phi(z)$。

3）求数字控制器的脉冲传递函数 $D(z)$。

4）求差分方程，编写控制程序。

5）与硬件连接，进行系统调试。

2.5.3　设计方法的 MATLAB 仿真实例

某离散控制系统基本结构如图 2-51 所示，其被控对象传递函数为 $G(s) = \dfrac{1}{s(10s+1)}$，要求系统性能指标为：超调量小于20%，调节时间小于10s，单位斜坡输入跟踪误差小于1，设计数字控制器。

1. 计算机控制系统的模拟化设计方法

(1) 设计步骤

1）先根据图2-52所示的连续控制系统的基本结构，按照系统的性能指标设计连续控制器 $D(s)$，$D(s)G(s)=\dfrac{\omega_n^2}{s(s+2\zeta\omega_n)}$。

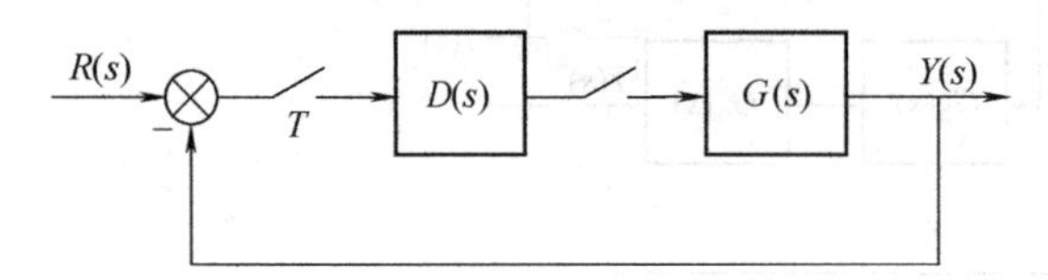

图2-51　某离散控制系统基本结构

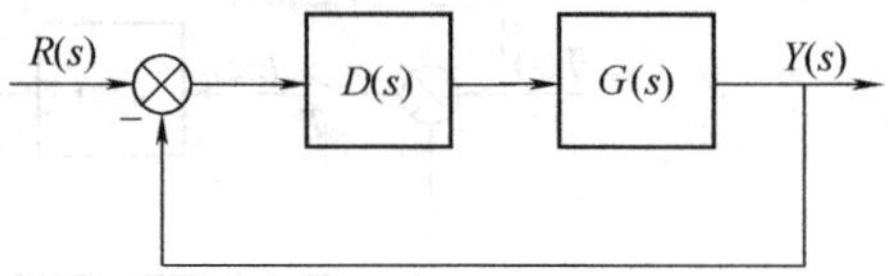

图2-52　连续控制系统基本结构

2）采用相应离散化方法将连续控制器离散化为 $D(z)$。

3）验证离散后性能指标是否满足要求。

(2) 常用指令

1）连续系统的离散化

命令格式：sysd=c2d（sys，Ts,'zoh'）　　%‘zoh’表示采用零阶保持器，可默认

或　　　　sysd=c2d（sys，Ts，'tustin'）　%表示采用双线性变换

2）离散系统的描述

传递函数描述：sys=tf（num，den，Ts）

零极点描述：sys=zpk（z，p，k，Ts）　　　%若无零/极点，则用［］表示

3）离散系统的时域分析

Impuls、step、lsim 命令都可以用来仿真计算离散系统的响应，仿真时间 t 可默认

格式：impulse（sysd，t）

　　step（sysd，t）

　　lsim（sys，u，t，x0），x0　%设定初始状态，默认时为0

(3) 二阶系统阶跃响应指标公式

由 $t_r=\dfrac{\pi-\zeta}{\omega_n\sqrt{1-\zeta^2}}$，$\sigma\%=e^{-\pi\zeta/\sqrt{1-\zeta^2}}\times100\%$，$t_s=\dfrac{3.5}{\zeta\omega_n}$

可知 $\zeta=-\ln(\sigma)/\sqrt{\pi^2+\ln^2(\sigma)}$，$\omega_n\geqslant\dfrac{3.5}{t_s\zeta}$，$\omega_n\geqslant\dfrac{\pi-\zeta}{t_r\sqrt{1-\zeta^2}}$

(4) 校正后系统的稳态误差

$$e(\infty)=\lim_{s\to0}sE(s)=\lim_{s\to0}sR(s)\frac{1}{1+D(s)G(s)}=\lim_{s\to0}sR(s)\frac{1}{1+\dfrac{\omega_n^2}{s(s+2\zeta\omega_n)}}$$

(5) 仿真程序

可求出连续控制器 D（S），再采用”ZOH”离散；采样周期为0.1s。程序如下：

```
clear all;
clc;
num1=1;
den1=[10 1 0];
g=tf(num1,den1);

%求校正后连续系统的开环及闭环传函
theta=0.2;
ts=10;
tr=6;
a=log(theta);
kesi=-a/sqrt(3.14^2+a^2);
kesiwn1=3.5/ts;
wn1=kesiwn1/kesi;
wn2=(3.14-kesi)/(tr*sqrt(1-kesi^2));
wn3=4*kcsi;
wn=max(max(wn1,wn2),wn3);
kesiwn=kesi*wn;

num2=[wn*wn];
den2=[1 2*kesiwn 0];
syso=tf(num2,den2);
syscl=feedback(syso,1);
figure(1);
step(syscl,'r'); %连续控制器传函
ds=syso/g;
syso,ds%选择采样周期离散并求响应
T=0.1;
dsd=c2d(ds,T,'zoh');
gd=c2d(g,T,'zoh');
dsd,gd
sysold=dsd*gd;
syscld=feedback(sysold,1);
figure(2);
step(syscl,'r',syscld,'k');
figure(3);
t=0:T:10;
u=0.01*t;
lsim(syscld,u,t,0);
```

*******观察不同的采样周期下对阶跃响应的影响!!!

仿真结果如图 2-53、图 2-55 所示。

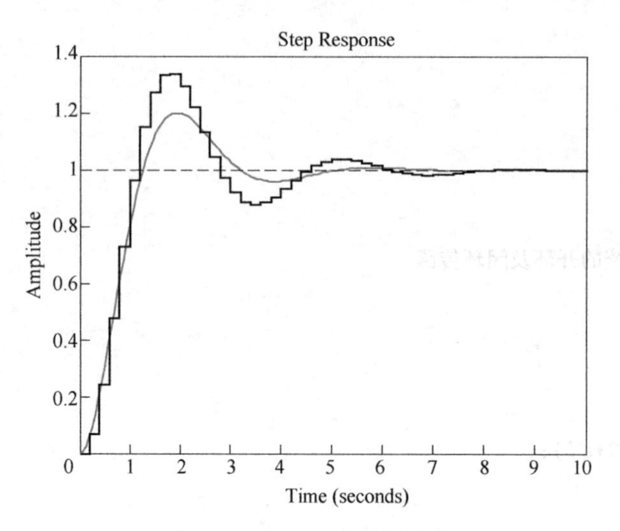

图 2-53 $T=0.2\mathrm{s}$ 的阶跃响应

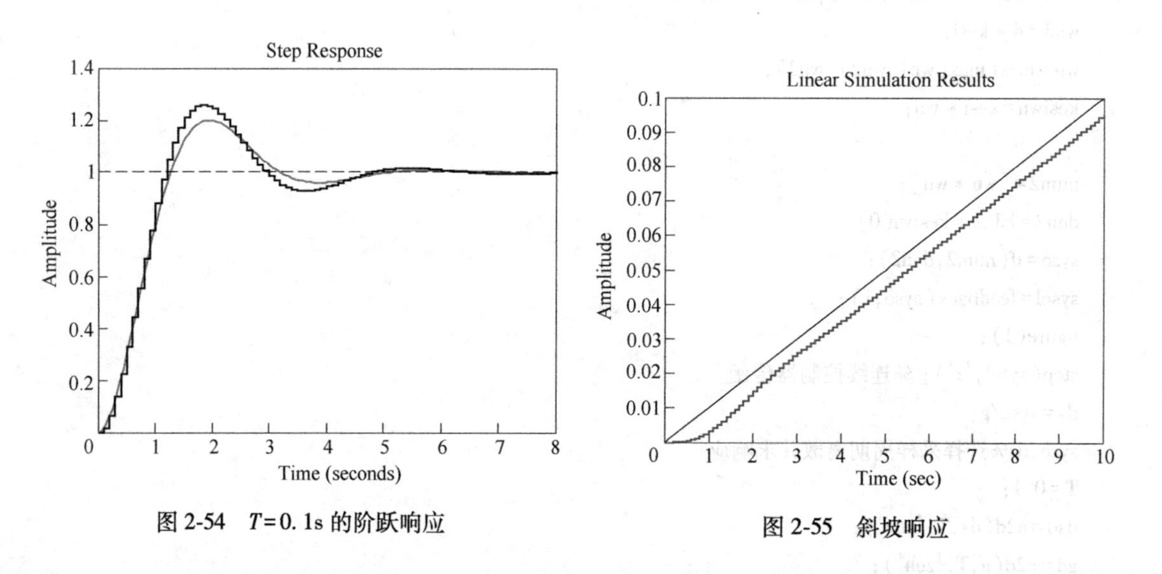

图 2-54 $T=0.1\mathrm{s}$ 的阶跃响应

图 2-55 斜坡响应

看 $G(Z)$ 和 $D(Z)$ 的表达式：

```
gd （为广义对象 ）
0.0004983 z + 0.0004967
-----------------------
  z^2 - 1.99 z + 0.99
dsd （为离散控制器）
33.29 z - 32.98
---------------
  z - 0.8467
```

计算机控制系统的直接数字设计方法的 MATLAB 实现将在第 4 章的最少拍系统设计中进行详细介绍。

2.6 本章小结

计算机控制的理论基础是设计数字控制器的基础。本章主要介绍了采样过程、离散控制系统理论基础、离散控制系统设计基础——数字控制器设计方法。由于计算机控制系统与连续系统在数学分析工具、稳定性、动态特性、静态特性、控制器设计方面都具有一定的联系和区别，许多结论都具有相似的形式，在学习时要注意对照和比较，特别要注意它们不同的地方。

习题与思考题

1. 试求下列函数的 z 变换。

(1) $f(t) = 5e^{-2t}$

(2) $F(s) = \dfrac{s+1}{s^2(s+3)(s+5)}$

2. 试求下列函数的 z 反变换。

(1) $F(z) = \dfrac{10z}{(z-1)(z-2)(z-3)}$

(2) $F(z) = \dfrac{-2+3z^{-1}}{1-7z^{-1}+3z^{-2}+2z^{-3}+5z^{-4}+z^{-5}}$

3. 试确定下列函数的终值。

(1) $F(z) = \dfrac{Tz^{-1}}{(1-z^{-1})^2}$

(2) $F(z) = \dfrac{z^2}{(z-0.8)(z-0.1)^2}$

4. 已知差分方程为 $c(k)+5c(k+1)+3c(k+2)=0$，初始条件：$c(0)=0$，$c(1)=1$。试用迭代法求输出序列 $c(k)$，k=0，1，2，3，4。

5. 试用 z 变换法求解下列差分方程。

(1) $3c(k+2)+2c(k+1)+c(k)=r(k)$，$c(0)=c(T)=0$，$r(n)=n$，$(n=0, 1, 2, \cdots)$

(2) $c(k+4)+2c(k+3)+3c(k+2)+5c(k+1)+3c(k)=0$，$c(0)=c(1)=c(2)=1$，$c(3)=0$

6. 设开环离散系统结构如题图 2-1 所示，试求开环脉冲传递函数 $G(z)$。

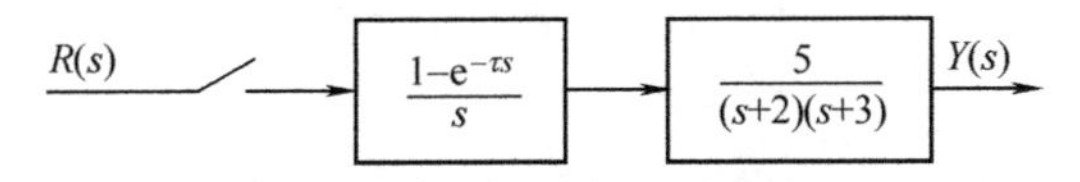

题图 2-1　开环离散系统结构

7. 试求如题图 2-2 所示闭环离散系统的脉冲传递函数，并求其单位阶跃响应 $y(nT)$。

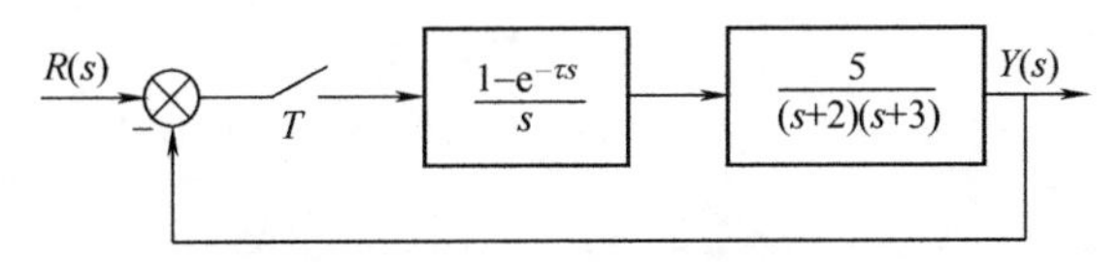

题图 2-2　闭环离散系统结构

8. 设离散系统如题图 2-3 所示，当采样周期 T=1s 时，试确定使系统稳定的 K 值范围。

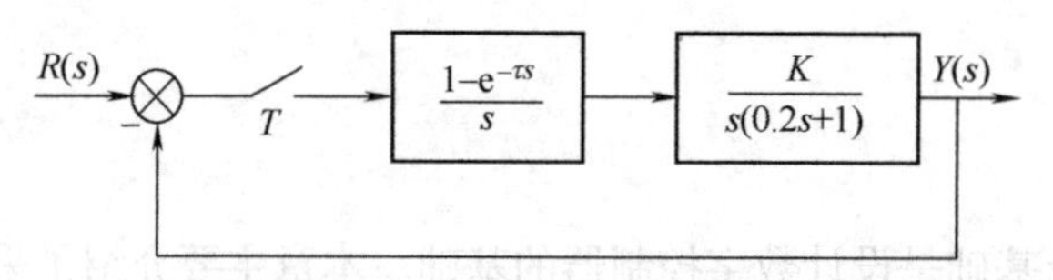

题图 2-3　离散系统结构

9. 设离散系统如题图 2-4 所示，其中 $T=0.1\mathrm{s}$，$K=10$，试求静态误差系数 K_{P}、K_{V}、K_{a}，并求系统在 $r(t)=t$ 作用下的稳态误差 $e(\infty)$。

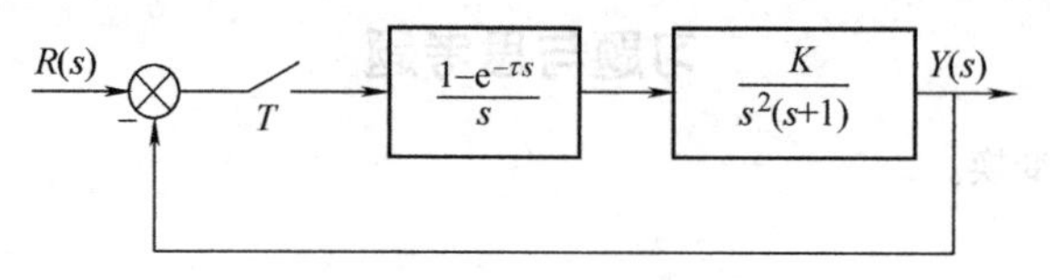

题图 2-4　离散系统结构

10. 某控制系统如题图 2-5 所示，其被控对象传递函数为 $G(s)=\dfrac{4}{(4s+1)(10s+1)(s+1)}$，要求系统性能指标为：超调量小于 10%，调节时间小于 15s，单位斜坡输入跟踪误差小于 1，设计数字控制器。

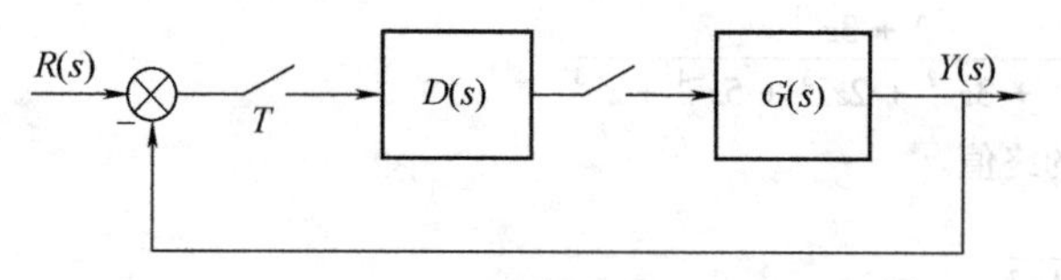

题图 2-5　某计算机采样控制系统基本结构

第 3 章　过程通道

第 3 章重难点　　大国工匠：大技贵精

3.1　概述

某流量控制系统如图 3-1 所示，其完成的功能是通过传感器 RV1 测量待测流量值，并转换为电压值，再通过 ADC0809 变换为数字量输入到计算机系统（8051 单片机）。计算机根据一定的算法求出控制量，输出控制信息改变直流电动机的转速，以改变调节阀的开度，使流量达到期望值。

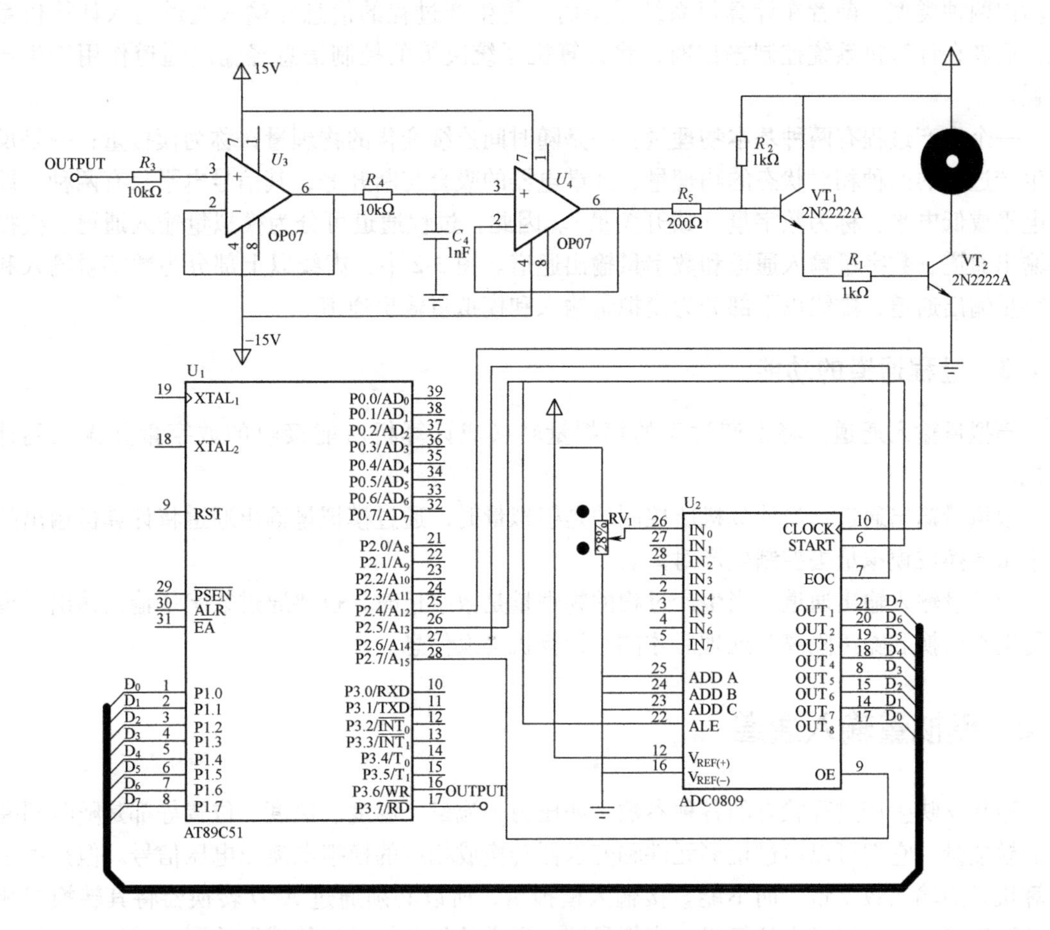

图 3-1　某流量控制系统

此系统中，ADC0809 为核心的部分，构成了该控制系统的过程输入输出通道。过程输入输出通道的一般结构如图 3-2 所示。

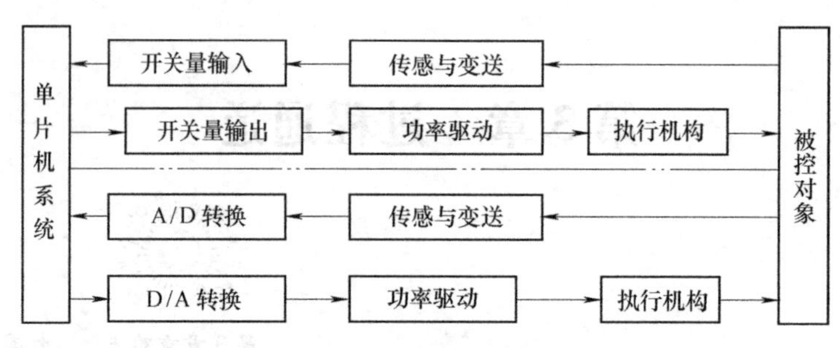

图 3-2 过程输入输出通道的一般结构

3.1.1 过程通道的分类

过程输入输出通道是计算机和被控对象（生产过程）之间信息交互的桥梁，其有输入和输出两种类型。前者在计算机系统采集时，将生产过程的信息经输入通道送入计算机系统；后者在计算机系统控制输出时，将计算机系统决策的控制信息经输出通道作用于生产过程。

一个生产过程有两种基本物理量：一是随时间连续变化的物理量，称为模拟量；一是反映生产过程的两种相对状态的物理量，如继电器的吸合与断开等，其信号电平只有两种，即高电平或低电平，称为数字量（或开关量）。因此，过程通道可分为模拟量输入通道、模拟量输出通道、数字量输入通道和数字量输出通道。图 3-2 中，虚线以上部分为数字量输入和数字量输出通道，虚线以下部分为模拟量输入和模拟量输出通道。

3.1.2 过程通道的功能

模拟量输入通道：将生产过程的模拟量转换成计算机所能接收的数字量并输入到计算机。

模拟量输出通道：当计算机所控制的是模拟量时，通过模拟量输出通道将计算机输出的数字量转换成模拟量去控制生产对象。

数字量输入输出通道：当生产过程的物理量是数字量时，也要通过数字量输入输出通道进行电平变换和噪声隔离等处理后才能与计算机交换信息。

3.2 模拟量输入通道

通常反映生产过程状态的各种参数，如压力、流量、温度、速度、位置等都是随时间变化的模拟量。它们可以通过检测元件和变送器转换成相应的模拟电流或电压信号。但是由于计算机只能输入数字量，而不能直接输入模拟量，所以必须通过 A/D 转换器将其转换成相应的数字信号后才能送入计算机。模拟量输入通道的任务就是把传感器检测并转换的模拟电信号转换成数字信号，再经过接口送入计算机系统中。大多数传感器的输出是直流电压或电流信号，为了解决低电压模拟信号传输问题，经常要将测量元件的输出信号经变送器变送，如温度变送器、压力变送器、流量变送器等，将电信号变成 0～10mA 或 4～20mA 的统一电流信号，然后由模拟量输入通道来处理。

3.2.1　模拟量输入通道的组成和结构形式

模拟量输入通道一般由信号调理电路、多路模拟开关、前置放大器、采样保持器和 A/D 转换器及接口逻辑电路等组成。按照通道中各路共用一个 A/D 转换器还是每一路各用一个 A/D 转换器，模拟量输入通道可以分为多通道共享 A/D 转换器方式和独立式多通道 A/D 转换器方式，如图 3-3 所示。

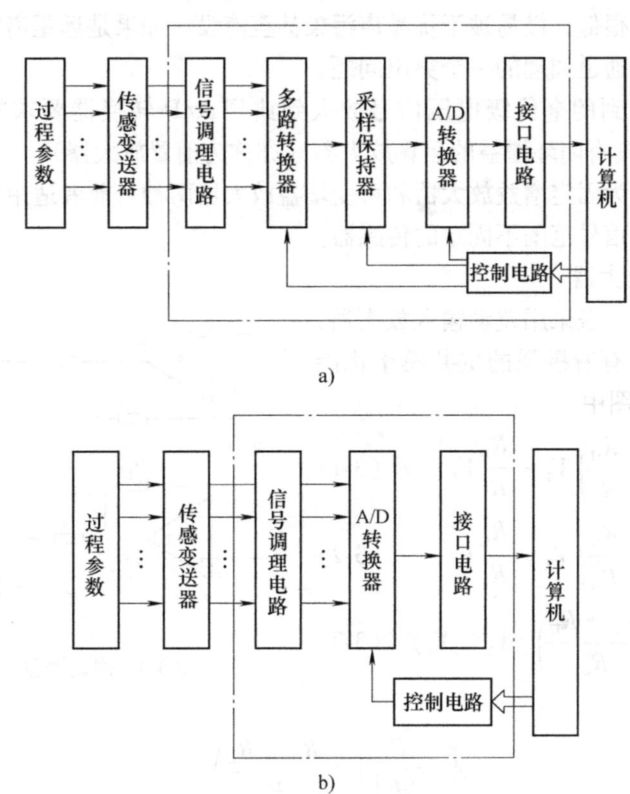

图 3-3　多路模拟量输入通道结构

a）多路共享 A/D 转换器模拟量输入通道结构　b）独立式 A/D 转换器模拟量输入通道结构

图 3-3a 中生产过程的被测参数由传感变送器测量并转换成电流（或电压）信号形式后，通过信号调理电路送至多路转换器。在计算机控制下，由多路开关将各个过程参数依次切换到各通道，进行采样和 A/D 转换，实现过程参数的巡回检测。图中多路信号共同使用一个采样保持电路和 A/D 转换电路，这样可以简化电路结构，降低成本，是目前应用最为广泛的电路结构。

3.2.2　信号调理电路

来自现场的模拟量检测信号一般要经过信号传输、放大、变换、校正、隔离和滤波等信号调理电路才能送入 A/D 转换器。信号调理电路是传感器和 A/D 转换器之间的桥梁，是计算机控制系统的重要组成部分。信号调理的任务比较复杂，除了小信号放大、滤波外，还有诸如零点校正、线性化处理、温度补偿、误差修正和量程切换等。在计算机控制系统中，许多依靠硬件实现的信号调理任务现在都可以通过软件来实现，这样就大大简化了模拟量输入通道的结构。目前小信号放大、信号滤波、信号变换和整形是信号调理的重点任务。下面主要介绍小信号放大电路和I/U变换电路。

1. 小信号放大电路

如果传感器是大信号输出，其信噪比就比较高，在传输过程中抑制干扰的能力较强。但在很多情况下，传感器是小信号输出，如热电偶的输出信号通常是几毫伏或几十毫伏。这样的弱小信号，信噪比很低，极易被干扰噪声污染甚至淹没。如果是远距离传输，后果将更严重，这是模拟量输入通道调理的一个突出问题。

要把传感器检测到的毫伏级电压信号放大到典型A/D转换器要求的输入电压5V或10V，就要选用一个具有闭环增益的运算放大器（亦称为前置放大器）。

前置放大器可分为固定增益放大器和可变增益放大器两种，前者适用于信号范围固定的传感器，后者适用于信号范围不固定的传感器。

（1）固定增益放大器

固定增益放大器一般采用差动输入放大器，其输入阻抗高，因而有着极强的抗共模干扰能力，如图3-4所示。图中

$$V_{o1}=\left(1+\frac{R_{f1}}{R_w}\right)V_1-\frac{R_{f1}}{R_w}V_2 \tag{3-1}$$

$$V_{o2}=\left(1+\frac{R_{f2}}{R_w}\right)V_2-\frac{R_{f2}}{R_w}V_1 \tag{3-2}$$

$$V_o=\frac{R_f}{R}\left(1+\frac{R_{f1}+R_{f2}}{R_w}\right)(V_2-V_1) \tag{3-3}$$

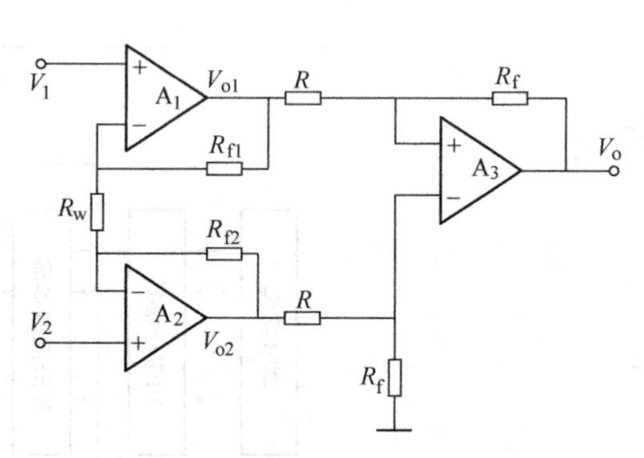

图3-4　固定增益差动放大器

所以其增益为

$$A_v=\frac{R_f}{R}\left(1+\frac{R_{f1}+R_{f2}}{R_w}\right) \tag{3-4}$$

（2）可变增益放大器

在计算机控制系统中，当多路输入信号的电平相差较悬殊时，采用固定增益放大器，就有可能使低电平信号测量精度降低，高电平信号则可能超出A/D转换器的输入范围。为使A/D转换器信号满量程达到均一化，可采用可变增益放大器。

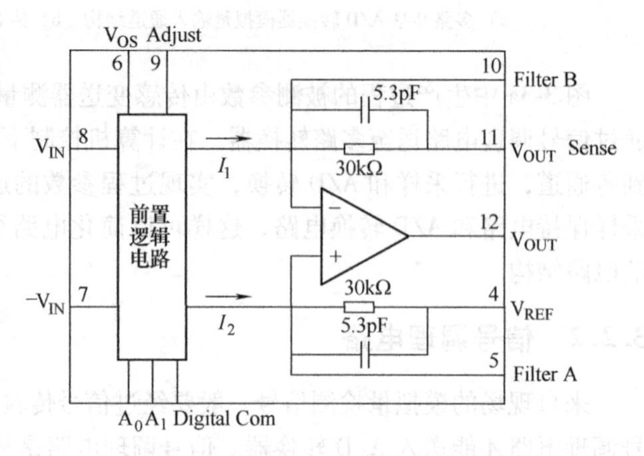

图3-5　PGA202/PGA203的内部结构

PGA202/PGA203是常用的可变增益仪表放大器。PGA202的增益倍数为1、10、100、1000；PGA203的增益倍数为1、2、4、8。电源供电范围为±(6~18) V。共模抑制比为80 ~ 90dB。

PGA202/PGA203 的内部结构如图 3-5 所示。

PGA202/PGA203 的引脚功能如下：

A_0、A_1：增益数字选择输入端。

V_{REF}：参考电压端。

Filter A、Filter B：输出滤波端，在该两端各连接一个电容，可获得不同的截止频率。

V_{OS} Adjust ：偏置电压调整端，可用外接电阻调整放大器的偏差。

$+V_{IN}$、$-V_{IN}$：正、负信号输入端。

Digital Com：数字公共端。

V_{OUT} Sense：信号检测端。

V_{OUT}：信号输出端。

PGA202/PGA203 的增益及增益误差见表 3-1。PGA202 与 PGA203 级联使用可组成从 0~8000 倍的 16 种程控增益。PGA202/PGA203 的增益控制输入端与 TTL、CMOS 电平兼容，可以直接与微处理器接口。

表 3-1　PGA202/PGA203 的增益及增益误差

增益选择输入端		PGA202		PGA203	
A1	A0	增益	误差	增益	误差
0	0	1	0.05%	1	0.05%
0	1	10	0.05%	2	0.05%
1	0	100	0.05%	4	0.05%
1	1	1000	0.05%	8	0.05%

若需另外的放大倍数，可以通过外接缓冲器及衰减电阻来获得，其接线如图 3-6 所示，电阻 R_1、R_2与增益的关系见表 3-2。改变 R_1与 R_2 的阻值比例，可获得不同的增益。

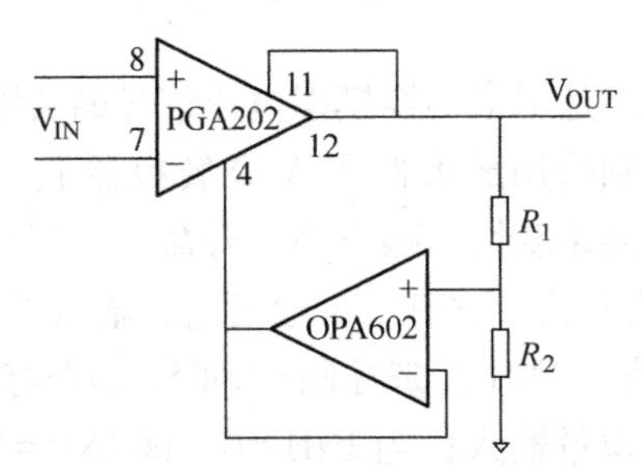

图 3-6　外接缓冲器及衰减电阻获得不同的增益

表 3-2　电阻 R_1、R_2 与增益的关系

增益	R_1/kΩ	R_2/kΩ
2	5	5
5	2	8
10	1	9

2. I/U 变换

变送器输出的信号多数为 0~10mA 或 4~20mA 的统一直流电流信号。这一方面提高了信号远距离传送过程中的抗干扰能力，减少了信号的衰减；另一方面为与标准化仪表和执行机构匹配提供了方便。为获得适于 A/D 转换器使用的电压信号，需要经过电流/电压（I/U）变换处理。

（1）无源 I/U 变换

无源 I/U 变换主要是利用无源器件电阻来实现的，并加入滤波和输出限幅等保护措施，如图 3-7 所示。

对于 0~10mA 输入信号，取 $R_1=100\Omega$，$R_2=500\Omega$，且 R_2 为精密电阻，此时对应的输出电压为 0~5V 。对于 4~20mA 的输入信号，取 $R_1=100\Omega$，$R_2=250\Omega$，且 R_2 为精密电阻，此时对应的输出电压为 1~5V。

（2）有源 I/U 变换

有源 I/U 变换主要是利用有源器件运算放大器、电阻来实现，如图 3-8 所示。

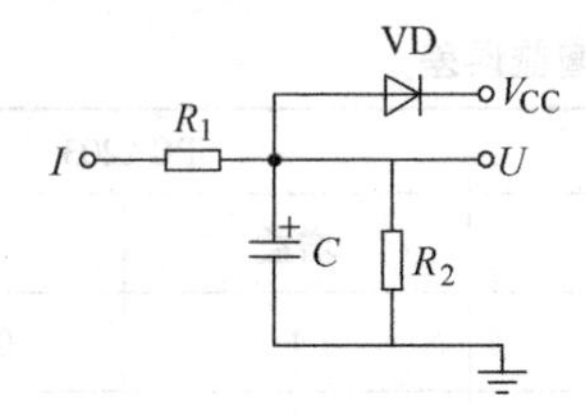

图 3-7　无源 I/U 变换电路

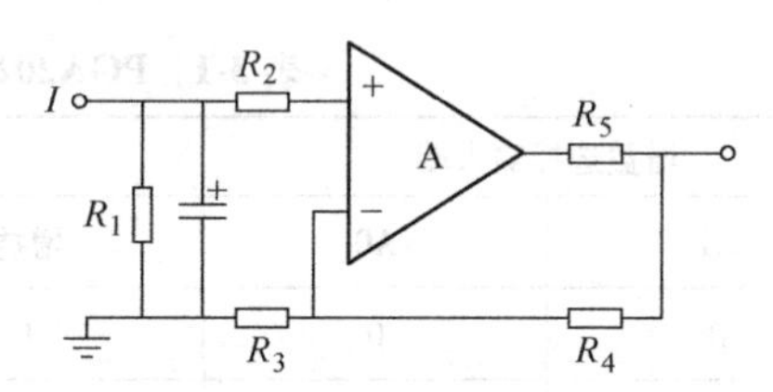

图 3-8　有源 I/U 变换电路

对于 0~10mA 输入信号，取 $R_1=200\Omega$，$R_3=100k\Omega$，$R_4=150k\Omega$，此时对应的输出电压为 0~5V 。对于 4~20mA 的输入信号，取 $R_1=200\Omega$，$R_3=100k\Omega$，$R_4=25k\Omega$，此时对应的输出电压为 1~5V。

3.2.3　多路转换器

多路转换器又称多路开关，是用来切换模拟电压信号的关键元件。利用多路开关可将各个输入信号依次或随机地连接到公用放大器和 A/D 转换器上。理想的多路开关其开路电阻为无穷大，导通电阻为零；切换速度快、噪声小、寿命长、工作可靠。

CD4051 是单端 8 通道多路开关，它有三个通道选择输入端 C、B、A 和一个禁止输入端 INH。C、B、A 用来选择通道号，INH 用来控制 CD4051 是否有效。当 INH=1，即 $INH=V_{DD}$ 时，所有通道均断开，禁止模拟量输入；当 INH=0，即 $INH=V_{SS}$时，通道接通，允许模拟量输入。CD4051 的原理电路图如图 3-9 所示。

在图 3-9 中，逻辑电平转换单元完成 TTL 到 CMOS 的转换。因此，这种多路开关输入电平范围大，数字控制信号的逻辑 1 为 3~15V，模拟峰-峰值可达 15V。二进制 3-8 译码器用来对选择输入端 C、B、A 的状态进行译码，以控制开关电路 TG，使某一路接通，从而将输入和输出通道接通。

如果把输入信号与引脚 3 连接，改变 C、B、A 的值，则可使其与 8 个输出端的任何一路相通，完成一到多的分配。此时称为多路分配器。

CD4051 的真值表见表 3-3。

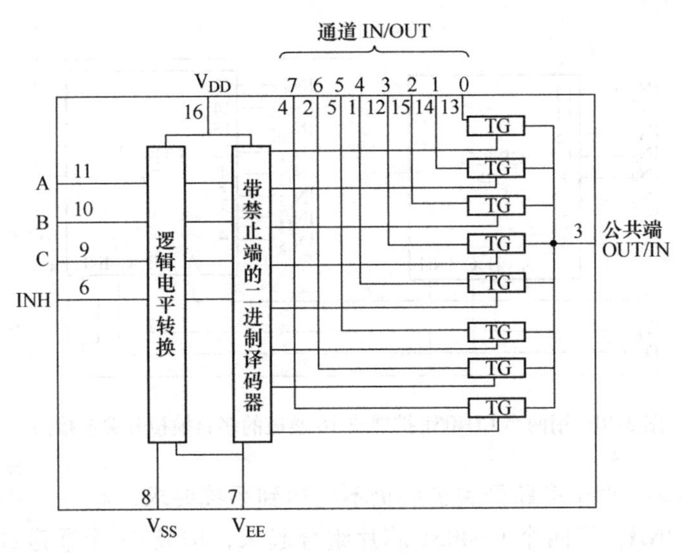

图 3-9 CD4051 原理电路图

表 3-3 CD4051 真值表

输入状态				接通通道
INH	C	B	A	CD4051
1	X	X	X	不工作
0	0	0	0	0
0	0	0	1	1
0	0	1	0	2
0	0	1	1	3
0	1	0	0	4
0	1	0	1	5
0	1	1	0	6
0	1	1	1	7

若被测参数多，则可以增加门电路或译码器对多路开关进行扩展。图 3-10 是两个 CD4051 扩展成 16 通道的多路模拟开关的连接图。因两个多路开关状态是相反的，1#多路开关工作，2#必须禁止；反之亦然。所以，只用一根地址总线即可作为两个多路开关的允许控制端的选择信号，而两个多路开关的通道选择输入端共用一组地址（或数据）总线进行选通。

从图 3-10 可以看出，改变数据总线 $D_2 \sim D_0$ 的状态，即可分别选择 $IN_0 \sim IN_7$ 的 8 个通道之一。D_3 用来控制两个多路开关的 INH 输入端的电平。当 $D_3=0$ 时，使 1#CD4051 被选中，在这种情况下，无论 C、B、A 端的状态如何，都只能选通 $IN_0 \sim IN_7$ 中的一个。当 $D_3=1$ 时，经反相器变为低电平，2#CD4051 被选中，此时，根据 D_2、D_1、D_0 三条线上的状态，可使 $IN_8 \sim IN_{15}$之中的相应通道接通。如当 D_3、D_2、D_1、D_0 四条数据线上为 0001 时，选中通道 IN_1；当 D_3、D_2、D_1、D_0 四条数据线上为 1001 时，选中通道 IN_9。

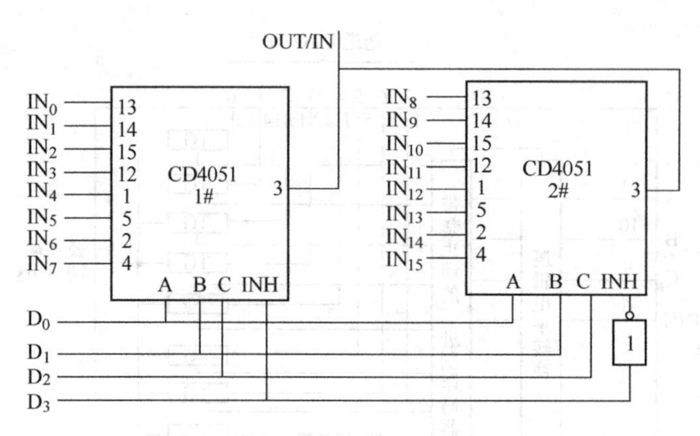

图 3-10 用两个 CD4051 扩展成 16 通道的多路模拟开关连接图

若需要通道数多，两个多路开关扩展仍不能达到系统要求，此时，可通过译码器控制 CD4051 的控制端 INH，把四个 CD4051 芯片组合起来，构成 32 个通道或 16 路差动输入系统。

3.2.4 采样保持器

1. 孔径时间和孔径误差的消除

A/D 转换器完成一次完整的转换过程所需的时间称为转换时间 $t_{A/D}$（或称孔径时间），对变化快的模拟信号来说，转换期间将引起转换误差，这个误差称孔径误差。如图 3-11 所示的正弦模拟信号，如果从 t_0 时刻开始进行 A/D 转换，但转换结束时已为 t_1，模拟信号已发生 Δu 的变化。因此，对于一定的转换时间，最大的误差可能发生在信号过 0 的时刻。因为此时 $\mathrm{d}u/\mathrm{d}t$ 最大，孔径时间 $t_{A/D}$一定，所以此时 Δu 为最大。

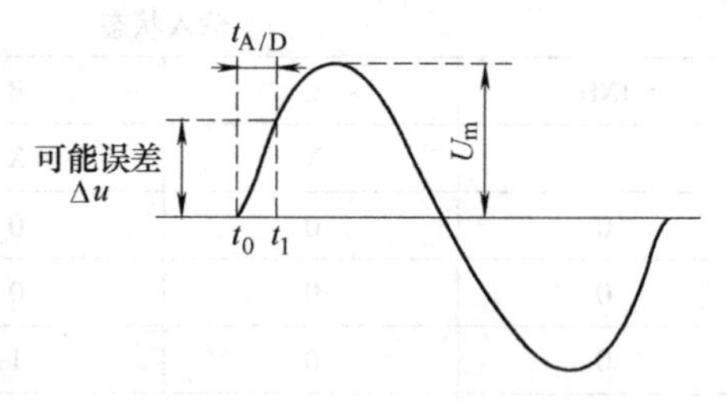

图 3-11 由 $t_{A/D}$引起的误差

设模拟信号为

$$u = U_m \sin\omega t \tag{3-5}$$

它的微分为

$$\frac{\mathrm{d}u}{\mathrm{d}t} = U_m \omega \cos\omega t = U_m 2\pi f \cos\omega t \tag{3-6}$$

式中，U_m 为正弦模拟信号的幅值，f 为信号频率。

最大变化率为

$$\left.\frac{\mathrm{d}u}{\mathrm{d}t}\right|_{\max} = 2\pi f U_m \tag{3-7}$$

在信号与横坐标交点处，信号变化率最大，可能引起最大的信号误差，设孔径时间为 $t_{A/D}$，这时最大误差为

$$\Delta u = U_m 2\pi f t_{A/D} \tag{3-8}$$

误差百分数

$$\sigma = \frac{\Delta u}{U_m} \times 100\% = 2\pi f t_{A/D} \times 100\% \tag{3-9}$$

由此可知，对于一定的转换时间 $t_{A/D}$，误差百分数和信号频率成正比。为了确保 A/D 转换的精度，不得不限制信号的频率范围，即

$$f \leqslant \frac{\sigma}{2\pi t_{A/D}} \tag{3-10}$$

若对于 8 位 A/D 转换器，当转换时间为 100μs，如果要求转换误差在 A/D 转换器的转换精度（0.4%）内，则允许转换的正弦波模拟信号的最大频率为

$$f \leqslant \frac{\sigma}{2\pi t_{A/D}} = \frac{0.4\%}{2\pi \times 100 \times 10^{-6}\text{Hz}} = 6\text{Hz}$$

为了提高模拟量输入信号的频率范围，以适应某些随时间变化较快的信号的要求，需要在 A/D 转换器之前加入采样保持器 S/H（Sample Hold）。如果输入信号变化很慢（如温度信号）或者 A/D 转换时间较短，使得在 A/D 转换期间输入信号变化很小，在允许的 A/D 转换精度内，不必再选用采样保持器。

2. 采样保持器的工作原理

采样保持器的原理图如图 3-12 所示。它由模拟开关 S、保持电容 C 和缓冲放大器组成。其工作原理如下：

采样保持器有采样和保持两种工作方式。采样时，开关 S 闭合，输入信号通过电阻 R 向电容 C_H 快速充电，输出电压 V_O 跟随 V_{IN}。保持时，S 断开，电容充电回路断开，这时电容电压下降很慢。理想情况下，$V_O = V_C$ 保持不变，采样保持器一旦进入保持期，便应立即起动 A/D 转换器，保证 A/D 转换期间输入恒定。

3. 常用的采样保持器

常用的采样保持器有 AD582、AD585、AD346、AD389、LF198/298/398 等。LF398 的组成原理图如图 3-13 所示。LF398 的逻辑输入有两个控制端全部为具有低输入电流的差动输入方式，可直接与 TTL、PMOS、CMOS 电平相连。其门限值为 1.4V。

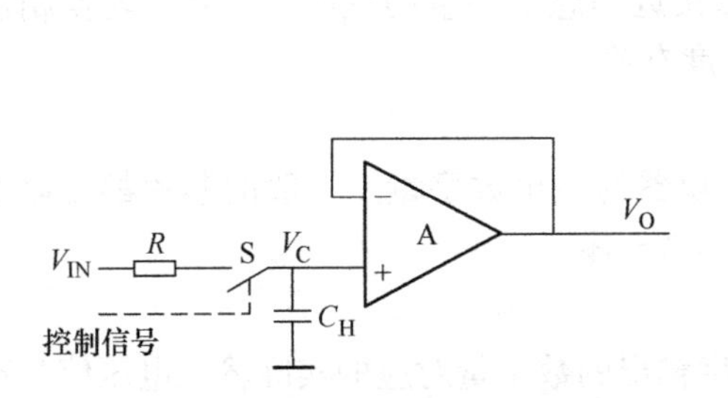

图 3-12　采样保持器的原理图

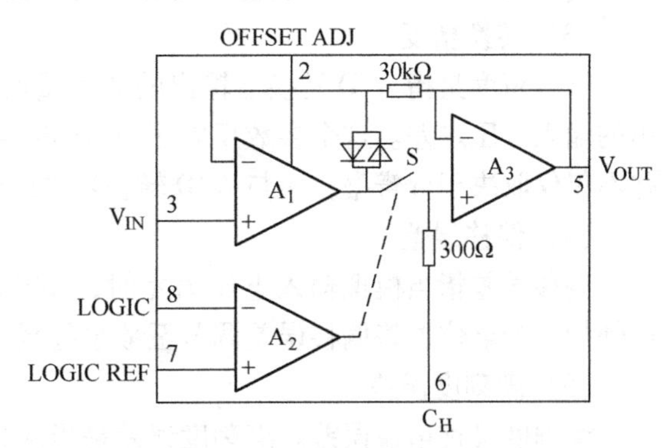

图 3-13　LF398 的组成原理图

LF398 芯片各引脚功能如下：

V_{IN}：模拟量电压输入。

V_{OUT}：模拟量电压输出。

LOGIC：逻辑控制电平输入端。当引脚8为高电平时，通过控制逻辑电路A_2使开关S闭合，电路工作在采样状态。当引脚8为低电平时，则开关S断开，电路进入保持状态。

LOGIC REF：参考逻辑电平。

OFFSET ADJ：偏置调整引脚。可用引接电阻调整采样保持器的偏差。

C_H：保持电容引脚。用来连接外部保持电容。

V_+、V_-：采样保持电路电源引脚。电源变化范围为5~10V。

选择采样保持器时主要考虑的因素包括：输入信号范围、输入信号变化率、多路转换器的切换速度、采集时间等。若输入模拟信号变化缓慢，A/D转换器转换速度相对很快，可以不用采样保持器。

保持电容C_H通常是外接的，其取值与采样频率和精度有关，常选510~1000pF。减小C_H可提高采样频率，但会降低精度。一般选用聚苯乙烯、聚四氟乙烯等高质量电容器。

3.2.5　A/D转换器

A/D转换器的作用是把模拟量转换为数字量，是模拟量输入通道必不可少的器件。常用的A/D转换器从转换原理上可分为逐次逼近型、计数比较型和双积分型；从分辨率上可分为8位、12位、16位等。

1. A/D转换器的技术指标

（1）分辨率（位数）

A/D转换器的分辨率是指能够分辨最小量化信号的能力，通常用位数来表示A/D转换器的分辨率。假设输入的模拟电压信号的取值范围为0~5V，若用一个8位的A/D转换器，则00H对应于0V，FFH对应于5V，该A/D转换器能够分辨的最小电压为$5000/2^8\text{mV}\approx 20\text{mV}$。

（2）转换时间

转换时间是指当外部给A/D转换器发出开始转换信号到A/D转换器输出稳定的数字量所需的时间。一般的A/D转换器的转换时间在100μs以下。

（3）转换精度

转换精度是指A/D转换器输出的数字量所对应的输入电压值与理论上产生该数字量应用的输入电压之差。这个参数反映了A/D转换器接近理想数字量的程度。注意，转换精度并不仅仅取决于分辨率，还与A/D转换器的线性度有关。

（4）偏移误差

偏移误差指当模拟输入电压为零时，A/D转换器的输出数字量。一般的芯片都可以通过外加一个电位器将偏移误差调节至最小甚至可调节至零。

（5）满刻度误差

满刻度又称增益误差。满刻度误差是指满刻度输出的数字量对应的实际输入电压值与理想输入电压值之差。满刻度误差一般是在调节完偏移误差后再调节。

（6）线性度

线性度是指实际的输出曲线与理想的直线的最大误差。

2. A/D转换器的位数选择

A/D转换器的位数不仅决定采样电路所能转换的模拟电压的动态范围，也直接影响采样电路的转换精度。应根据采样电路转换范围及转换精度两方面选择 A/D 转换器的位数。

1）若已知转换信号动态范围 $y_{min} \sim y_{max}$，则量化单位 q 为

$$q = \frac{y_{max} - y_{min}}{2^n - 1} \tag{3-11}$$

有

$$2^n - 1 = \frac{y_{max} - y_{min}}{q} \geqslant 0$$

即 A/D 转换器的位数为

$$n \geqslant \log_2\left(1 + \frac{y_{max} - y_{min}}{q}\right) \tag{3-12}$$

2）若已知转换信号的分辨率

$$D = \frac{1}{2^n - 1} \tag{3-13}$$

得到 A/D 转换器的位数，即

$$n \geqslant \log_2\left(1 + \frac{1}{D}\right) \tag{3-14}$$

例 3-1 某温度控制系统的温度范围是 0~200℃，要求分辨率是 0.005（因 200×0.005=1，所以 0.005 相当于 1℃），可求出 A/D 转换器的字长为

$$n \geqslant \log_2\left(1 + \frac{1}{D}\right) = \log_2\left(1 + \frac{1}{0.005}\right) \approx 7.65$$

故 A/D 转换器的字长可选取 8 位或 10 位。

3. 8 位 A/D 转换器 ADC0809

ADC0809 是一种带有 8 通道模拟开关的 8 位逐次逼近式 A/D 转换器，转换时间为 100μs 左右，线性误差为±1/2LSB，采用 28 脚双列直插式封装，其逻辑结构图如图 3-14 所示。ADC0809 由 8 通道模拟开关、通道选择逻辑（地址锁存与译码）、8 位 A/D 转换器及三态输出锁存缓冲器组成。

ADC0809 无需进行零位和满量程调整。由于多路开关的地址输入部分能够进行锁存和译码，而且其三态 TTL 输出也可以锁存，可直接连接到计算机数据总线上。

（1）ADC0809 的引脚功能

$IN_0 \sim IN_7$：8 个模拟量输入端。

START：启动信号。当 START 获得正脉冲时，A/D 转换开始。

EOC：转换结束信号。正在进行 A/D 转换时，EOC=0；A/D 转换结束，EOC=1。可用作 A/D 转换是否结束的检测信号，或向 CPU 申请中断信号。

OE：输出允许信号。当此信号有效时，允许从 A/D 转换器的锁存器中读取数字量。

CLOCK：实时时钟，可通过外接 RC 电路改变时钟频率，外部时钟频率范围为 10~1280kHz。

ALE：地址锁存允许。当 ALE 为高电平时，允许 C、B、A 所示的通道被选中，并把该

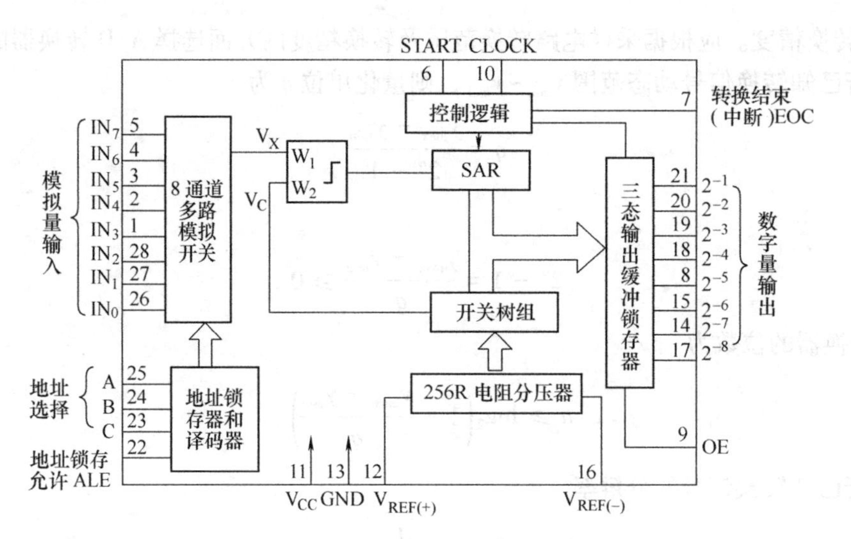

图 3-14　ADC0808/0809 内部结构框图

通道的模拟量送入 A/D 转换器。

C、B、A：通道选择端。C 为最高位，A 为最低位。

$D_0 \sim D_7$：数字量输出端。

$V_{REF(+)}$、$V_{REF(-)}$：参考电压端。对于一般单极性模拟量输入信号，$V_{REF(+)} = +5V$，$V_{REF(-)} = 0V$。

V_{CC}：电源，接+5V。

GND：接地端。

（2）ADC0809 的工作过程

ADC0809 的工作时序如图 3-15 所示，启动脉冲 START 和地址锁存允许脉冲 ALE 的上升沿将地址送给地址总线，模拟量经 C、B、A 选择开关指定的通道送至 A/D 转换器。在 START 信号下降沿的作用下，逐次逼近开始，在时钟的控制下，一位一位地逼近。此时，转换结束信号 EOC 呈低电平状态。由于逐次逼近需要一定的过程，所以，在此期间内，模拟输入值应保持不变。比较器需一次一次进行比较，直到转换结束 EOC 呈高电平，则可读出数据。编程时需要注意，当输入时钟周期为 1μs 时，启动 ADC0809 约 10μs 后，EOC 才变为低电平 0，表示正在转换。

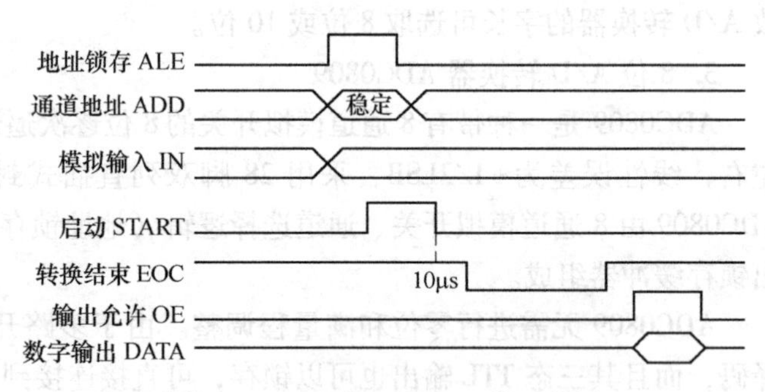

图 3-15　ADC0808/0809 工作时序图

4. 12 位 A/D 转换器 AD574A

AD574A 是一种高性能的 12 位逐次逼近型 A/D 转换器，转换时间小于 25μs。自带三态缓冲器，可以直接与 8 位或 16 位的微机相连，且能与 CMOS 及 TTL 电平兼容。内置基准电压源及时钟发生器，可以采用±12V 和±15V 两种电源电压，应用非常方便。

AD574A 的内部结构框图如图 3-16 所示，它由 12 位 A/D 转换器、逻辑控制电路、三态输出锁存器和 10V 参考电压源四部分组成。

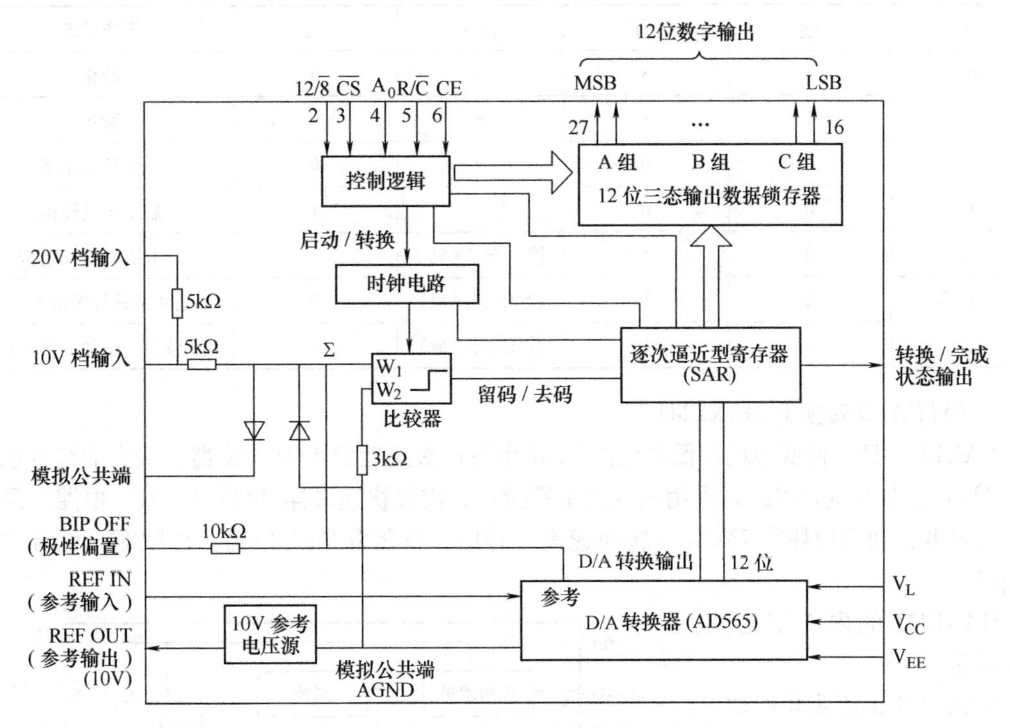

图 3-16　AD574A 的内部结构框图

AD574A 的主要引脚功能如下：

V_L：数字逻辑部分电源，为+5V。

12/$\overline{8}$：数据输出格式选择端。当 12/$\overline{8}$=1(+5V) 时，双字节输出，即 12 条数据线同时有效输出；当 12/$\overline{8}$=0 (0V) 时，单字节输出，即只有高 8 位或低 4 位有效。

$\overline{CS}$：片选信号端，低电平有效。

A_0：字节选择控制线。在转换期间，A_0=0，AD574A 进行全 12 位转换。在读出期间，当 A_0=0 时，高 8 位数据有效；当 A_0=1 时，低 4 位数据有效，中间 4 位为“0”，高 4 位为三态。因此当采用两次读出 12 位数据时，应遵循左对齐原则。

R/$\overline{C}$：读数据、转换控制信号。当 R/$\overline{C}$=1 时，A/D 转换结果的数据允许被读取；当 R/$\overline{C}$=0 时，则允许启动 A/D 转换。

CE：启动转换信号，高电平有效。可作为 A/D 转换启动或读取数据的信号。

V_{CC}、V_{EE}：模拟部分供电的正电源和负电源，为±12V 或±15V。

REF OUT：10V 内部参考电压输出端。

REF IN：内部解码网络所需参考电压输入端。

BIP OFF：补偿调整。接至正负可调的分压网络，以调整 A/D 转换器输出的零点。

AD574A 的工作状态由 CE、$\overline{CS}$、R/$\overline{C}$、12/$\overline{8}$、A_0 等五个控制信号决定，这些控制信号的组合功能见表 3-4。

表 3-4 AD574A 控制信号组合功能

CE	$\overline{CS}$	R/$\overline{C}$	12/$\overline{8}$	A_0	工作状态
0	×	×	×	×	禁止
×	1	×	×	×	禁止
1	0	0	×	0	启动 12 位转换
1	0	0	×	1	启动 8 位转换
1	0	1	接 1 脚（+5V）	×	12 位并行输出有效
1	0	1	接 15 脚（地）	0	高 8 位并行输出有效
1	0	1	接 15 脚（地）	1	低 4 位加上尾随 4 个 0 有效

5. 串行 A/D 转换器 MAX1241

MAX1241 是一种低功耗、低电压的 12 位串行逐次逼近型 A/D 转换器，最大非线性误差小于 1LSB，转换时间 9μs。采用三线式串行接口，内置快速采样/保持（S/H）电路。采用单电源供电，动态功耗在 73kHz/s 转换速率工作时，仅需 0.9mA 电流。休眠时，电源电流仅 1μA。

MAX1241 的内部结构如图 3-17 所示。

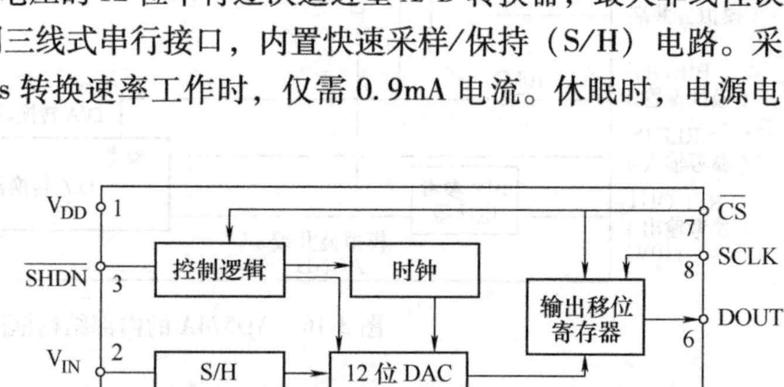

图 3-17 MAX1241 的内部结构

MAX1241 的引脚功能如下：

V_{DD}：电源输入，+2.7～+5.2V。

V_{IN}：模拟电压输入。

$\overline{SHDN}$：节电方式控制端。SHDN=0 为休眠状态；SHDN=1 或浮空，为工作状态。

V_{REF}：参考电压输入端。

GND：模拟、数字地。

DOUT：串行数据输出。

$\overline{CS}$：片选。

SCLK：串行输出驱动时钟输入。频率范围为 0～2.1MHz。

MAX1241 的工作时序如图 3-18 所示。

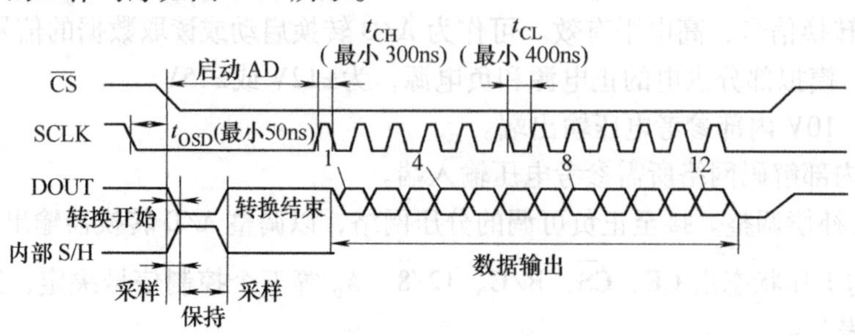

图 3-18 MAX1241 工作时序

3.2.6　A/D 转换器与计算机的接口设计及仿真

1. A/D 转换器与计算机接口逻辑设计要点

（1）数字量输出信号的连接

A/D 转换器数字量输出引脚和计算机的连接方法与其内部结构有关。对于内部未含输出锁存器的 A/D 转换器来说，一般通过锁存器或 I/O 接口与计算机相连。常用的接口及锁存器有 8255、74LS273 等。当 A/D 转换器内部含输出锁存器时，可直接与计算机相连，有时为了增加控制功能，也采用 I/O 接口连接。

（2）A/D 转换器的启动方式

任何一个 A/D 转换器都必须在外部启动信号的作用下才能开始工作，芯片不同，启动方式也不同，分脉冲启动和电平控制启动两种。

脉冲启动转换只需给 A/D 转换器的启动控制转换的输入引脚上加一个符合要求的脉冲信号即可。电平控制转换的 A/D 转换器，当把符合要求的电平加到控制转换输入引脚上时，立即开始转换，而且此电平应保持在转换的全过程中，否则将会中止转换的进行。该启动电平一般需由 D 触发器锁存供给。常用的 ADC0809、ADC80、ADC1210 等均属脉冲启动，AD570、AD571、AD574 等均属电平启动。

（3）时钟信号的转接

A/D 转换器的频率是决定其转换速度的基准。整个 A/D 转换过程都是在时钟作用下完成的。A/D 转换时钟的提供方法有两种，一种是由芯片内部提供，如 AD574；另一种是由外部时钟提供。外部时钟少数由单独的振荡器提供，更多的则是由 CPU 经时钟分频后，送至 A/D 转换器的时钟端。

（4）转换结束信号的处理方式

当 A/D 转换器开始转换后，需要经过一段时间，转换才能结束。当转换结束时，A/D 转换器芯片内部的转换结束触发器置位，并输出转换结束标志电平，以通知主机读取转换结果的数字量。

计算机检查判断 A/D 转换结束有三种方式：查询方式、延时方式和中断方式。

1）查询方式。将转换结束信号经三态门送到 CPU 数据总线或 I/O 接口的某一位上，CPU 向 A/D 转换器发出启动脉冲后，便开始查询 A/D 转换是否结束。一旦查询到 A/D 转换结束，则读取 A/D 转换结果。这种方法程序设计比较简单，且可靠性高，但实时性差，由于大多数控制系统对于这点时间都是允许时，这种方法应用最多。

2）延时方式。启动 A/D 转换后，根据转换芯片完成转换所需要的时间，调用一段软件延时程序。延时程序执行完后，A/D 转换也已完成，即可读出结果数据。采用延时方式时，转换结束引脚悬空。在这种方式中，为了确保转换完成，必须把时间适当延长，多用在 CPU 处理任务较少的系统中。

3）中断方式。将转换结束信号接到计算机的中断请求引脚或允许中断的 I/O 接口的相应引脚上。当转换结束时，即提出中断请求，计算机响应后，在中断服务程序中读取数据。这种方法使 CPU 与 A/D 转换器工作同时进行，工作效率高。常用于实时性要求较强或多参数数据采集系统。

2. 8位A/D转换器的程序设计及仿真

A/D转换器的程序设计主要分为三步：启动A/D转换；查询或等待A/D转换结束；读出转换结果。若A/D转换器转换位数与计算机字长一致，一次读数即可。一旦位数超过计算机字长，则要分几次读数，此时，应注意数据的存放格式。

（1）查询方式

图3-19为ADC0809与计算机的查询方式接口连接图。由图3-19可以看出：

1）ADC0809时钟信号来自80C51的ALE信号。ALE以80C51单片机的振荡频率的1/6固定速率输出，当80C51采用6MHz时钟频率时，ALE为1MHz，经二分频后为500kHz，符合ADC0809对时钟频率的要求。

2）ADC0809具有输出三态锁存器，故其8位数据输出引脚直接与数据总线相连。

3）地址选通输入端A、B、C分别与地址低三位A_0、A_1、A_2相连，以选通IN_0 ~ IN_7中的一个通道。将P2.7作为片选信号，在启动A/D转换时，由单片机的写信号$\overline{WR}$和P2.7控制A/D转换器的地址锁存和转换启动。

4）ALE和START连在一起，因此ADC0809在锁存通道地址的同时也启动转换。在读取转换结果时，用单片机的读信号$\overline{RD}$和P2.7引脚经一级或非门后，产生的正脉冲作为OE信号，用以打开三态输出锁存器。由图3-19可知，当P2.7=0，且执行到指令“MOVX @DPTR，A”时启动A/D转换；当P2.7=0，且执行到指令“MOVX A，@DPTR”时读取A/D转换结果。

5）P2.7是ADC0809的最高地址，这样八个模拟输入通道IN_0 ~ IN_7的地址分别是：7FF8H ~ 7FFFH（注：与地址不相关的位置“1”）。

6）转换结束信号EOC接P1.7，为查询方式，当EOC为“0”，表示转换未完成，继续查询；当EOC为“1”，表示转换结束，可从A/D转换器读取转换后数据。

下面的程序是采用查询方式，将ADC0809的IN_0通道模拟量进行转换，转换结果存放在内部RAM35H为首地址的存储单元中的程序（通道0的地址为：7FF8H）。

```
START：MOV   R0，#35H                 ；内部存储器地址
       MOV P1，#0FFH                  ；P1口为输入
MOV    DPTR，#7FF8H                   ；ADC0809的口地址，指向IN0
MOVX   @DPTR，A                       ；启动A/D转换
LOOP1：  JB     P1.7，LOOP1           ；等待EOC=0
LOOP2：JNB    P1.7，LOOP2             ；P1.7=1时转换结束
       MOVX    A，@DPTR               ；转换结束，读出A/D转换结果
       MOV     @R0，A                 ；存入RAM单元
```

图3-19中，ADC0809实际上可看作单片机的一个存储单元，与存储单元统一编址，访问存储器的所有指令均可用来访问其端口。以上用到的“MOVX”指令即为存储器访问指令。

当计算机I/O口比较充裕时，可利用单片机的位操作功能。此时只需根据A/D转换器工作时序将相应位置位或复位即可。图3-20所示为位控制方式接口。图中，P2.7控制START和ALE引脚，当P2.7=0时启动A/D转换；P2.5连接EOC，即P2.5由0变为1时，

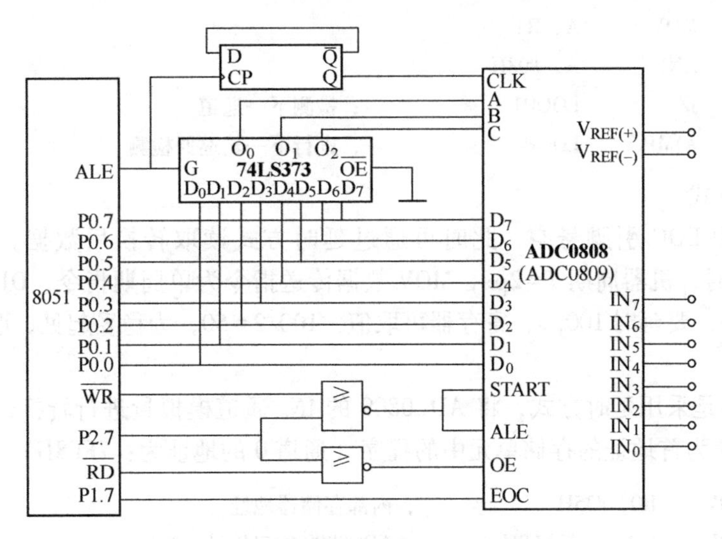

图 3-19　ADC0809 查询方式硬件接口

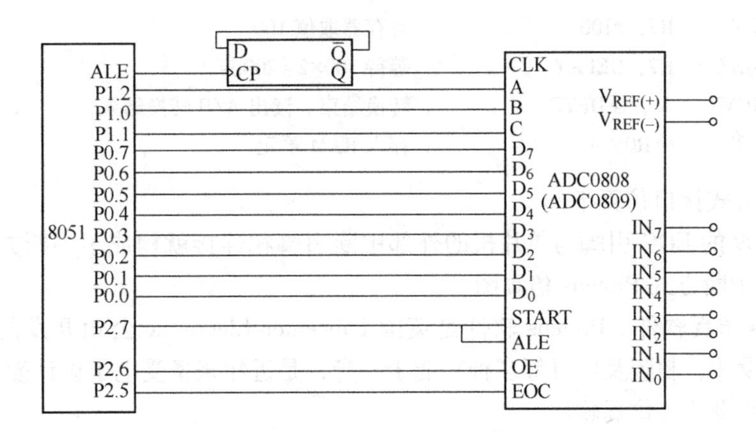

图 3-20　ADC0809 位操作查询方式硬件接口

A/D 转换结束；P2.6=1 时允许读出转换结果。下面是采用位控制查询方式，对 IN_0~IN_7 通道进行巡回检测并将检测结果存放在 35H 为起始地址的存储空间中的程序段。

```
          MOV     R2，#35H
LOOP      MOV     R1，#00H
LOOP1:    MOV     P1，R1          ；选择 ADC0809 的通道
          CLR     P2.7
          SETB    P2.7
          CLR     P2.7            ；启动转换
          JNB     P2.5，$         ；等待转换结束
          SETB    P2.6            ；允许输出
          MOV     R2，P0          ；暂存转换结果
          CLR     P2.6            ；关闭输出
          INC     R1
          INC     R2
```

```
        MOV     A, R1
        ANL     A, #08H
        JZ      LOOP1               ; 检测下一通道
        AJMP    LOOP                ; 进行下一轮巡回检测
```

（2）延时方式

若图3-19中EOC引脚悬空，此时可通过延时方式读取转换后数据。当80C51采用6MHz时钟频率时，机器周期$T=2\mu s$，MOV数据传送指令为单周期指令，DJNZ条件转移指令为双周期指令，要延时100μs，寄存器可取值：100/2=50，为稳妥起见，取值要有一定的富余。

下面的程序是采用延时方式，将ADC0809的IN_0通道模拟量进行转换，转换结果存放在内部RAM35H为首地址的存储单元中的程序（通道0的地址为：7FF8H）。

```
START:  MOV     R0, #35H            ; 内部存储器地址
        MOV     DPTR, #7FF8H        ; ADC0809的口地址，指向IN0
        MOVX    @DPTR, A            ; 启动A/D转换
        MOV     R7, #100            ; 寄存器取值100
DELAY:  DJNZ    R7, DELAY           ; 等待100×2=200μs
        MOVX    A, @DPTR            ; 转换结束，读出A/D转换结果
        MOV     @R0, A              ; 存入RAM单元
```

（3）中断方式接口仿真举例

将ADC0809的EOC引脚与单片机的外部中断引脚相连接就构成了中断方式硬件接口。图3-21所示为中断方式Proteus仿真图。

1）Proteus仿真软件。Proteus软件是英国Labcenter Electronic公司开发的EDA工具软件，其集电路设计、制版及仿真等多种功能于一身，是近年来备受电子设计爱好者青睐的一款新型电子线路设计与仿真软件。

用Proteus软件进行计算机控制系统的调试与仿真主要完成三个步骤：在Proteus ISIS中建立新设计并绘制电路原理图；添加汇编语言源程序代码；编译并调试仿真。若控制源程序为C语言程序，也可通过相应设置，实现Keil和Proteus混合调试仿真。

2）在图3-21中，用电位器模拟变送器输出并经过信号调理后的0~5V模拟信号，模拟电压的大小由电压表显示；用P3.0~P3.2选择通道号；P2.0~P2.3选择显示位，第一位BCD码显示通道号，后三位BCD码显示A/D转换后的数字量。由于ADC0809正在转换时EOC=0，转换结束时EOC=1，单片机的外部中断$\overline{INT_1}$为下降沿触发，EOC需经过反相器后再连接$\overline{INT_1}$；单片机的P0口作为普通I/O口，此时需要加接上拉电阻。

3）单片机的时钟频率为12MHz，ADC0809时钟频率为500kHz。

4）A/D转换程序。

```
LED_0   EQU     30H         ; 存放三个数码管的段码
LED_1   EQU     31H
LED_2   EQU     32H
LED_3   EQU     33H
```

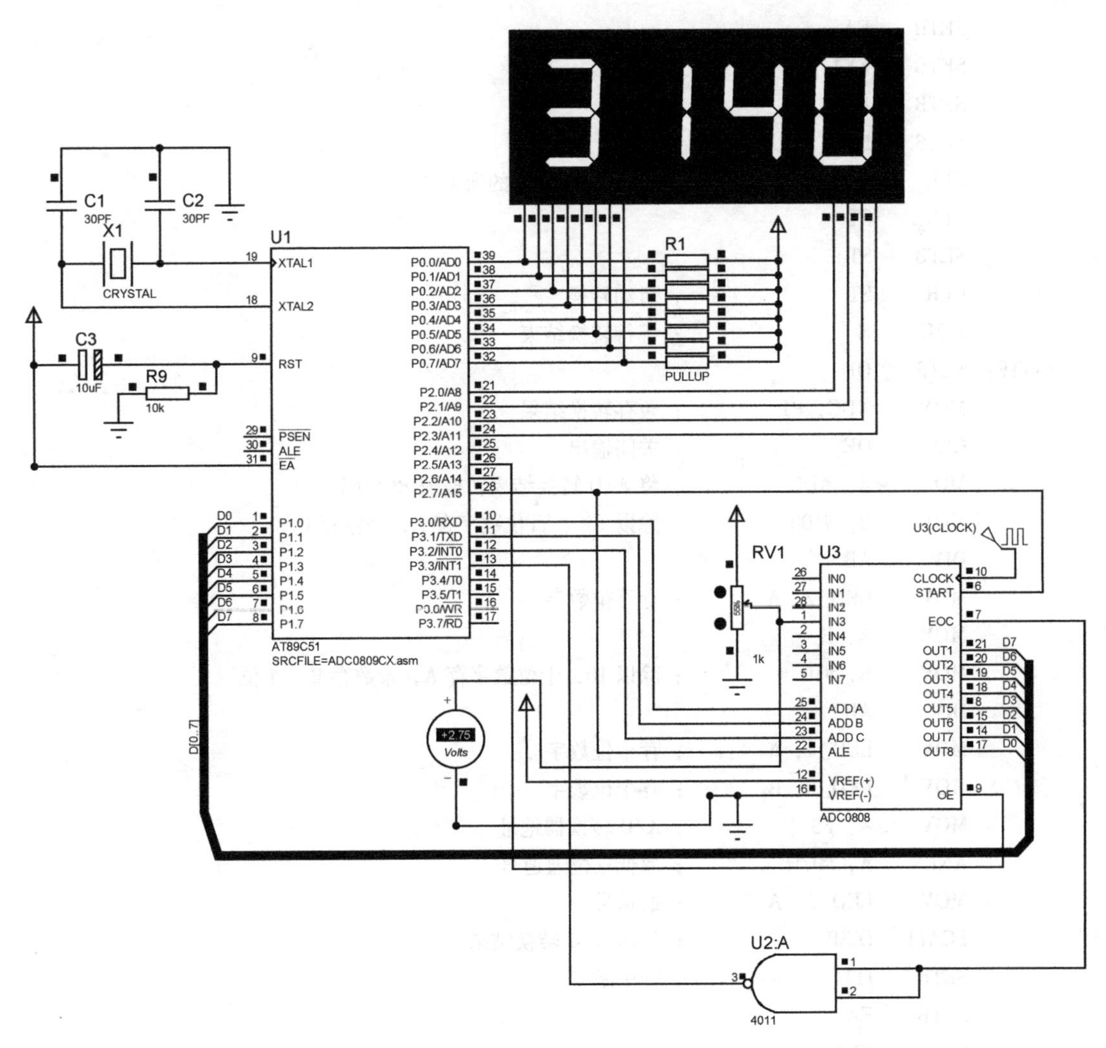

图 3-21　ADC0809 中断方式仿真电路图

```
ADC      EQU   35H           ；存放转换后的数据
  ST     BIT   P2.7
  OE     BIT   P2.5
  EOC    BIT   P3.3
ORG      0000H
LJMP     START
ORG      0013H
LJMP     INT1F
START：MOV   LED_0，#00H
MOV      LED_1，#00H
MOV      LED_2，#00H
MOV      LED_3，#00H
MOV      DPTR，#TABLE      ；送段码表首地址
SETB     IT1               ；开中断
```

```
        SETB    EA
        SETB    EX1
        SETB    P3.0
        SETB    P3.1
        CLR     P3.2            ；选择 ADC0809 的通道 3
        CLR     ST
        SETB    ST
        CLR     ST              ；启动转换
        LJMP    $               ；等待转换结束
INT1F： SETB    OE
        MOV     ADC，P1         ；暂存转换结果
        CLR     OE              ；关闭输出
        MOV     A，ADC          ；将 A/D 转换结果转换成 BCD 码
        MOV     B，#100         ；除以 100，百位数字存 A，余数存 B
        DIV     AB
        MOV     LED_2，A        ；存百位数字
        MOV     A，B
        MOV     B，#10          ；除以 10，十位数字存 A，余数存 B（个位）
        DIV     AB
        MOV     LED_1，A        ；存十位数字
        MOV     LED_0，B        ；存个位数字
        MOV     A，P3           ；A/D 转换器地址
        ANL     A，#07H         ；取低三位通道号
        MOV     LED_3，A        ；通道号
        LCALL   DISP            ；显示 A/D 转换结果
        SETB    IT1             ；开中断
        SETB    EA
        SETB    EX1
        CLR     ST
        SETB    ST
        CLR     ST              ；启动转换
        RETI
DISP：  MOV     A，LED_0        ；数码显示子程序
        MOVC    A，@A+DPTR
        CLR     P2.3
        MOV     P0，A
        LCALL   DELAY           ；个位
        SETB    P2.3
        MOV     A，LED_1
        MOVC    A，@A+DPTR
        CLR     P2.2
        MOV     P0，A
        LCALL   DELAY           ；十位
```

```
        SETB    P2.2
        MOV     A, LED_2
        MOVC    A, @A+DPTR
        CLR     P2.1
        MOV     P0, A
        LCALL   DELAY           ; 百位
        SETB    P2.1
        MOV     A, LED_3
        MOVC    A, @A+DPTR
        CLR     P2.0
        MOV     P0, A
        LCALL   DELAY           ; 通道号
        SETB    P2.0
        RET
DELAY:  MOV     R6, #10         ; 延时 10×250×2us=5ms
D1:     MOV     R7, #250
        DJNZ    R7, $
        DJNZ    R6, D1
        RET
TABLE:  DB 3FH, 06H, 5BH, 4FH, 66H
        DB 6DH, 7DH, 07H, 7FH, 6FH
        END
```

3. 高于 8 位的 A/D 转换器及其与单片机的接口设计

随着位数的不同，A/D 转换器与计算机数据线的连接方式及程序设计也有所不同。对于高于 8 位的 A/D 转换器，如 10 位、12 位、16 位等，当其与 8 位 CPU 接口连接时，数据的传送需分步进行。数据的分割形式有左对齐和右对齐两种格式，这时，应分步读出。在读取数字量时，需要提供不同的地址信号。

图 3-22 为 AD574A 与 80C51 单片机的接口电路。

1）转换结束状态线 STS 与单片机的 P1.0 相连，故该接口采用查询方式。

2）AD574A 片内有时钟，故无需外加时钟信号。

3）AD574A 内部含有三态锁存器，可直接与单片机数据总线相连。

4）AD574A 是 12 位向左对齐输出格式，所以将低 4 位 $DB_3 \sim DB_0$ 接到高 4 位 $DB_{11} \sim DB_8$ 上。读出时，第一次读 $DB_{11} \sim DB_4$（高 8 位），第二次读 $DB_3 \sim DB_0$（低 4 位）。此时，$DB_7 \sim DB_4$ 为 0000H。

5）AD574A 共有 5 根控制逻辑线，用来完成寻址、启动和读出功能，具体说明如下：

①由于数据格式选择端 $12/\overline{8}$ 恒为低电平（接地），所以，数据分两次读出。

②启动 A/D 转换和读取转换结果，用 CE、$\overline{CS}$和 $R/\overline{C}$ 三个引脚控制。图 3-22 中，CE 由$\overline{WR}$和$\overline{RD}$两信号通过一个与非门控制，所以不论处于读还是写状态下，CE 均为 1；$R/\overline{C}$ 控制端由 P0.1 控制。综上所述，P0.1=0 时，启动 A/D 转换，而 P0.1=1 时，则读取 A/D 转换结果。

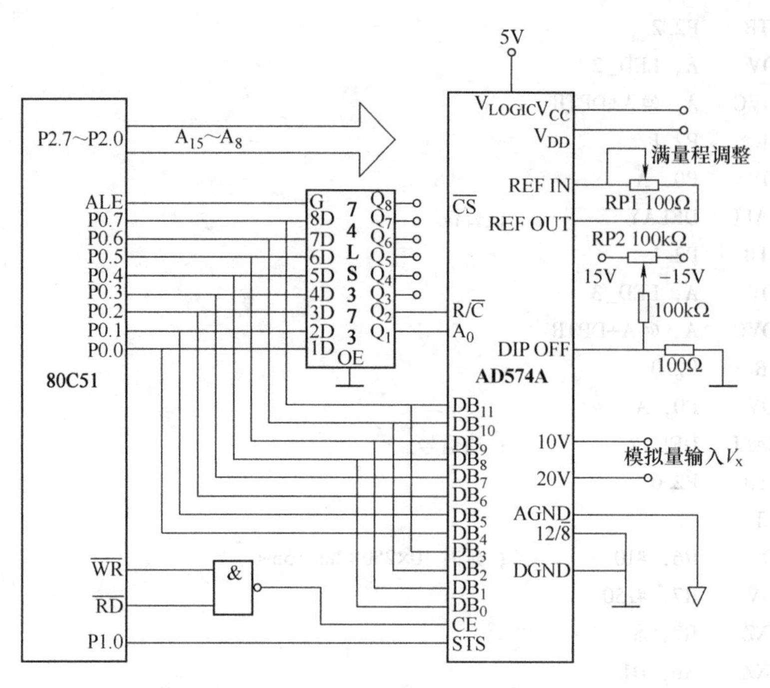

图3-22 AD574A与80C51单片机的接口电路

③字节控制端A_0由P0.0控制。在转换过程中，$A_0=0$，按12位转换；读数时，P0.0=0读取高8位数据，P0.0=1，则读取低4位数据。

6）图3-22所示的接口电路中，片选信号由P0.7控制。由于图中高8位地址P2.7~P2.0未使用，故只使用低8位地址，采用寄存器寻址方式。设启动AD574A的地址是0FCH，读取高8位数据的地址为0FEH，读取低4位数据的地址为0FFH。

查询方式的A/D转换程序如下：

```
        ORG   0200H
ATOD：  MOV   DPTR，#9000H       ；设置数据地址指针
        MOV   P2，#0FFH
        MOV   R0，#0FCH          ；设置启动A/D转换的地址
        MOV   @R0，A             ；启动A/D转换
LOOP：  JB    P1.0，LOOP         ；检查A/D转换是否结束？
        INC   R0
        INC   R0
        MOVX A，@R0              ；读取高8位数据
        MOVX @DPTR，A            ；存高8位数据
        INC   R0
        INC   DPTR
        MOVX A，@R0              ；读取低4位数据
        MOVX @DPTR，A            ；存低4位数据
HERE：  AJMP  HERE
```

在上述程序中，如果JB P1.0，LOOP改为ACALL 30ms（延时子程序），即构成延时方

式的 A/D 转换程序。注意，在这种情况下，AD574A 的 STS 引脚可以不变。可见延时方式的 A/D 转换程序的实时性较查询方式略差一些，但其线路连接更简单。

4. 串行 A/D 转换器与单片机的接口设计

MAX1241 与计算机接口的实现有二种选择，一是使用普通端口，利用程序实现串行输入。另一种则是直接使用串行口。前者输入速度低，后者需占用串行通信口。这两种接口方式的电路如图 3-23 所示。

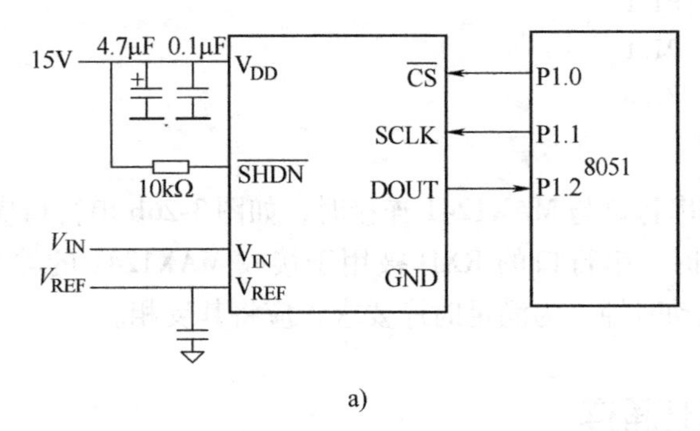

a)

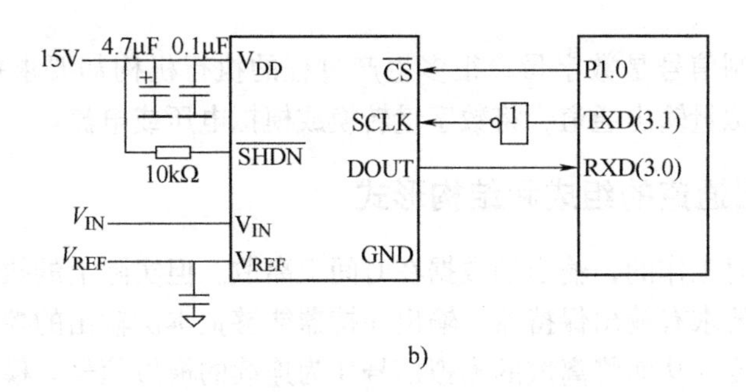

b)

图 3-23　MAX1241 与 80C51 的接口

a）使用普通端口的接口　b）使用串行口的接口

图 3-23a 中，接口使用三位通用 I/O 端口 P1.0~P1.2。其中 P1.0 用于片选信号。P1.1 产生驱动脉冲 SCLK，P1.2 为数据输入。

按此接口电路的采集程序如下：

```
        MOV     A，#00H
        MOV     R6，#04H
        MOV     R7，#08H
        CLR     P1.2
        CLR     P1.0            ；A/D 片选有效，启动转换
WAIT：  JNB     P1.2，WAIT      ；等待 A/D 转换结束
GAOWEI：SETB    P1.1
        CLR     P1.1
        MOV     C，P1.2         ；输入一位数据
        RLC     A               ；循环左移
        DJNZ    R6，GAOWEI      ；判高 4 位是否移出
        MOV     21H，A          ；存高 4 位的转换结果
```

```
DIWEI:  SETB   P1.1
        CLR    P1.1
        MOV    C, P1.2
        RLC    A
        DJNZ   R7, DIWEI
        MOV    20H, A          ；存低8位的转换结果
        SETB   P1.1
        CLR    P1.1
        SETB   P1.0
        RET
```

当使用80C51的串行口与MAX1241连接时，如图3-26b串行口应工作在方式0，即同步移位寄存器方式。此时，串行口的RXD被用于接收MAX1241的输出数据。而发送数据端TXD则被用于提供驱动时钟，为满足时序要求，应将其反相。

3.3　模拟量输出通道

计算机输出的控制信号是数字量，很多生产过程的执行机构却要求提供模拟电压或电流，这就必须通过模拟量输出通道，将数字量转换成模拟电压或电流。

3.3.1　模拟量输出通道的组成和结构形式

由于计算机是分时工作的，输出的数据在时间上离散。但实际上的执行机构往往要求连续的模拟信号，这就要求有输出保持器。输出保持器能够把本次输出的控制信号在新的控制信号到来之前维持不变，从而将离散的模拟信号变为连续的模拟信号。模拟量输出通道一般由接口电路、D/A转换器、功率放大器和电压/电流变换器构成。其核心是D/A转换器，简称DAC。通常也把模拟量输出通道简称D/A通道。

模拟量输出通道的结构形式主要取决于输出保持器的构成方式。输出保持器一般有数字保持方案和模拟保持方案两种，这就决定了模拟量输出通道的两种基本结构形式。

1. 一个通道设置一片D/A转换器

在这种结构形式下，计算机与通道之间通过独立的接口缓冲传送信息，这是一种数字保持方案。它的优点是转换速度快，工作可靠，即使某一路D/A转换器发生故障，也不影响其他通道的工作。其缺点是使用了较多的D/A转换器，使得这种结构的价格很高。一个通道设置一片D/A转换器的结构形式如图3-24所示。

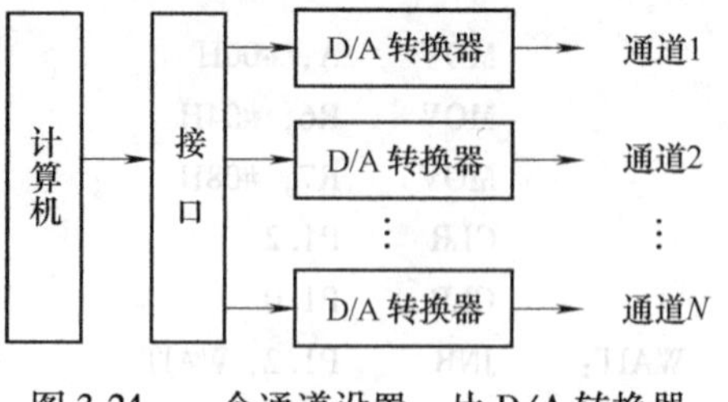

计算机　接口　D/A转换器　通道1　D/A转换器　通道2　⋮　D/A转换器　通道N

图3-24　一个通道设置一片D/A转换器的结构形式

2. 多个通道共用一片D/A转换器

由于公用一片D/A转换器，因此必须在计算机控制下分时工作，即依次把D/A转换器转换成的模拟电压（或电流），通过多路开关传送给输出采样保持器。这种结构形式的优点是节省了D/A转换器，但因为分时工作，只适用

于通道数量多且速率要求不高的场合。它还要使用多路开关，且要求输出采样保持器的保持时间与采样时间之比较大，这种方案可靠性较差。共用 D/A 转换器的结构如图 3-25 所示。

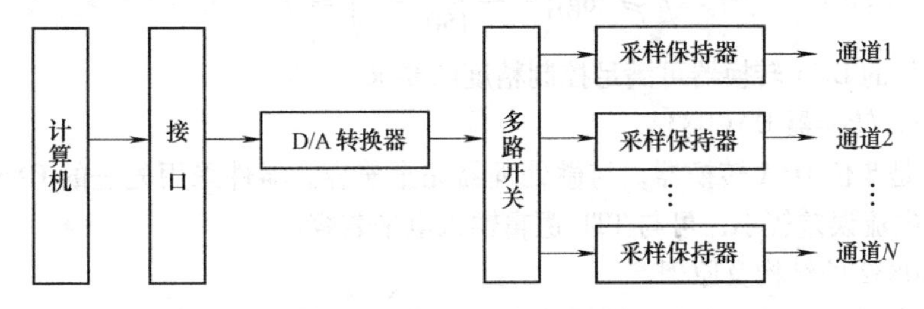

图 3-25 共用 D/A 转换器的结构

3.3.2 D/A 转换器

模拟量输出通道主要完成数字量到模拟量的转换，简称 D/A 转换。D/A 转换器的输出多数为电流形式，如 DAC0832、AD7522 等。有些芯片内部设有放大器，直接输出电压信号，如 AD558、AD7224 等。电压输出型又有单极性输出和双极性输出两种形式。按输入数字量位数来分，D/A 转换器有 8 位、10 位、12 位和 16 位等。为适应各种场合的需要，现在又生产出各种用途的 D/A 转换器，如双通道 D/A（AD7528）、4 通道 D/A（AD7226）转换器及串行 D/A 转换器（DAC80）等。有的甚至可以直接接收 BCD 码（AD7525）。为了与自动控制系统中广泛使用的电动单元组合仪表配合，还生产出能直接输出 4~20mA 标准电流的 D/A 转换器（如 AD1420、AD1422），使 D/A 转换器的应用范围越来越广。

1. D/A 转换器的技术指标

1）分辨率。这是 D/A 转换器最主要的性能指标。定义为基准电压 V_{REF} 与 2^n 的比，其中 n 为输入数字量的位数。通常用 D/A 转换器输入的二进制数的位数来表示分辨率，如 8 位、12 位等。如基准电压 $V_{REF}=5V$，8 位 D/A 的分辨率为：$5000/2^8=19.53mV$，即数字量变化一个码，模拟量变化 19.53mV。

2）建立时间。输入数字信号的变化是满量程时，输出模拟信号达到离终值相差±1/2LSB 所需的时间，一般为微秒级。

3）转换线性度。通常给出的是在一定温度下的最大非线性度，一般的 D/A 转换器为 0.01%~0.03%。

2. D/A 转换器的位数选择

模拟量输出通道的第一个环节就是 D/A 转换器，对其进行选择尤其重要。模拟量输出通道中所有 D/A 转换器的位数取决于输出模拟信号所需要的动态范围。D/A 转换器输出一般都通过功率放大器推动执行机构。设执行机构的最大输入值为 V_{max}，最小输入值为 V_{min}，灵敏度为 λ，可得 D/A 转换器的字长

$$n \geqslant \log_2\left(\frac{V_{max}-V_{min}}{\lambda}\right) \tag{3-15}$$

即 D/A 转换器的输出应满足执行机构动态范围的要求。8 位 D/A 转换器可以满足一般工程要求的精度，因而用得最多。

如对于最大行程范围对应控制信号 0~10mA 控制电流的电动执行机构，其启动电流

（即控制死区）通常是150μA。代入公式有

$$n \geqslant \log_2\left(\frac{10 \times 10^3 - 0}{150}\right) \approx 7$$

故选择8位的D/A转换器可满足控制精度的要求。

3. 8位D/A转换器DAC0832

DAC0832是8位D/A转换器，与微处理器完全兼容。器件采用先进的CMOS工艺，功耗低，输出漏电流误差较小，可与TTL逻辑输入电平兼容。

（1）DAC0832的结构及原理

DAC0832内部具有两极输入数据缓冲和一个R-2R T形电阻网络，其原理框图如图3-26所示。

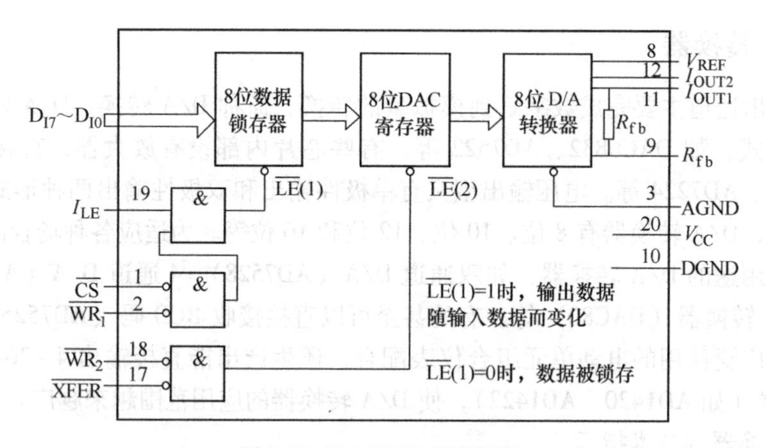

图3-26　DAC0832原理框图

图3-26中，$\overline{LE}$为寄存器命令。当LE=1时，寄存器的输出随输入而变化；$\overline{LE}$=0时，数据被锁存在寄存器中，不受输入量变化的影响。

由此可见，当$I_{LE}=1$，$\overline{CS}=\overline{WR_1}=0$时，$\overline{LE}(1)=1$，允许数据输入；当$\overline{WR_1}=1$时，$\overline{LE}(1)=0$，数据将被锁存。能否进行D/A转换，除了取决于$\overline{LE}(1)$外，还依赖于$\overline{LE}(2)$。当$\overline{WR_2}$和$\overline{XFER}$均为低电平时，$\overline{LE}(2)=1$，此时，允许D/A转换；否则，$\overline{LE}(2)=0$，停止D/A转换。

在使用时，DAC0832的两级寄存器可以通过对控制引脚的不同设置而决定是采用双缓冲方式（两级输入锁存），还是用单缓冲方式（一级输入锁存，另一级始终直通），或者接成完全直通的无缓冲方式，可由用户根据需要进行选择。

（2）DAC0832的引脚功能

$\overline{CS}$：片选信号，低电平有效。

I_{LE}：输入锁存允许信号，高电平有效。

$\overline{WR_1}$：输入锁存器写选通信号，低电平有效。当$\overline{WR_1}$为低电平时，将输入数据传送到输入锁存器；当WR_1为高电平时，输入锁存器中的数据被锁存；只有当I_{LE}为高电平，且$\overline{CS}$和$\overline{WR_1}$同时低电平时，方能将锁存器中的数据进行更新。以上三个控制信号联合构成第一级输

入锁存控制。

$\overline{WR_2}$：DAC寄存器写选通信号，低电平有效。该信号与$\overline{XFER}$信号配合，可使锁存器中的数据传送到DAC寄存器中进行转换。

$\overline{XFER}$：数据传送控制信号，低电平有效。该信号与$\overline{WR_2}$信号联合使用，构成第二级输入锁存控制。

$D_7 \sim D_0$：数字量输入线。D_7是最高位（MSB），D_0是最低位（LSB）。

I_{OUT1}：DAC电流输出1。当输入的数字量为全1时，I_{OUT1}为最大值；输入为全0时，I_{OUT1}为最小值（近似为0）。

I_{OUT2}：DAC电流输出2。为I_{OUT1}电流互补输出，即$I_{OUT1}+I_{OUT2}=$常数，采用单极性输出时，I_{OUT2}常接地。

R_{fb}：反馈电阻连接端。为外部运算放大器提供一个反馈电压。R_{fb}可由芯片内部提供，也可以采用外接电阻的方式。

V_{REF}：参考电压输入端。要求外接一精密电源。当V_{REF}为±10V（或±5V）时，可获得满量程四象限的可乘操作。

V_{CC}：数字电路供电电压，一般为5~15V。

AGND：模拟地；DGND：数字地。这是两种不同性质的地，应单独连接。一般情况下，这两种地最后总有一点接在一起，以提高抗干扰能力。

（3）DAC0832的输出方式

1）单极性电压输出。DAC0832为电流型输出器件，它不能直接带动负载，需要在其电流输出端加上运算放大器，将电流输出线性地转换成电压输出。典型的单极性电压输出电路如图3-27所示。图中，DAC0832的电流输出端I_{OUT1}接至运算放大器的反相输入端，故输出电压V_{OUT}与参考电压V_{REF}极性相反。当V_{REF}接±5V(或±10V）时，D/A转换器输出电压范围为-5V/+5V(或-10V/+10V)。

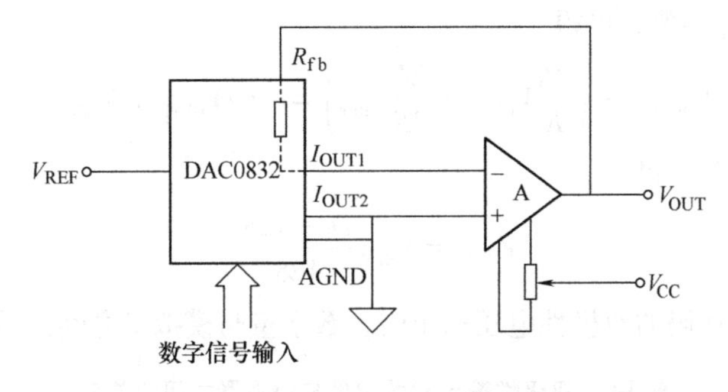

图3-27 DAC0832单极性电压输出电路

单极性输出信号转换代码应用最多的是二进制码，其转换关系为

$$V_{OUT} = -V_{REF}\frac{D}{256} \tag{3-16}$$

8位单极性电压输出采用二进制代码时，数字量与模拟量之间的关系见表3-5。

表3-5　单极性电压输出时数字量与模拟量之间的关系

数字量 MSB　　LSB	模拟量
1 1 1 1 1 1 1 1	$\pm V_{REF}\left(\frac{255}{256}\right)$
1 0 0 0 0 0 0 0	$\pm\frac{V_{REF}}{2}$
0 0 0 0 0 0 0 0	0

2）双极性电压输出。只要在单极性电压输出的基础上再加一级电压放大器，并配以相关的电阻网络，就可以构成双极性电压输出。如图3-28所示。图中，运算放大器 A_2 构成反相求和电路，可求出D/A转换器的总输出电压。

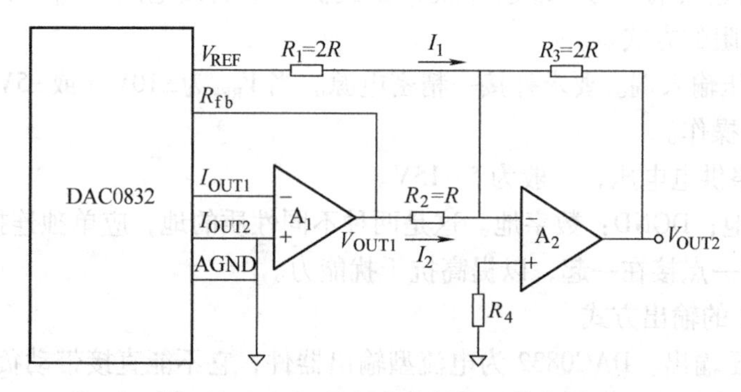

图3-28　DAC08323双极性电压输出图

$$V_{OUT2} = -R_3(I_1 + I_2) = -\left(\frac{R_3}{R_2}V_{OUT1} + \frac{R_3}{R_1}V_{REF}\right) \tag{3-17}$$

代入 R_1、R_2、R_3 的值，可得

$$V_{OUT2} = -\left(\frac{2R}{R}V_{OUT1} + \frac{2R}{2R}V_{REF}\right) = -(2V_{OUT1} + V_{REF}) \tag{3-18}$$

将式（3-16）带入，得

$$V_{OUT2} = V_{REF}\frac{D - 128}{128} \tag{3-19}$$

采用偏移二进制代码的双极性电压输出时，数字量与模拟量之间的关系见表3-6。

表3-6　双极性输出时数字量与模拟量之间的关系

输入数字量	输出模拟量	
MSB　　LSB	$+V_{REF}$	$-V_{REF}$
1 1 1 1 1 1 1 1	$V_{REF}-1\text{LSB}$	$-\lvert V_{REF}\rvert+1\text{LSB}$
1 1 0 0 0 0 0 0	$\frac{V_{REF}}{2}$	$-\frac{V_{REF}}{2}$
1 0 0 0 0 0 0 0	0	0

（续）

输入数字量	输出模拟量	
0 1 1 1 1 1 1 1	-1LSB	+1LSB
0 0 1 1 1 1 1 1	$-\frac{V_{REF}}{2}-1LSB$	$\frac{V_{REF}}{2}+1LSB$
0 0 0 0 0 0 0 0	$-V_{REF}$	$+V_{REF}$

4. 12位D/A转换器AD667

AD667是一个电压输出型12位D/A转换器，片内含两级数据输入锁存器，且具有建立时间短和精度高的特点。图3-29所示为AD667的原理结构。该芯片的总线逻辑由四个独立寻址的锁存器组成。它们分为两级，第一级包括三个4位寄存器，可以直接从4位、8位、12位、16位微型计算机总线获得数据。一旦全12位数据被装入第一级，便一起被转入第二级的12位D/A转换器。这种双缓冲结构避免了产生虚假的模拟量输出值。

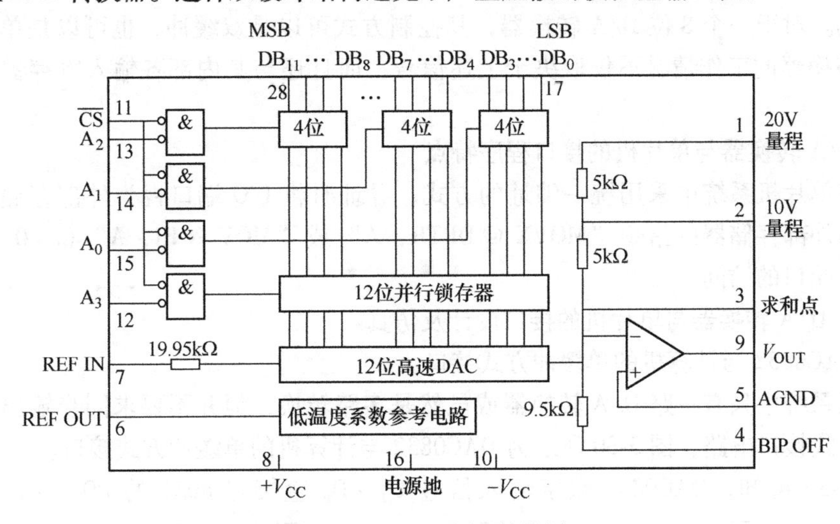

图3-29 AD667原理结构图

如图3-29可知，内部锁存器分别由AD667的地址线$A_3\sim A_0$及片选信号$\overline{CS}$控制，所有控制信号均为低电平有效，见表3-7。

表3-7 AD667真值表

$\overline{CS}$	A_3	A_2	A_1	A_0	操作
1	×	×	×	×	无操作
×	1	1	1	1	无操作
0	1	1	1	0	选通第一级低4位寄存器
0	1	1	0	1	选通第一级中4位寄存器
0	1	0	1	1	选通第一级高4位寄存器
0	0	1	1	1	从第一级向第二级置数
0	0	0	0	0	所有锁存器均透明

3.3.3 D/A 转换器与计算机的接口设计及仿真

1. D/A 转换器与计算机的接口设计要点

（1）数字量输入端的连接

D/A 转换器数字量输入端与计算机的接口需要考虑两个问题：一个是位数，另一个是 D/A 转换器的内部结构。当 D/A 转换器内部没有输入锁存器时，需在 CPU 与 D/A 转换器之间增加 I/O 接口或锁存器；若 D/A 转换器内部有输入锁存器，则可直接连接。

（2）外部控制信号的连接

外部信号主要是片选信号、写信号及启动信号以及电源和参考电平，可根据 D/A 转换器的具体要求进行选择。一般来说，片选信号主要由地址线或地址译码器提供，在单片机系统中，把 D/A 转换器看成外部设备，与外部存储器统一编址，由 16 位地址寻址，也可以用 I/O 口的某一位来控制。写信号多由单片机的 $\overline{WR}$ 信号提供。启动信号一般为片选信号及写信号的合成。对于一个 8 位 D/A 转换器，其控制方式可以是双缓冲，也可以是单缓冲。此时，D/A 转换器的工作情况不仅取决于上述信号，而且还与其内部各输入寄存器的地址状态有关。

（3）D/A 转换器与单片机的接口程序特点

由于在单片机系统中采用统一编址的方式，寻址时将 I/O 端口视为外部存储单元，所以，用访问外部存储器的指令“MOVX @ DPTR，A”或“MOV @ Ri，A”（$i=0, 1$）即可完成对 I/O 端口的访问。

2. 8 位 D/A 转换器与单片机的接口设计及仿真

（1）DAC0832 与计算机的单缓冲方式接口

若应用系统中只有一路 D/A 转换器或虽然是多路转换，但并不要求同步输出时，可采用单缓冲方式接口电路，图 3-30 所示为 DAC0832 与计算机的单缓冲方式接口。

由图 3-30 可知，DAC0832 数字输入信号 $D_7 \sim D_0$ 直接与 8051 的 P0.7 ~ P0.0 相连，DAC0832 的 $\overline{CS}$ 和 $\overline{XFER}$ 都与 P2.7 相连，$\overline{WR}$ 信号同时控制 $\overline{WR_1}$ 和 $\overline{WR_2}$，输入锁存允许信号 I_{LE} 接高电平。这样，当 P2.7=0 时，由于还未执行“MOVX @ DPTR，A”指令，此时 $\overline{WR}$ 控制信号为高电平，DAC0832 完成数字量的输入锁存；当 P2.7=0，且执行“MOVX @ DPTR，A”指令时，$\overline{WR}$ 控制信号为低电平，DAC0832 完成 D/A 转换。因只锁存一次，故为单缓冲工作方式。P2.7 是 DAC0832 的最高地址，这样 DAC0832 地址为 7FFFH（地址无关位取 1），执行下面的指令就能完成一次 D/A 转换：

```
START：MOV   DPTR，#7FFFH        ；建立 D/A 转换器地址指针
       MOV   A，#NNH             ；待转换的数字量送 A
       MOVX @ DPTR，A            ；输出 D/A 转换数字量
```

（2）DAC0832 与计算机的双缓冲方式接口

图 3-31 所示为 DAC0832 与计算机的双缓冲方式接口。为了得到双缓冲控制形式，用 P2.6 控制 $\overline{CS}$，用 P2.7 控制 $\overline{XFER}$，$\overline{WR}$ 信号同时控制 $\overline{WR_1}$ 和 $\overline{WR_2}$，输入锁存允许信号 I_{LE} 接高电平。这样，当 P2.6=0，P2.7=1，由于还未执行“MOVX @ DPTR，A”指令，此时

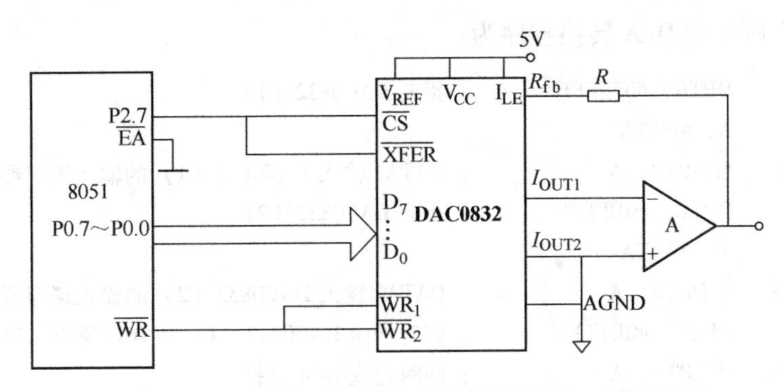

图 3-30 DAC0832 与 80C51 单片机的单缓冲方式接口电路

$\overline{WR}$控制信号为高电平，DAC0832 完成第一级输入锁存器的锁存；当 P2.6=0，P2.7=1，且执行“MOVX @DPTR，A”指令时，$\overline{CS}$和$\overline{WR_1}$两信号均为低电平，锁存允许信号 I_{LE}固定接高电平，此时打开第一级输入锁存器，把数据送入第二级 8 位 DAC 寄存器，但由于此时 P2.7=1，数据只能寄存在 8 位 DAC 寄存器中。当 P2.6=0，P2.7=0，同时执行“MOVX @DPTR，A”指令，此时$\overline{WR_2}$控制信号为低电平，才可打开第二级 8 位 DAC 寄存器，进而完成 D/A 转换。因数据存储两次，故为双缓冲工作方式。设 DAC0832 第一级地址为 BFFFH，第二级地址为 7FFFH，则完成如图 3-31 所示的 D/A 转换程序为：

```
START：MOV    DPTR，#0BFFFH     ；建立 D/A 转换器地址指针
       MOV    A，#NNH           ；待转换的数字量送 A
       MOVX   @DPTR，A          ；输出 D/A 转换数字量
       MOV    DPTR，#7FFFH      ；求第二级地址
       MOVX   @DPTR，A          ；进行 D/A 转换
```

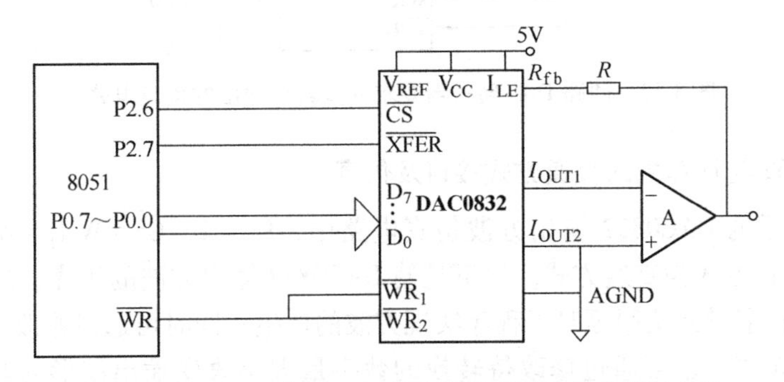

图 3-31 DAC0832 与 80C51 单片机的双缓冲方式接口电路

如果有多路 D/A 转换器接口，要求同步进行 D/A 转换输出时（如用两个 8 位的 D/A 转换器构成一个 16 位的 D/A 转换器），必须采用双缓冲同步方式的接口电路，电路如图 3-32 所示。由图可知，CPU 的数据总线分时地向两路 D/A 转换器输入要转换的数字量并锁存在各自的输入锁存器中，然后 CPU 对两个 D/A 转换器发出控制信号，使两个 D/A 转换器输入锁存器中的数据送入 DAC 寄存器，实现同步输出。设 DAC0832（1）的第一级地址为 7FFFH，DAC0832（2）的第一级地址为 BFFFH，两个 D/A 转换器的第二级地址为 DFFFH，

则完成如图 3-33 所示的 D/A 转换程序为：

```
START：MOV    DPTR，#07FFFH      ；指向 DAC0832（1）
       MOV    A，#DATA1
       MOVX   @DPTR，A           ；DATA1 输入 DAC0832（1）的输入锁存器
       MOV    DPTR，#0BFFFH      ；指向 DAC0832（2）
       MOV    A，#DATA2
       MOVX   @DPTR，A           ；DATA2 输入 DAC0832（2）的输入锁存器
       MOV    DPTR，#0DFFFH      ；同时指向 DAC0832（1）和 DAC0832（2）
       MOVX   @DPTR，A           ；同时完成 D/A 转换
```

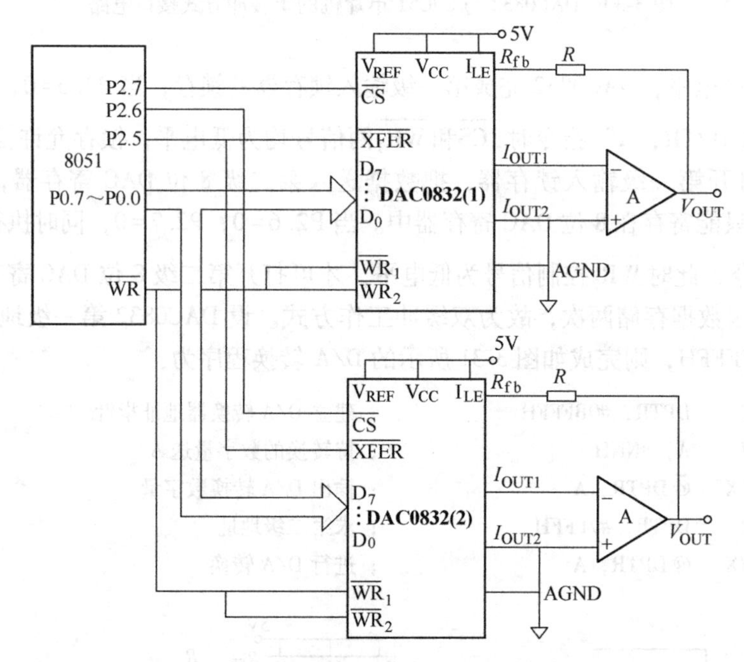

图 3-32 两路 D/A 转换器要求同步转换输出的接口电路

（3）DAC0832 与计算机的直通方式接口及仿真

如图 3-33 所示的 DAC0832 输出方波仿真电路中，$I_{LE}=1$，$\overline{CS}=\overline{WR_1}=\overline{WR_2}=\overline{XFER}=0$，此时 DAC0832 工作方式为直通方式。以下是使 DAC0832 输出方波的程序，通过使 DAC0832 转换两个不同的数字量并调用延时子程序实现方波的产生；同时可通过修改延时时间来调节方波的占空比和频率，也可通过修改待转换的数字量大小改变输出波形的峰峰值。图 3-34 为仿真输出波形。

```
       ORG    0000H
       AJMP   MAIN
       ORG    0100H
MAIN： MOV    R1，#0FFH
       MOV    P0，R1          ；转换第一个数字量
       CALL   DELAY1          ；延时，产生负半周
       MOV    R1，#00H
```

```
         MOV    P0, R1        ；转换第二个数字量
         CALL   DELAY2        ；延时，产生正半周
         AJMP   MAIN
DELAY1:MOV    R4, #200
L1:      MOV    R5, #250
         DJNZ   R5, $
         DJNZ   R4, L1
         RET
DELAY2:MOV    R4, #150
L2:      MOV    R5, #250
         DJNZ   R5, $
         DJNZ   R4, L2
         RET
         END
```

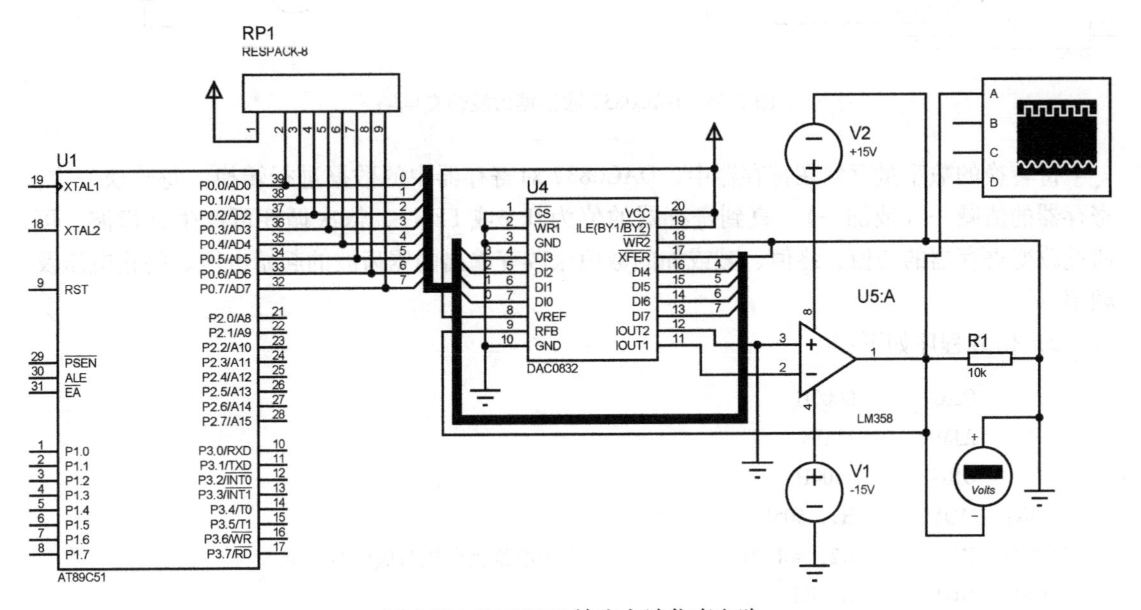

图 3-33　DAC0832 输出方波仿真电路

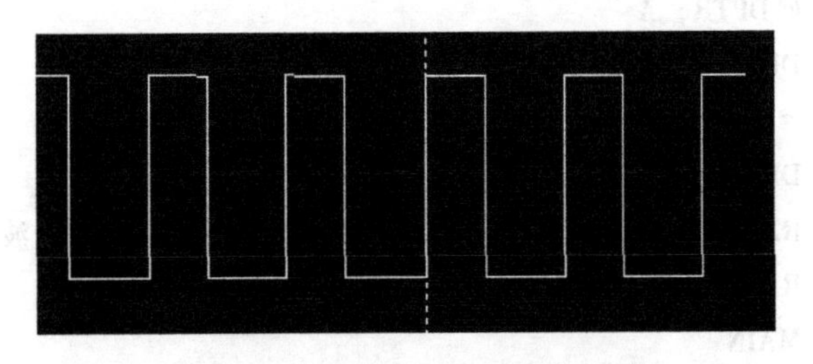

图 3-34　DAC0832 仿真输出波形

（4）DAC0832 输出锯齿波仿真实例

1）仿真电路如图 3-35 所示。图中，单片机输出的数字量经 DAC0832 转换为 0～-5V 电

压的模拟量后，由电压表和虚拟示波器分别显示电压值和输出波形。DAC0832 采用双缓冲输入方式，DAC0832 内锁存器的地址为：7FFFH；DAC 寄存器的地址为：BFFFH。

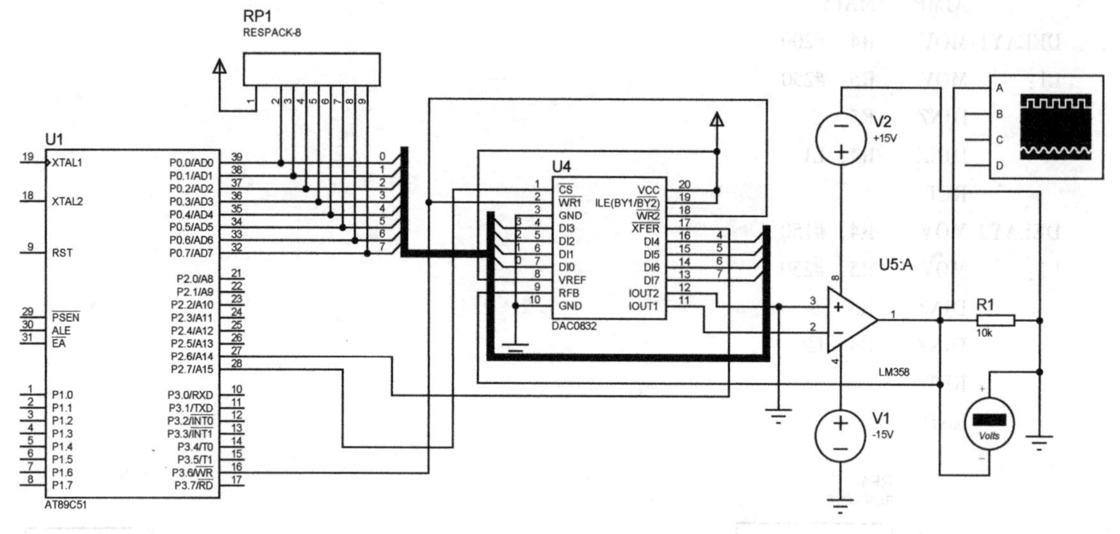

图 3-35 DAC0832 输出锯齿波仿真电路

待转换的数字量存储在寄存器中，DAC0832 对寄存器中的数据进行转换，每转换一次，寄存器的值减一（或加一），直到寄存器的值为 0（或 FFH），依次循环可产生锯齿波。可通过改变寄存器的初值、终值、减或加的数值来改变输出的锯齿波的起始电压、终止电压及频率。

2）仿真程序如下：

```
        ORG     0000H
        AJMP    MAIN
        ORG     0100H
MAIN：  MOV     R1，#05H
LOOP1： MOV     R2，#0FFH          ；锯齿波最大电压对应的数字量
LOOP2： MOV     A，R2
        MOV     DPTR，#7FFFH       ；将数据送入第一级缓冲器
        MOVX    @DPTR，A
        MOV     DPTR，#0BFFFH      ；将数据送入第二级缓冲器
        MOVX    @DPTR，A           ；执行 D/A 转换
        CALL    DELAY              ；等待生成信号
        DJNZ    R2，LOOP2          ；数字量减一，连续生成锯齿波
        DJNZ    R1，LOOP1
        AJMP    MAIN
DELAY： MOV     R4，#10
        DJNZ    R4，DELAY
        RET
        END
```

3）仿真结果如图3-36所示。

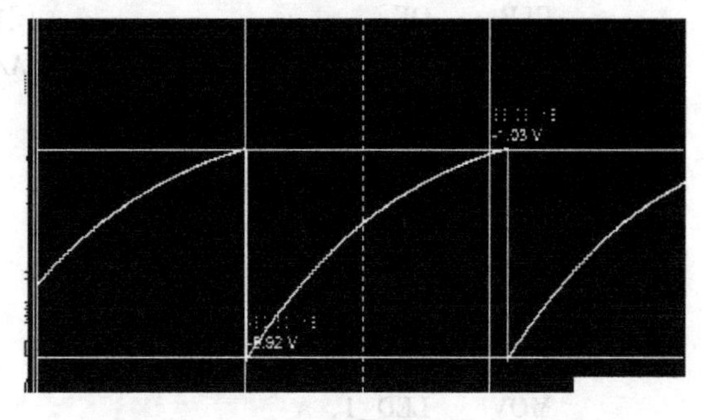

图3-36 DAC0832输出锯齿波仿真波形图

（5）DAC0832产生频率受A/D转换的数字量控制的三角波实例

1）仿真电路如图3-37所示。图中，当P2.7有正脉冲时启动A/D转换，将电位器的模拟信号转换为数字量，存在内存单元并显示。

当P2.4为低时，启动D/A转换，产生三角波。与产生锯齿波类似，待转换的数字量存储在寄存器中，DAC0832对寄存器中的数据进行转换，每转换一次，寄存器的值减一（或加一），直到寄存器的值为0（或FFH），形成三角波的上升沿，之后，再从0（或FFH）开始进行转换，每转换一次，寄存器的值加一（或减一），直到寄存器的值为初始转换时的值，形成三角波的下降沿。依次循环可产生三角波。

将A/D转换得到的数字量作为D/A转换的初值，即可使得产生的三角波频率随着A/D转换结果变化而变化。

2）仿真程序如下。

```
        LED_0   EQU     30H             ；存放三个数码管的段码
        LED_1   EQU     31H
        LED_2   EQU     32H
        ADC     EQU     35H             ；存放A/D转换后的数据
        ST      BIT     P2.7
        OE      BIT     P3.6
        EOC     BIT     P3.7
        DAC     BIT     P2.4
        ORG     0000H
        LJMP    START
START：MOV    LED_0，#00H
        MOV    LED_1，#00H
        MOV    LED_2，#00H
        MOV    DPTR，#TABLE       ；送段码表首地址
        MOV    P1，#0FFH          ；置P1口为输入
        SETB   DAC                ；D/A转换器不工作
        SETB   P3.0
        SETB   P3.1
        CLR    P3.2               ；选择ADC0808的通道三
        CLR    ST
        SETB   ST
        CLR    ST                 ；启动A/D转换
        JNB    EOC，$             ；等待A/D转换结束
        SETB   OE
        MOV    ADC，P1            ；存A/D转换结果
```

```
        CLR     OE                      ；关闭输出
        MOV     A，ADC                  ；将A/D转换结果转换成BCD码
        MOV     B，#100
        DIV     AB
        MOV     LED_2，A
        MOV     A，B
        MOV     B，#10
        DIV     AB
        MOV     LED_1，A
        MOV     LED_0，B
        LCALL   DISP                    ；显示A/D转换结果
STADA： MOV     B，#10                  ；产生10个周期的三角波
        CLR     ST                      ；关闭A/D转换
SJB：   MOV     A，ADC                  ；取出A/D转换结果作为D/A转换的初值
SJBZ：  MOV     P1，A                   ；输出待转换的数值量
        CLR     DAC                     ；启动D/A转换
        INC     A                       ；数据加一
        CJNE    A，#0FFH，SJBZ          ；继续生成三角波前半周
SJBF：  MOV     P1，A
        CLR     DAC                     ；启动D/A转换
        DEC     A                       ；数据减一
        CJNE    A，ADC，SJBF            ；继续生成三角波后半周
        DJNZ    B，SJB
        LJMP    START
DISP：  MOV     A，LED_2                ；数码显示子程序
        MOVC    A，@A+DPTR
        CLR     P2.1
        MOV     P0，A
        LCALL   DELAY
        SETB    P2.1
        MOV     A，LED_1
        MOVC    A，@A+DPTR
        CLR     P2.2
        MOV     P0，A
        LCALL   DELAY
        SETB    P2.2
        MOV     A，LED_0
        MOVC    A，@A+DPTR
        CLR     P2.3
        MOV     P0，A
        LCALL   DELAY
        SETB    P2.3
        RET
```

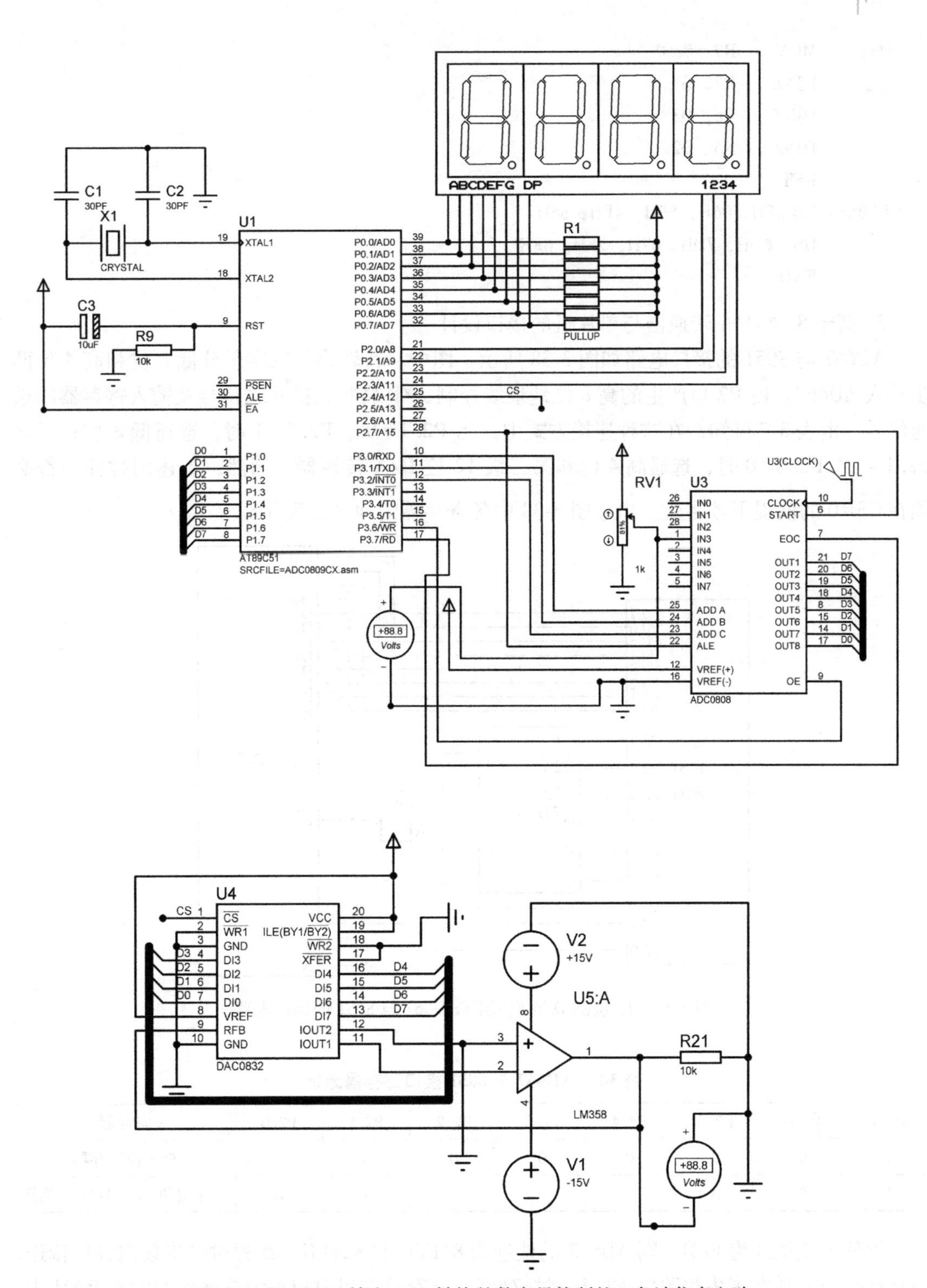

图 3-37 DAC0832 输出 A/D 转换的数字量控制的三角波仿真电路

```
DELAY: MOV    R5, #10              ; 延时 500ms
D2:    MOV    R6, #100
```

```
D3:     MOV     R7, #250
        DJNZ    R7, $
        DJNZ    R6, D3
        DJNZ    R5, D2
        RET
TABLE: DB 3FH, 06H, 5BH, 4FH, 66H
        DB  6DH, 7DH, 07H, 7FH, 6FH
        END
```

3. 高于8位D/A转换器与单片机的接口设计

AD667与8051的接口电路如图3-38所示。图中，待转换的数字量分低8位和高4位两步传入AD667。由P2口产生的高8位地址线控制A/D转换器的片选信号及输入寄存器的选通信号。由表3-7可知，在这种连接方式中，当P2.1=0，P2.0=1时，选通低8位；反之P2.1=1，P2.0=0时，选通高4位和第二级12位D/A转换器。当然，上述两种控制都必须在$\overline{CS}$=0的前提下才生效。由此图3-38中各寄存器的地址见表3-8。

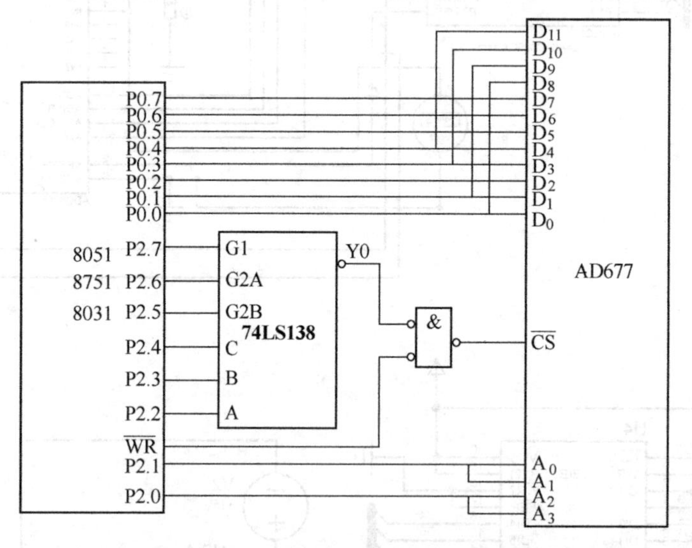

图3-38 12位的D/A转换器AD667与8051的接口电路

表3-8 AD667与8051接口寄存器地址

P2.7	P2.6	P2.5	P2.4	P2.3	P2.2	P2.1	P2.0	寄存器
1	0	0	0	0	0	0	1	低8位寄存器
1	0	0	0	0	0	1	0	高4位和12位D/A转换器

设低8位地址为FFH，则AD667的地址为81FFH和82FFH。编程时应将数据分批传送，需将待传送的数据事先按照要求的格式排列好，并存放在以DATA为首地址的内部RAM中。如此，便可写出如图3-38所示的12位D/A转换程序：

```
MOV R0, #DATA          ; 建立数据存放地址指针
MOV DPTR, #81FFH       ; 建立D/A地址指针
```

```
MOV A, @R0;
MOVX @DPTR, A              ; 传送低8位数据
INC  DPH                   ; 修改D/A地址
INC  R0                    ; 指向高4位数据存放的RAM单元
MOV  A, @R0                ; 取高4位数据
MOVX @DPTR, A              ; 传送高4位数据及进行12位D/A转换
```

3.4　数字量输入输出通道

数字量输入输出通道需处理的信息包括开关量、脉冲量和数码。其中开关量是指一位的状态信号：如阀门的闭合与打开、电机的起动与停止、触点的接通与断开、指示灯的亮与灭等；脉冲量是指许多数字式传感器将被测物理量转换为脉冲信号，如转速、位移、流量的数字传感器产生的数字脉冲信号；数码是指成组的二进制码，如用于设定参数的拨码开关等。它们的共同特征是幅值离散，可以用一位或多位二进制码表示。根据信息的传输方向还可以分为输入和输出。

3.4.1　数字量输入通道

数字量输入通道将现场开关信号转换成计算机需要的电平信号，以二进制数字量的形式输入计算机，计算机通过输入接口电路读取状态信息。而数字量信号是计算机直接能接收和处理的信号，所以数字量输入通道比较简单，主要是解决信号的缓冲和锁存问题。数字量输入通道一般由输入接口电路和输入信号调理电路组成。

1. 数字量输入接口电路

数字量输入接口电路一般由三态缓冲器和地址译码器组成。如图3-39所示，图中开关输入信号S_0~S_7接到缓冲器74LS244的输入端，当CPU执行输入指令时，地址译码器产生片选信号，将S_0~S_7的状态信号送到数据线D_0~D_7上，然后再送到CPU中。

2. 输入信号调理电路

数字量输入通道的基本功能就是接收外部装置或生产过程的状态信号。这些状态信号的形式可能是电压、电流、开关的触点，因此容易引起瞬时高压、过电压、接触抖动等。为了将外部开关量信号输入到计算机中，必须将现场输入的状态信号经转换、保护、滤波、隔离等措施转换成计算机能够接收的逻辑信号，完成这些功能的电路称为信号调理电路。下面介绍几种常用的信号调理电路。

（1）小功率输入调理电路

图3-40所示为从开关、继电器等接点输入信号的电路。它将接点的接通和断开动作转换成TTL电平或CMOS电平，再与计算机相连。为了消除进入接点的抖动，一般都应加入有较长时间常数的电路来消除这种振荡。图3-40a所示为一种简单的、采用积分电路消除开关抖动的方法。图3-40b所示为常用的RS触发器消除开关两次反跳的方法。

（2）大功率输入调理电路

在大功率系统中，需要从电磁离合器等大功率器件的接点输入信号。这种情况下，为了使接点工作可靠，接点两端至少要加24V以上的直流电压。因为直流电压的响应速度快，

不易产生干扰（可利用阻尼二极管消除干扰），电路又简单，因而被广泛采用。

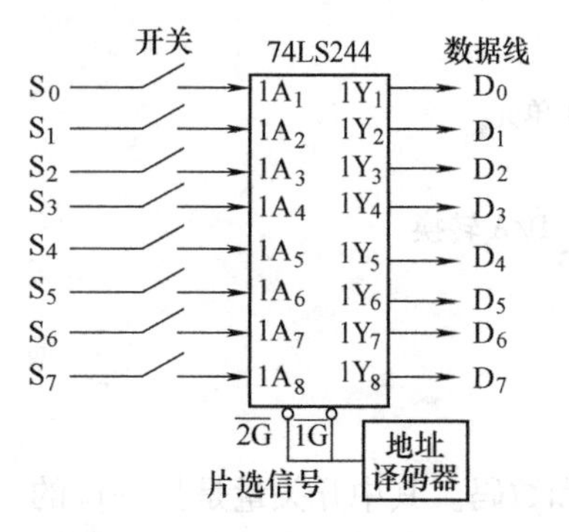

图3-39　数字量输入接口电路

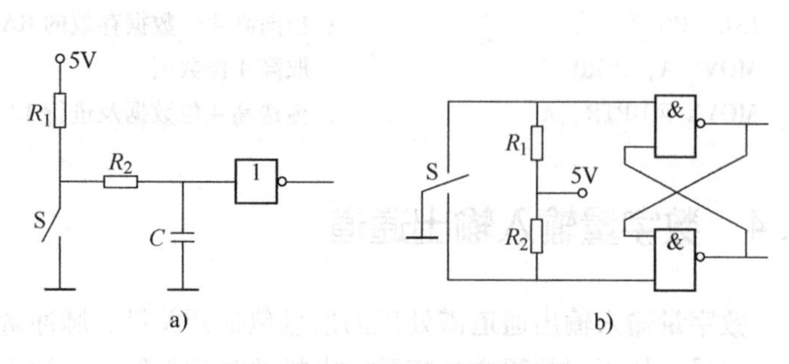

图3-40　小功率输入调理电路
a）采用积分电路　b）采用RS触发器

但是由于带高压，这种电路应采用一些安全措施后才能与计算机相连。图3-41为大功率系统中接点信号输入电路图。图中高压与低压之间用光耦合器进行隔离。光耦合器是以光为媒介传输信号的器件，它把一个发光二极管和一个光敏晶体管（或达林顿光敏电路）封装在一个管壳内，发光二极管加上正向输入电压信号（>1.1V）即发光。光作用在光敏晶体管的基极，产生基极光电流使晶体管导通，输出电信号。在光耦合器中，输入电路与输出电路是绝缘的，一个光耦合器可以完成一路开关量的隔离。

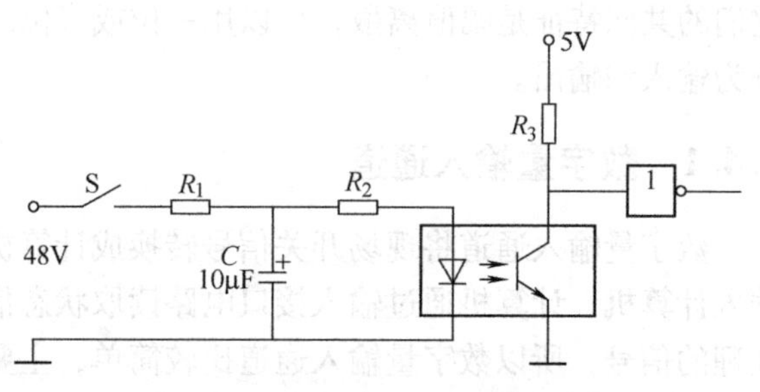

图3-41　大功率输入信号调理电路

3.4.2　数字量输出通道

计算机控制系统中，被测参数经采样处理之后，还需要输出控制模型，达到自动控制的目的。如在电炉温度调节系统中，为使温度稳定在给定值上，往往通过控制继电器触点的通和断来实现电炉温度的调节，触点的通断控制属于开关量控制。

计算机系统输出的开关量大都为TTL（或CMOS）电平，这种电平一般不能直接驱动外部设备的开启或关闭。许多外部设备，如大功率直流电动机、接触器等在开关过程中会产生很强的电磁干扰信号，如不加以隔离，可能会导致微型计算机控制系统误动作以至损坏。因此，开关量输出控制中必须考虑信号的放大和隔离。

1. 数字量输出接口

数字量输出接口电路包括输出锁存器和地址译码器，如图3-42所示。数据线$D_0 \sim D_7$接到输出锁存器74LS273的输入端，当CPU执行输出指令时，地址译码器产生写信号，将$D_0 \sim D_7$的状态信号送到锁存器的输出端$Q_0 \sim Q_7$上，再经输出驱动电路送到开关器件。

2. 输出信号驱动电路

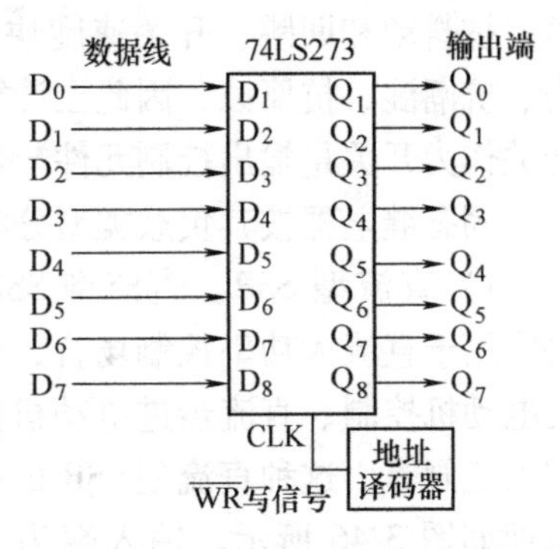

图3-42　数字量输出接口电路

输出驱动电路把计算机输出的微弱数字信号转换成能对生产过程进行控制的驱动信号。

（1）低电压开关量信号输出技术

对于低电压情况下开关量控制输出，可采用晶体管、OC门或运放等方式，如驱动低电压电磁阀、指示灯、直流电动机等，如图3-43所示。OC门输出时必须外接上拉电阻，且驱动电流一般在几十毫安数量级，如果驱动设备所需驱动电流较大，则可采用晶体管输出方式。如图3-44所示。

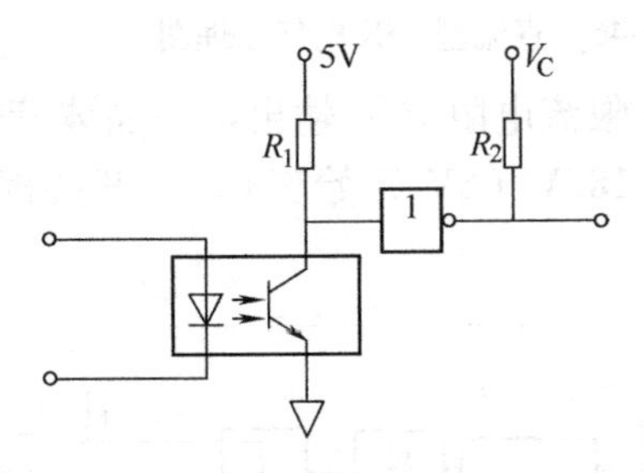

图3-43　低电压开关量输出

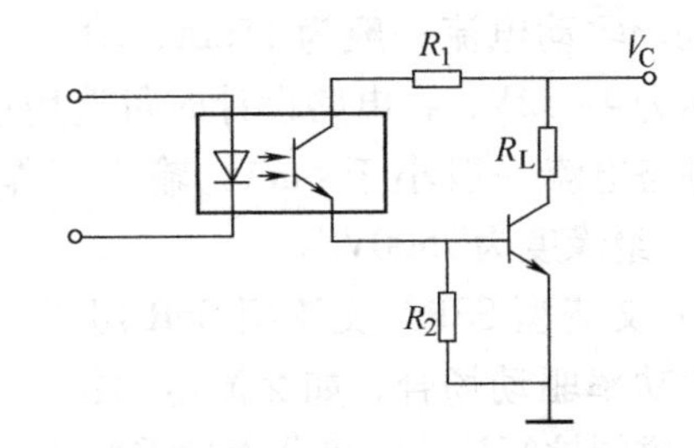

图3-44　晶体管输出驱动

（2）继电器输出接口技术

继电器方式的开关量输出，是目前最常用的一种输出方式。一般在驱动大型设备时，往往利用继电器作为控制系统输出到输出驱动级之间的第一级执行机构。通过第一级继电器输出，可以完成从低压直流到高压交流的过渡。如图3-45所示，再经光电隔离后，直流部分给继电器供电，而其输出部分可直接与220V市电相接。

图3-45中，R_1为限流电阻，二极管VD的目的是消除继电器线圈产生的反电动势，R_2、C为灭弧电路。

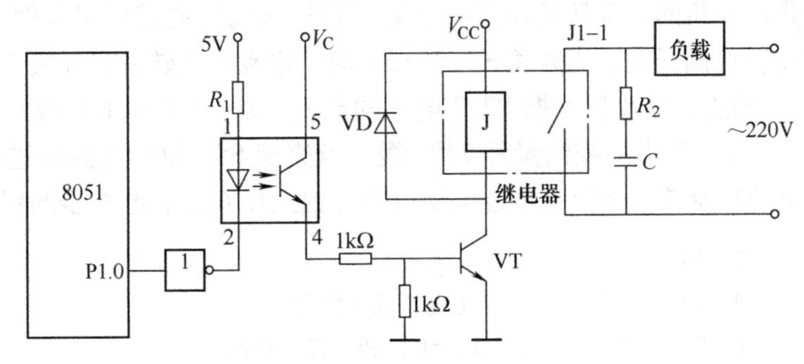

图3-45　继电器输出电路

（3）固态继电器输出接口

固态继电器（Solid State Relays，SSR）是一种新型的电子继电器。其输入控制电流小，用TTL、HTL、CMOS等集成电路或加简单的辅助电路即可直接驱动，适于在计算机控制系统中作为输出通道的控制元件；其输出利用晶体管或晶闸管驱动，无触点。具有无机械噪声、抗抖动和回跳、开关速度快、体积小、重量轻、寿命长、工作可靠等特点，并且耐冲击、抗潮湿、抗腐蚀，因此在计算机测控等领域中，已逐渐取代传统的电磁式继电器和磁力开关作为开关量输出控制元件。

固态继电器按其负载类型分类，可分为直流型DC-SSR和交流型AC-SSR两类。

1）直流型SSR。直流型SSR主要应用于直流大功率控制场合，如直流电动机控制、直流步进电动机控制和电磁阀等。这种直流型SSR的电气原理如图3-46所示。输入端为一光耦合器，因此可用OC门或晶体管直接驱动。驱动电流一般为15mA，输入电压为4~32V，在电路设计时可选用适当的电压和限流电阻 R_1；输出端为晶体管输出，输出断态电流一般小于5mA，输出工作电压为30~180V（5V开始工作），开关时间为200μs，绝缘度为7500V/s。

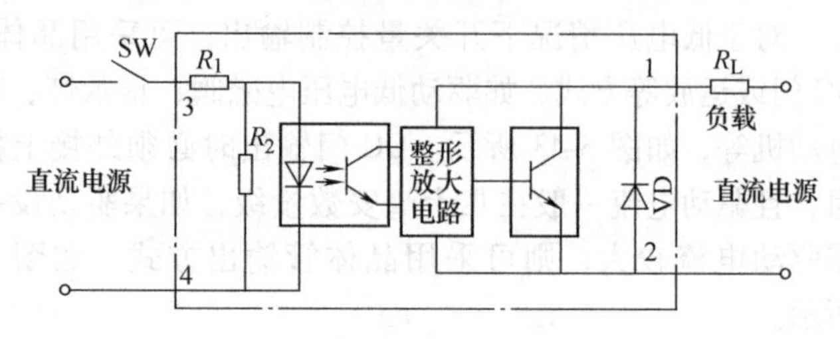

图3-46　直流型SSR电气原理图

2）交流型SSR。交流型SSR用于交流大功率驱动场合，如交流电动机、交流电磁阀控制等。它可分为过零型和移相型两类，用双向晶闸管作为开关器件，其电气原理图如图3-47所示。对于非过零型SSR，在输入信号时，不管负载电源电压相位如何，负载端立即导通。过零型SSR必须在负载电源电压接近零且输入控制信号有效时，输出端负载电源才导通；而当输入端的控制电压撤消后，流过双向晶闸管负载为零才关断。

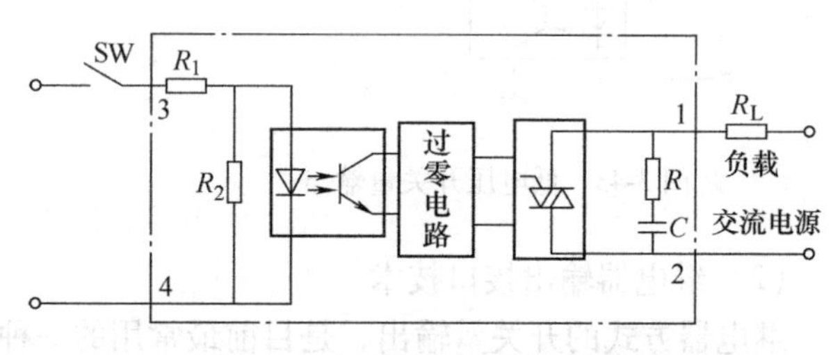

图3-47　交流型SSR电气原理图

3.4.3　数字量输入输出通道设计实例

单片机对步进电动机的正反转控制是一个数字量输入输出通道应用实例。如图3-48所示，开关S为正反转控制开关，当开关S接到+5V时，电动机正转，当开关S接地时，电动机反转；S与P2.7相连，单片机根据P2.7电平的高低，从P1.0~P1.2输出三相步进电动机的控制字（数字量），输出的控制量经7404缓冲及直流SSR驱动送到步进电动机A、B、C三相，使步进电动机旋转。下面是步进电动机单三拍工作方式下走 N 步的程序。

```
        ORG    0100H
RUN1:   MOV    A, #N          ; 步进电动机步数为N
        JNB    P2.7, LOOP2    ; P2.7=0反转，转LOOP2
LOOP1:  MOV    P1, #01H       ; P2.7=1正转，输出第一拍
        ACALL  DELAY          ; 延时
        DEC    A              ; A=0，转DONE
        JZ     DONE
        MOV    P1, #02H       ; 输出第二拍
        ACALL  DELAY
```

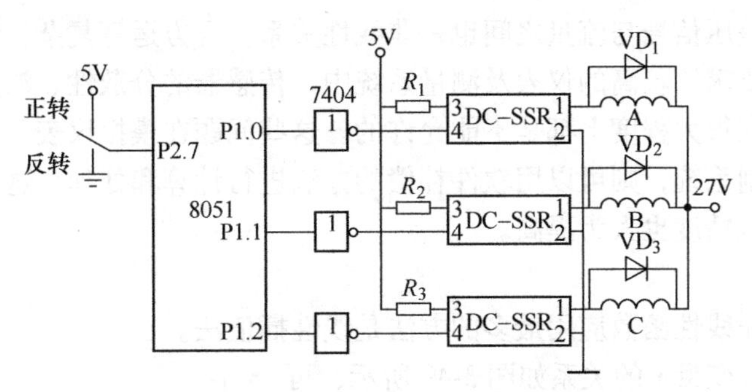

图 3-48 步进电动机的单片机控制电路

```
        DEC     A               ; A=0，转 DONE
        JZ      DONE
        MOV     P1，#04H        ; 输出第三拍
        ACALL   DELAY
        DEC     A               ; A=0，转 DONE
        JNZ     LOOP1           ; A 不为 0，继续转
        AJMP    DONE
LOOP2： MOV     P1，#01H        ; 反转，输出第一拍
        ACALL   DELAY
        DEC     A               ; A=0，转 DONE
        JZ      DONE
        MOV     P1，#04H        ; 输出第二拍
        ACALL   DELAY
        DEC     A               ; A=0，转 DONE
        JZ      DONE
        MOV     P1，#02H        ; 输出第三拍
        ACALL   DELAY
        DEC     A               ; A=0，转 DONE
        JNZ     LOOP2
DONE：  …
DELAY： …
```

3.5 数据处理和数字滤波

在 3.2 节中，从模拟量输入通道设计的角度，主要从硬件方面讨论了有关信号的调理问题。对于检测信号而言，当其转换为数字信号并进入计算机后，还可以通过数字信号调理技术对其做进一步处理。常用的数字信号调理包括线性化处理、标度变换与数字滤波等。

3.5.1 线性化处理

在许多控制系统及智能化仪器中，一些参量往往是非线性参量，常常不便于计算和处理，如热电偶输出的热电动势与温度之间的关系为非线性关系，很难用一个简单的解析式来表达。流量孔板的差压信号与流量之间也是非线性关系，开方运算复杂，误差也比较大。在一些精度及实时性要求比较高的仪表及测量系统中，传感器的分散性、温度的漂移以及机械滞后等引起的误差在很大程度上都是不能允许的。这些问题在模拟仪表及测量系统中很难解决，而在计算机控制系统，则可以用软件补偿的办法进行计算和处理。这样，不仅能节省大量的硬件开支，而且精度也大为提高。

1. 线性插值法

用计算机处理非线性函数应用最多的方法是线性插值法。

假设变量 y 和自变量 x 的关系如图3-49所示，可知 $y=f(x)$ 的关系是非线性的。为使问题简单化，可以把该曲线按一定要求分成若干段，然后把相邻两点之间的曲线用直线近似，这样可以利用线性方法求出输入值 x 所对应的输出值。已知 y 在点 x_0 和 x_1 的对应值分别为 y_0 和 y_1，现用直线 AB 代替弧线 AB，由此可得直线方程：$y(x)=ax+b$。

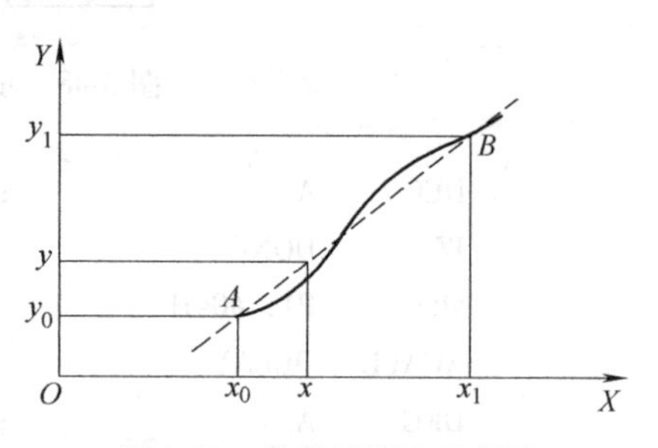

图3-49　线性插值法示意图

根据插值条件，应满足

$$\begin{cases} y_0 = ax_0 + b \\ y_1 = ax_1 + b \end{cases}$$

解方程组，可求出直线方程的参数 a 和 b。由此可得直线方程的表达式为

$$y = \frac{y_1 - y_0}{x_1 - x_0}(x - x_0) + y_0 = k(x - x_0) + y_0 \tag{3-20}$$

式中，$k = \dfrac{y_1 - y_0}{x_1 - x_0}$，$k$ 称为直线的斜率。

由图3-49可以看出，插值点 x_0 和 x_1 之间的距离越小，那么在一定区间 $g(x)$ 与 $f(x)$ 之间的误差越小。在实际应用中，为了提高精度，经常采用折线来代替曲线，此方法称为分段插值法。

2. 分段插值算法程序的设计方法

分段插值法的基本思想是将被逼近的函数（或测量结果）根据变化情况分成几段，为了提高精度及缩短运算时间，各段可根据精度要求采用不同的逼近公式。最常用的是线性插值和抛物线插值。在这种情况下，分段插值的分段点的选取可按实际曲线的情况灵活决定。

分段插值法程序设计步骤如下：

1）用实验法测量出传感器的变化曲线，$y=f(x)$ [或各插值节点的值 (x_i, y_i)，$i=0, 1, 2, \cdots, n$]。

2）将上述曲线进行分段，选择各插值基点。有两种分段方法。

①等距分段法。等距分段法即沿 x 轴等距离地选取插值基点。这种方法的主要优点是使 $x_{i+1}-x_i$ 为常数，从而简化计算过程。但是，当函数的曲率或斜率变化比较大时，将会产生一定的误差。要想减小误差，必须把基点分得很细，但这样势必占用更多的内存，并使计算机的开销加大。

②非等距分段法。这种方法的特点是函数基点的分段不等距，而是根据函数曲线形状变

化率的大小来修正插值点间的距离。曲率变化大的部位，插值距离取小一点。也可以使常用刻度范围插值范围取小一点，而在曲线平缓和非常用刻度区域距离取大一点。

3）根据各插值基点的（x_i-y_i）值，使用相应的插值公式，求出模拟 $y=f(x)$ 的近似表达式 $P_n(x)$。

4）根据 $P_n(x)$ 编写出应用程序。

3.5.2　标度变换

计算机控制系统在读入被测模拟信号并转换成数字量后，往往要转换成操作人员所熟悉的工程量。这是因为被测量对象的各种数据的量纲与A/D转换器的输入值是不一样的。如压力的单位为Pa，流量的单位为m^3/h，温度的单位为℃等。这些参数经传感器和A/D转换后得到一系列的数码，这些数码值并不一定等于原来带有量纲的参数值，它仅仅对应于参数值的大小，故必须把它转换成带有量纲的数值后才能运算、显示或打印输出，这种转换就是标度变换。标度变换有许多不同类型，取决于被测参数测量传感器的类型。

1. 线性参数标度变换

线性参数，指一次仪表测量值与A/D转换的结果具有线性关系，或者说一次仪表是线性刻度的。线性参数标度变换是最常用的变换方法，其标度变换公式为

$$\frac{A_x - A_0}{A_m - A_0} = \frac{N_x - N_0}{N_m - N_0}$$

整理得

$$A_x = A_0 + (A_m - A_0)\frac{N_x - N_0}{N_m - N_0} \tag{3-21}$$

式中，A_0 为一次测量仪表的下限；A_m 为一次测量仪表的上限；A_x 为实际测量值（工程量）；N_0 为仪表下限对应的数字量；N_m 为仪表上限对应的数字量；N_x 为测量值所对应的数字量。

例3-2　某热处理炉温度测量仪表的量程为200～1200℃，采用8位A/D转换器，设在某一时刻计算机采样并经数字滤波后的数字量为0CDH，设仪表量程为线性的，求此时的温度值。

解：根据题意，已知 $A_0=200℃$，$A_m=1200℃$，$N_0=0$，$N_m=FFH=255D$，$N_x=CDH=205D$，根据式（3-21），可得

$$\begin{aligned} A_x &= A_0 + (A_m - A_0)\frac{N_x - N_0}{N_m - N_0} \\ &= (1200 - 200) \times \frac{205}{255}℃ + 200℃ \\ &\approx 1004℃ \end{aligned}$$

在计算机控制系统中，为了实现上述转换，可把它设计成专门的子程序，把各个不同参数所对应数字量存放在存储器中，当某一参数要进行标度变换时，只要调用标度变换子程序即可。

2. 非线性参数标度变换

有些传感器测出的数据与实际的参数之间是非线性关系，它们有由传感器和测量方法决定的函数关系，并且这些函数关系可用解析式来表示，这时可直接按解析式来计算。如当用差压变送器来测量信号时，差压信号 P 与流量 Q 的关系为

$$Q = k\sqrt{\Delta P} \tag{3-22}$$

据此，可得测量流量时的标度变换式为

$$\frac{Q_x - Q_0}{Q_m - Q_0} = \frac{k\sqrt{N_x} - k\sqrt{N_0}}{k\sqrt{N_m} - k\sqrt{N_0}}$$

整理得

$$Q_x = Q_0 + (Q_m - Q_0)\frac{\sqrt{N_x} - \sqrt{N_0}}{\sqrt{N_m} - \sqrt{N_0}} \tag{3-23}$$

式中，Q_0 为流量仪表的下限；Q_m 为流量仪表的上限；Q_x 为被测量的流量值；N_0 为差压变送器下限对应的数字量；N_m 为差压变送器上限对应的数字量；N_x 为差压变送器所测得的差压值（数字量）。

3. 其他标度变换法

许多非线性传感器并不像前面讨论的流量传感器那样可以写出一个简单的公式，或者虽然能够写出，但计算相当困难，这时可采用多项式插值法，也可以用线性插值法或查表进行标度变换。

3.5.3 数字滤波及MATLAB仿真

一般计算机控制系统的模拟输入信号中，均含有各种噪声和干扰，它们来自被测信号源本身、传感器、外界干扰等。为了进行准确测量和控制，必须消除被测信号中的噪声和干扰。噪声有两大类：一类为周期性的，另一类为随机的。前者的典型代表为50Hz的工频干扰。对于这类信号，采用积分时间等于20ms的整数倍的双积分A/D转换器，可有效地消除其影响。后者可以用数字滤波方法予以削弱或滤除。

所谓数字滤波，就是通过一定的计算或判断程序对数字信号进行滤波与平滑，加强有用信号成分，消除或减少各种干扰和噪声信号。

数字滤波可以对各种干扰信号进行滤波，不涉及硬件，可靠性高，参数调整方便，而且一个数字滤波程序可以被多个通道共同使用，因而数字滤波得到了广泛的应用。

1. 限幅滤波

限幅滤波的方法是：把两次相邻的采样值相减，求出增量（以绝对值表示），然后与两次采样允许的最大差值（由被控对象的实际情况决定）ΔY 进行比较，若小于或等于 ΔY，则取本次采样值；若大于 ΔY，则取上次采样值作为本次采样值。

限幅滤波对随机脉冲干扰和采样器不稳定引起的失真有良好的滤波效果。

2. 中值滤波

中值滤波是对某一参数连续采样 N 次（$N \geqslant 3$，且一般 N 取奇数），然后把 N 次采样值从小到大（或从大到小）排序，再取中间值作为本次采样值。

中值滤波对于去掉偶然因素引起的波动或采样器不稳定而造成的误差所引起的脉动干扰比较有效。若变量变化比较缓慢，则采用中值滤波效果比较好，但对快速变化的参数，如流量，则不宜采用。

3. 算术平均值滤波

算术平均值滤波就是把对信号进行的 N 次采样值相加，求其算术平均值作为 $t=kT$ 时刻

的滤波器的输出，即

$$y(k) = \frac{1}{N}\sum_{i=0}^{N-1} y_s(k-i) \tag{3-24}$$

算术平均值滤波主要用于对压力、流量等周期脉动参数的采样值进行平滑加工，不适用于脉冲干扰比较严重的场合。采样次数 N 将影响参数的平滑度和灵敏度。N 增大，平滑度将提高，灵敏度将降低。通常对流量参数滤波时，N 取 12；对压力参数 N 取 4；而温度参数，若无噪声干扰，则可不平均。

4. 加权平均值滤波

算术平均值滤波，对于 N 次以内所有的采样值来说，所占的比例是相同的，即滤波结果取每次采样值的 $1/N$。但有时为了提高滤波效果，将各采样值取不同的比例，然后再相加，此方法称为加权平均法。一个 N 项加权平均公式为

$$\overline{Y}(k) = \sum_{i=0}^{n-1} C_i X_{n-1} \tag{3-25}$$

式中，C_0，C_1，…，C_{n-1}为各采样值的权系数，且应满足下列关系

$$\sum_{i=0}^{n-1} C_i = 1 \tag{3-26}$$

式中各采样值的权系数 C_0，C_1，…，C_{n-1}体现了各采样值在平均值中所占的比例，可根据具体情况决定。一般采样次数越靠后，取的比例越大，这样可增加新的采样值在平均值中所占的比例。这种滤波方法可以根据需要突出信号的某一部分来抵制信号的另一部分。

5. 滑动平均值滤波

算术平均值与加权平均值滤波，均需连续采样 N 次后，将采样的 N 个数据进行算术平均或加权平均，这种方法适合于有脉动干扰的场合。但由于每个采样点需采样 N 次，需要时间较长，检测速度慢。为了克服这一缺点，可采用滑动平均值滤波法。即先在 RAM 中建立一个数据缓冲区，依顺序存放前 N 次采样结果，每采样一次，就将缓冲区中最先采集到的数据丢弃，再将本次采样结果放在缓冲区末尾，此时得到一个新的数据块，再求此新的数据块的平均值作为本次采样值。这样，每进行一次采样，就可计算出一个新的平均值，从而加快了数据处理的速度。

6. 惯性滤波

前面讨论的几种滤波方法基本上属于静态滤波，主要适用于变化过程比较快的参数，如压力、流量等。但对于慢速随机变量则可采用短时间内连续采样求平均值的方法，但其滤波效果往往不够理想。为了提高滤波效果，可以采用惯性滤波。

惯性滤波实际上是模拟 RC 低通滤波器的数字实现形式。普通 RC 滤波器的传递函数为

$$\frac{Y(s)}{R(s)} = \frac{1}{1 + T_s} \tag{3-27}$$

式中，$T=RC$ 为滤波器的滤波时间常数。将式（3-27）用后向差分方法进行离散化，整理之后可得

$$y(k) = \frac{T}{T+T_s}y(k-1) + \frac{T_s}{T+T_s}r(k) = \alpha y(k-1) + (1-\alpha)r(k) \tag{3-28}$$

式中，T_s 为采样周期，而 $\alpha=T/(T+T_s)$ 称为惯性滤波系数，且 $0<\alpha<1$。

由式（3-28）可知，α越大，频带越窄，滤波平滑性越好，但其相位滞后也相应增大。因此，具体应用时应根据实际情况，选取适当的α值，使得滤波器既无明显的纹波，滤波响应又不太迟缓。

惯性滤波适用于波动频繁的工艺参数，它能很好地消除周期性干扰信号。

7. 复合滤波

以上介绍的各种数字滤波方法各有其适用场合，应根据具体情况来合理选用。在选用时一般主要考虑滤波效果与滤波时间两个方面。就滤波效果而言，对于变化比较慢的过程参数，可选用限幅滤波与惯性滤波方法；而对于变化比较快的脉动参数，则可选用平均值滤波方法，特别是加权平均值滤波效果更好。对于滤波时间，在滤波效果相同的情况下，应尽量采用运算时间较短的滤波方法。

在实际应用中，为了进一步提高滤波效果，改善控制数度，有时可以把两种或两种以上有不同滤波效果的数字滤波器组合起来，形成复合数字滤波器，或称多级数字滤波器。如把中值滤波和算术平均值滤波结合起来，就可以结合两者的优点，即可以消除周期性的干扰信号，又可对随机的脉冲干扰进行滤波。

此外，也可采用双重滤波的方法，把多个滤波器串联起来，前一个数字滤波器的输出作为后一个数字滤波器的输入。如可以把采样值经过低通滤波器后，再经过一次高通滤波，结果更接近理想值，这实际上相当于多级*RC*滤波器。

8. MATLAB仿真

下面是对一个受随机噪声干扰的正弦信号$x=\sin(0.125\pi t)$分别采用算术平均滤波、加权平均滤波、滑动平均滤波、中值滤波和复合滤波的MATLAB程序，受干扰的原始信号及经滤波器后的信号波形如图3-50所示。可以看出，经过处理后，干扰信号受到了抑制，中值滤波对随机脉冲干扰滤波的效果比较显著。

```
close all;
Ts=0.1;
n=9;
c=[0.05 0.05 0.1 0.15 0.2 0.15 0.1 0.05 0.05]; %加权系数
b=sum(c);
t=0.1:Ts:100;
d=20*rand(1,1000);
d(1,4:6)=30;
d(1,50:53)=45;
d(1,200:204)=35;
d(1,510:512)=40;
x=sin(0.125*pi*t)+d;                    %受干扰后的信号
figure(1);
subplot(6,1,1)
plot(t,x,'r');
title('原始信号');
hold on;
y1=averageS(x,n);
```

```
subplot(6,1,2);
plot(t,y1,'b');
title('算术平均值滤波后的信号波形');
y2=averageC(x,n,c);
subplot(6,1,3);
plot(t,y2,'b');
title('加权平均值滤波后的信号波形');
y3=averageH(x,n);
subplot(6,1,4);
plot(t,y3,'b');
title('滑动平均值滤波后的信号波形');
y4=Media(x,n);
subplot(6,1,5);
plot(t,y4,'b');
title('中值滤波后的信号波形');
y5=averageS(y4,n);
subplot(6,1,6);
plot(t,y5,'b');
title('中值滤波加算术平均值复合滤波后的信号波形');
function p=averageS(x,n)            %算术平均值滤波
m=floor((length(x))/n)*n;
h=length(x);
p=[];
ptemp=[];
for i=1:n:m
    q=sum(x(i:i+n-1))/n;
    ptemp=repmat(q,1,n);
    p=[p ptemp];
end
if h>m
    q=sum(x(m:h))/(h-m);
    ptemp=repmat(q,1,(h-m));
    p=[p ptemp];
end
function p=averageC(x,n,c)          %加权平均值滤波
m=floor((length(x))/n)*n;
h=length(x);
p=[];
ptemp=[];
for i=1:n:m
  q=x(i:i+n-1)*c';
  ptemp=repmat(q,1,n);
    p=[p ptemp];
```

```
end
if h>m
    q=x(h-n+1:h) * c';
  ptemp=repmat(q,1,(h-m));
    p=[p ptemp];
end
function p=averageH(x,n)            %滑动算术平均值滤波
m=floor((length(x))/n) * n;
h=length(x);
p=[];
ptemp=[];
i=1;
while(i+n-1<h)
    q=sum(x(i:i+n-1))/n;
    p=[p q];
    i=i+1;
end
j=h-n;
while(j<h)
    q=sum(x(j-n:j))/n;
    p=[p q];
    j=j+1;
end
function p=Media(x,n)          %中值滤波
m=floor((length(x))/n) * n;
h=length(x);
p=[];
ptemp=[];
for i=1:n:m
    [val index]=sort(x(i:i+n-1));
    q=val(round(n/2));
    ptemp=repmat(q,1,n);
    p=[p ptemp];
end
if h>m
    [val index]=sort(x(m:h));
    q=val((round(h-m)/2));
    ptemp=repmat(q,1,(h-m));
    p=[p ptemp];
end
```

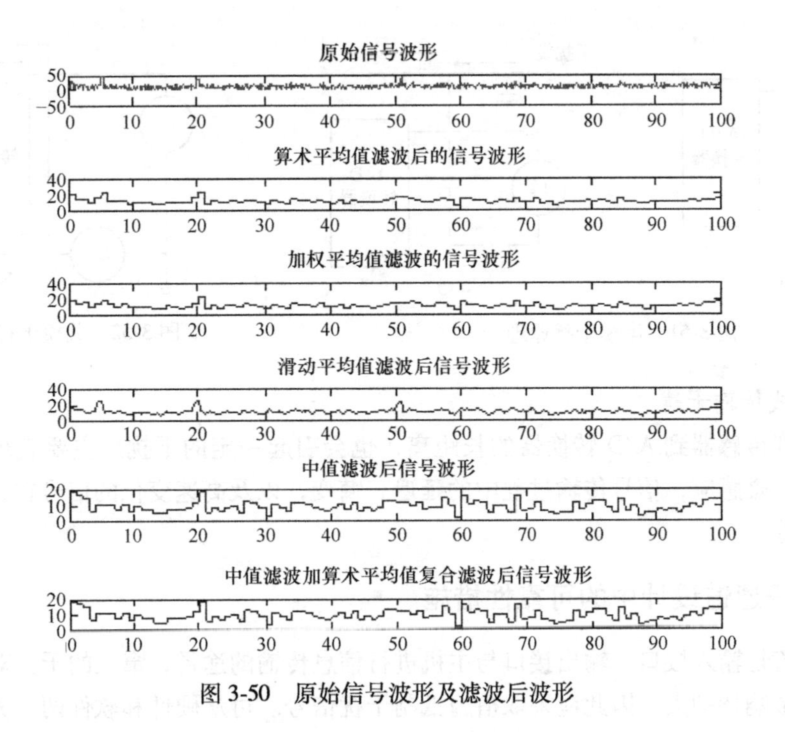

图3-50　原始信号波形及滤波后波形

3.6　过程通道的可靠性措施

3.6.1　系统干扰与可靠性问题

过程通道的电路一般都放在控制现场，即使不是放在现场，也会通过较长的导线与现场设备相连接。而控制现场，通常都存在大量的干扰源。且控制现场往往地域上分布较广，从而使过程通道的距离也较长。因此，各种干扰源就很容易通过过程通道进入计算机，一般来说，来自过程通道的干扰占了系统干扰的主要部分。

进入过程通道的干扰，按其对过程通道的作用方式或来源主要分为串模干扰、共模干扰和长线传输干扰三类。

（1）串模干扰

所谓串模干扰，是指串联与信号源回路的干扰，也就是说，将干扰源视为一个电压源，而该电压源是与信号源串联的。串模干扰的原理如图3-51所示。

在图3-51a中，U_S为信号源，而U_n为叠加在信号源上的干扰源。在图3-50b中，如果邻近的导线（干扰线）中有交变电流I_n流过，那么由I_n产生的电磁干扰信号就会通过分布电容的耦合进入放大器的输入端。除此之外，长线传输的电感、空间电磁场引入的电磁干扰以及50Hz工频干扰等，都会引入串模干扰。

（2）共模干扰

由于计算机监控系统的现场与控制室的距离往往比较远，这样就造成传感器信号源的地与过程通道转换装置的地之间有一个电位差U_{cm}，如图3-52所示。由该电位差而引起的干扰称为共模干扰。

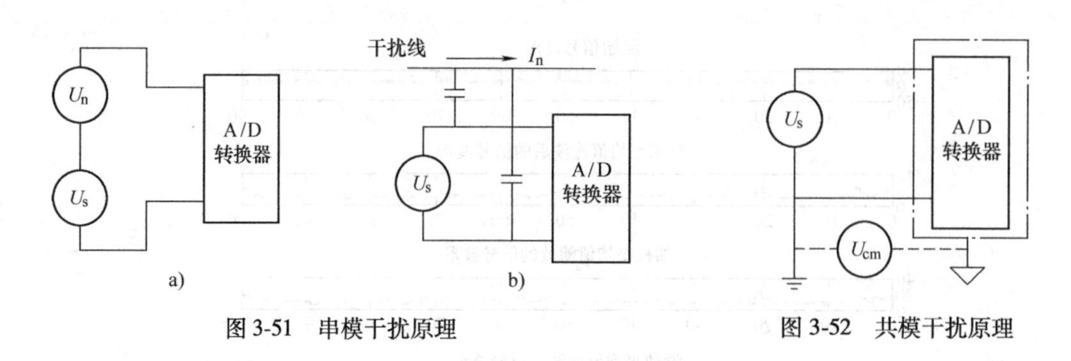

图3-51　串模干扰原理　　图3-52　共模干扰原理

（3）长线传输干扰

前面谈到传感器到A/D转换器的长距离，也会引起一定的干扰。主要表现为：外部电磁场引起的电磁感应，信号传输过程中的延迟、畸变，以及高速变化的信号在长线传输过程中的波反射等。

3.6.2　过程通道设计中的可靠性措施

过程通道是输入接口、输出接口与主机进行信息传输的途径，窜入的干扰对整个计算机控制系统的影响特别大，因此应采取措施抵制干扰信号。可从硬件和软件两个方面进行。

1. 硬件抗干扰技术

（1）串模干扰的抑制

对串模干扰的抑制是相对最为困难的。因为干扰源直接与信号源串联，只能根据干扰的特性和来源采取相应的对策。

1）屏蔽。由于相当大的一部分串模干扰来自外部电磁场产生的电磁感应，因此，通过屏蔽可以达到比较好的效果。从传感器到A/D转换器的传输线可以采用同轴电缆或带屏蔽的双绞线，一般可以使干扰抑制比达到数十dB。如果距离不是十分长，也可以使用非屏蔽的双绞线。为了保证良好的屏蔽效果，应确保屏蔽层接地良好。

2）滤波。如果串模干扰频率比被测信号频率高，采用输入低通滤波器来抑制高频串模干扰；如果串模干扰频率比被测信号频率低，则采用高通滤波器来抑制低频串模干扰；如果串模干扰频率落在被测信号频谱的两侧，则应用带通滤波器。

一般情况下，串模干扰均比被测信号变化快，故常用二级阻容低通滤波网络作为A/D转换器的输入滤波器。如图3-53所示，它可使50Hz的串模信号衰减600倍左右。该滤波器的时间常数小于200ms，因此，当被测信号变化较快时，应相应改变网络参数，以适当减小时间常数。

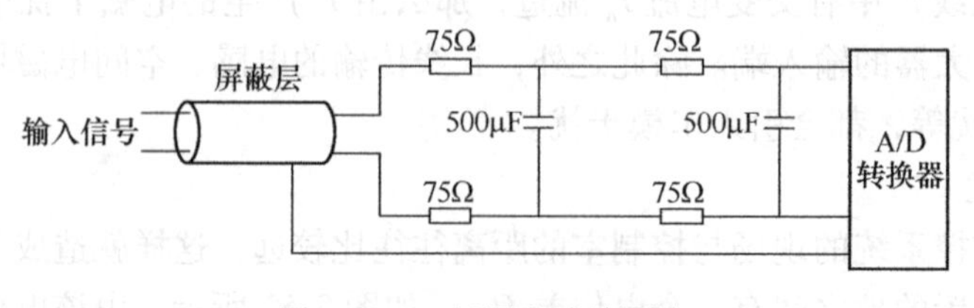

图3-53　二级阻容滤波网络

3）使用电流信号。由于电流信号不易受电磁感应信号的干扰，可以使用4~20mA的电流信号代替电压信号进行传输，在信号进入A/D转换器后，再利用一个250Ω的电阻将电流信号转换为1~5V的电压信号。

4）使用数字信号输出。由于数字信号的抗干扰能力强于模拟信号，可以将模拟信号转换为数字信号后再进行输出。这实际上是缩短了过程通道的模拟信号传输线路，或者说是将A/D转换器放在监控现场。

5）其他措施。当I/O接口将模拟信号采集进入计算机后，可以采用数字滤波的方式，减少干扰信号的影响。对于运动控制系统，为了检测电动机的转速，往往使用测速发电机，这就容易引入50Hz的工频干扰。如果条件允许的话，可以考虑使用脉冲编码器。另外，在进行信号传输线布线时，避免与交流电源线近距离平行布线也是十分重要的。

（2）共模干扰的抑制

1）隔离法。通过隔离的方法将模拟地与数字地断开，以使共模干扰电压 U_{cm} 不成回路，从而抑制了共模干扰。常用的隔离方法有光电耦合器隔离和变压器隔离等，如图3-54所示。

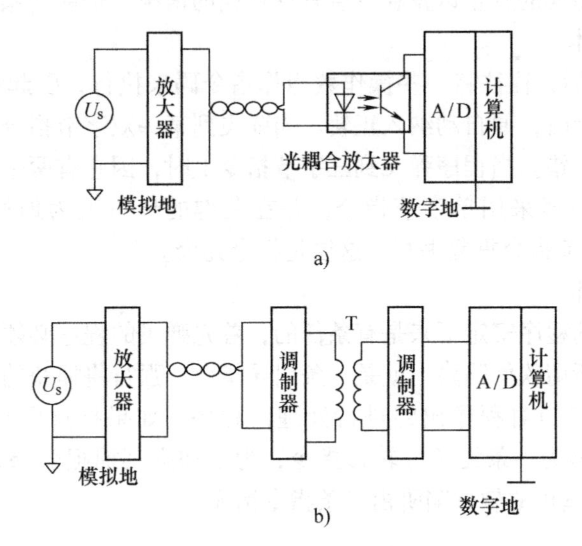

图3-54　采用隔离的方法抑制共模干扰
a）光电隔离　b）变压器隔离

2）采用高共模抑制比的输入放大器。仪表放大器具有共模抑制能力强、输入阻抗高、漂移低、增益可调等优点，是一种专门用来分离共模干扰与有用信号的器件。

3）浮地屏蔽。采用浮地输入双层屏蔽放大器来抑制共模干扰，如图3-55所示。这是利用屏蔽方法使输入信号的“模拟地”浮空，从而达到抑制共模干扰的目的。

（3）长线传输干扰的抑制

1）采用双绞线。采用双绞线可以降低电缆的分布电容、分布电感以及波阻抗，有利于改善传输波形的质量。

2）终端阻抗匹配。在信号传输线的终端加接一个电阻值在50~200Ω的电阻 R，用于吸收反射波，接法如图3-56所示，对于变化缓慢的信号可以不必考虑。

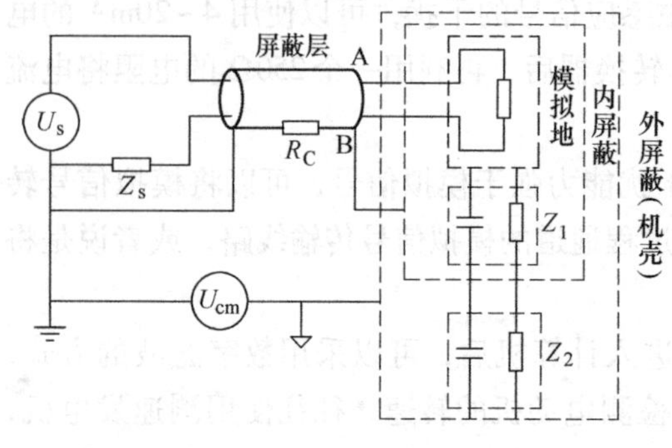

图 3-55 浮地双层屏蔽放大器

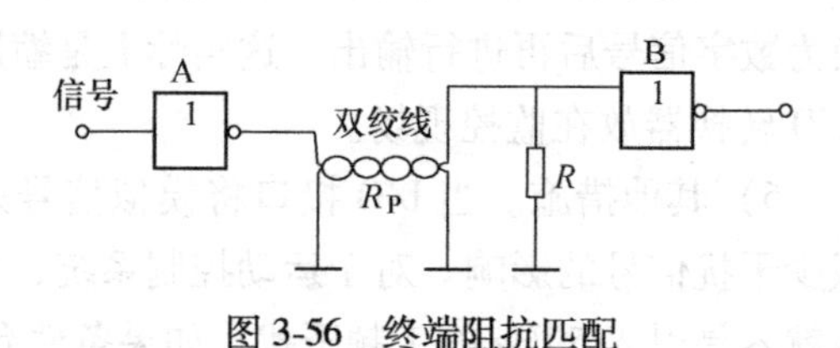

图 3-56 终端阻抗匹配

2. 软件抗干扰技术

侵入计算机控制系统的干扰，其频谱往往很宽，且具有随机性。采用硬件抗干扰措施只能抑制某个频率段的干扰，仍有一些干扰会侵入系统。因此，为确保应用程序按照给定的顺序有秩序地运行，除了采取硬件抗干扰技术以外，必须在程序设计中采取措施，以提高软件的可靠性，减少软件错误的发生以及在发生软件错误的情况下仍能使系统恢复正常运行。

（1）指令冗余技术

当CPU受到干扰后，往往将一些操作数当作指令码来执行，引起程序混乱。当程序弹飞到某一单字节指令上时，便自动纳入正轨。当弹飞到某一双字节指令上时，有可能落到其操作数上，从而继续出错。当程序弹飞到三字节指令上时，因它有两个操作数，继续出错的机会就更大。因此，应多采用单字节指令，并在关键的地方人为地插入一些单字节指令（NOP）或将有效单字节指令重复书写，这便是指令冗余。

（2）软件陷阱技术

指令冗余使弹飞的程序安定下来是有条件的，首先弹飞的程序必须落到程序区，其次必须执行到冗余指令。所谓软件陷阱，就是一条引导指令，强行将捕获的程序引向一个指定的地址，在那里有一段专门对程序出错进行处理的程序。如果把这段程序的入口标号记为ERR的话，软件陷阱即为一条无条件转移指令，为了加强其捕捉效果，一般还在它前面加两条NOP指令，因此真正的软件陷阱由三条指令构成：

```
NOP
NOP
JMP ERR
```

软件陷阱安排在四种地方：未使用的中断向量区、未使用的大片ROM空间、表格和程序区。

3.7 本章小结

本章介绍了过程通道在计算机控制系统中的地位和作用、模拟量输入输出通道和数字量输入输出通道的各个组成部分、常用的数据处理方法及过程通道的可靠性措施。通过一系列实例对过程通道典型器件的特点和接口设计进行了详细的阐述，并给出了主要的仿真电路、程序和仿真结果。

掌握各典型器件的功能接口设计特点，选择合适的器件，可使计算机控制系统更稳定可靠。

习题与思考题

1. 试用CD4051设计一个32路模拟多路开关，要求画出电路图并说明其工作原理。

2. 采样保持器有什么作用？试说明保持电容的大小对数据采集系统的影响。

3. 一个10位A/D转换器，孔径时间为10μs，如果要求转换误差在A/D转换器的转换精度（0.1%）内，求允许转换的正弦波模拟信号的最大频率。

4. A/D转换器的结束信号（设为EOC）有什么作用？根据该信号在I/O控制中的连接方式，A/D转换有几种控制方式？它们各在接口电路和程序设计上有什么特点？

5. 设被测温度变化范围为0~1200℃，如果要求误差不超过0.4℃，应选用分辨率为多少位的A/D转换器（设A/D转换器的分辨率和精度一样）？

6. 某炉温度变化范围为0~1500℃，要求分辨率为3℃，温度变送器输出范围为0~5V。若A/D转换器的输入范围也为0~5V，A/D转换器的字长应为多少位？若A/D转换器的字长不变，现在通过变送器零点迁移而将信号零点迁移到600℃，此时系统对炉温度变化的分辨率为多少？

7. 某A/D转换电路如题图3-1所示，完成下列问题：

（1）该电路对A/D转换结束信号采用什么处理方法；

（2）编程对ADC0809的IN_1通道模拟量进行1次转换，转换结果存入单片机内部RAM30H存储单元中；

（3）图中ADC0809的模拟量电压输入范围是多少？

（4）若想对IN_5通道模拟量进行转换，需要C、B、A为何值？

（5）将图改成中断控制方式，在电路上做何改动？重新编写相应程序。

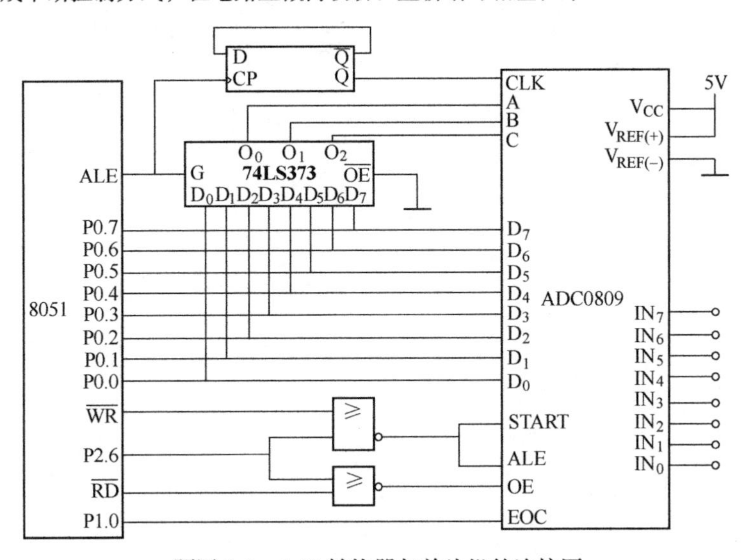

题图3-1　A/D转换器与单片机的连接图

8. 某执行机构的输入变化范围为4~20mA，灵敏度为0.05mA，应选D/A转换器的字长为多少位？

9. 为什么高于8位的D/A转换器与8位的微型计算机接口连接必须采用双缓冲方式？这种双缓冲工作与DAC0832的双缓冲工作在接口上有什么不同？

10. 试用DAC0832芯片设计出能产生输出频率为50Hz的三角波、脉冲波和锯齿波的电路及程序。

11. 请分别画出D/A转换器的单极性和双极性电压输出电路，并分别推导出输出电压与输入数字量之间的关系式。

12. 线性插值法有什么优缺点？使用中分段是否越多越好？

13. 某压力测量系统，其测量范围为0~1000Pa，经A/D转换后对应的数字量为00~FFH，试写出其标度变换公式。

14. 某梯度炉温度变化范围为0~1000℃，经温度变送器输出电压为1~4V，再经ADC0809转换，ADC0809的输入范围为0~5V，试计算当采样数值为9BH时，所对应的梯度炉温度是多少？

15. 常用的数字滤波方法有几种？它们各自有什么优缺点？

16. 什么是串模干扰和共模干扰？如何抑制？

第4章　常用的计算机控制算法

第4章重难点　　探月精神

4.1　概述

控制算法是一种获得控制量的具体形式的计算方法，可以理解为通过计算获得控制量的数学表示，通常以某种数学表达式的方式体现。图4-1所示为控制系统原理框图，系统产生的偏差信息提供给控制算法后，输出控制量，并直接作用在对象（过程）上，对对象（过程）直接产生影响，使其输出量能够按性能指标要求达到期望值。因此，在计算机控制系统中，它的作用十分关键，如同人的大脑一样，在系统中处于核心地位。它指挥着对象（过程）怎样运动、如何运动才能使之达到期望的性能指标，没有了它，计算机控制系统就不知道应该给出多大的控制量，不知道如何控制对象运动。另外，同一个对象（过程）选用不同的控制算法，所获得的控制量不同，整个系统的性能不同。甚至算法的不当选择还会造成系统的不稳定，使系统根本没有办法运行。因此，学习和掌握常用的计算机控制算法对今后设计计算机控制系统将十分重要和关键。

下面以PID控制算法为例进一步说明控制算法的核心作用。

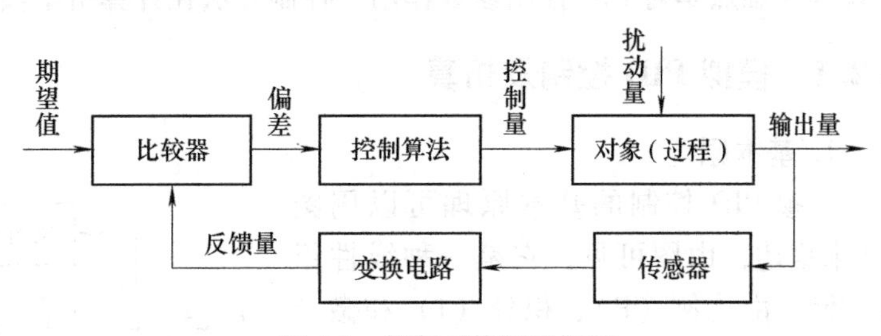

图4-1　控制系统原理框图

PID控制算法是最早发展起来的控制策略之一，由于具有简单、鲁棒性好和可靠性高等特点，被广泛用于过程控制和运动控制中，且其各参数有着明显的物理意义，调整方便，所以PID控制算法很受工程技术人员的喜爱。以工业过程控制为例，PID控制算法或者以PID控制算法为核心的PID控制器（仪表）产品已经得到了广泛的应用。例如，工厂中应用最多的电机拖动系统，其电动机的控制基本上采用PID控制；在各种压力系统、液位系统、流量系统、温度系统中大量地使用到PID控制算法。而各种以PID控制算法为核心的PID控制器（仪表）产品的出现，则使PID控制算法应用变得更为简单且更加广泛。例如，PID参数自整定控制仪是一类具有控制参数自调整的控制器，主要特点为：具有阀位控制功能，可取代伺服放大器直接驱动执行机构（如阀门等）；可任意改变仪表的输入信号类型，采用最新无跳线技术，只需设定仪表内部参数，即可将仪表从一种输入信号改为另一种输入信号；可选择带有一路模拟量控制输出（或开关量控制输出、继电器和晶闸管正转、反转控制）及一路模拟量变送输出，适用于各种测量控制场合；支持多机通信，具有多种标准串行双向通信功能，可选择多种通信方式，如RS-232、RS-485、RS-422等，可与各种带串行输入输出的设备（如计算机、PLC等）进行通信，构成管理系统。PID外给定（或阀位）控制仪，可自动跟随外部给定值（或阀位反馈值）进行控制输出（模拟量控制输出或继电器正转、反转控制输出），可实现自动/手动无扰动切换；可同时显示测量信号及阀位反馈信号。PID 光柱显示控制仪，集数字仪表与模拟仪表于一体，可对测量值及控制目标值进行数字量显示（双 LED 数码显示），并同时对测量值及控制目标值进行相对模拟量显示（ 双光柱显示），显示方式为双 LED 数码显示+双光柱模拟量显示，使测量值的显示更为清晰直观。

本章主要介绍数字 PID 控制算法、最少拍控制算法、纯滞后补偿控制算法、模糊控制算法和神经网络控制算法等计算机控制系统中经常应用的算法，并介绍控制算法在微型计算机系统中的实现方法。因本书篇幅所限，其他的现代控制算法、智能控制算法不再进行介绍，读者可参阅其他书籍。

特别说明，本章多处提及“控制器”这个词，一般是指控制算法在硬件上实现后的物理器件，或者控制算法用程序编制并存储于其中的计算机系统。

4.2 数字 PID 控制

本节主要讨论数字 PID 控制。在此之前，先要了解模拟 PID 控制的基本原理，在此基础上应用模拟化设计方法（一种离散化方法）将模拟 PID 控制转化为数字 PID 控制。重点掌握数字 PID 控制的基本特性、PID 控制参数的作用和整定、PID 控制算法在计算机中如何实现等。难点是对 PID 控制参数作用、控制算法在计算机中实现方法的理解。

4.2.1 模拟 PID 控制及仿真

1. 基本原理

模拟 PID 控制的基本原理可以用图 4-2 来描述，由图可见，它是一种线性组合控制，由比例（P）、积分（I）和微分（D）三部分（通常称为环节）控制作用通过线性组合构成，即模拟 PID 控制器输出的控制量由这三个环节的输出量简单地线性相加而得。这三个环节可以用相应的数学表达式描述为

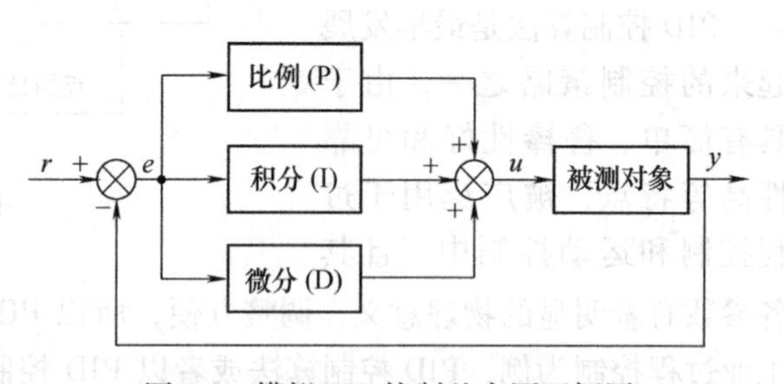

图 4-2 模拟 PID 控制基本原理框图

$$u_{\mathrm{P}} = K_{\mathrm{P}} e(t) \tag{4-1}$$

$$u_{\mathrm{I}} = K_{\mathrm{I}} \int_0^t e(t)\,\mathrm{d}t \tag{4-2}$$

$$u_{\mathrm{D}} = K_{\mathrm{D}} \frac{\mathrm{d}e(t)}{\mathrm{d}t} \tag{4-3}$$

式中，下标 P、I、D 分别代表比例、积分和微分环节；u 为控制量；K 为 PID 控制参数；$e(t)$ 为系统偏差，定义为给定值与系统实际输出值之差，即 $e(t) = r(t) - y(t)$，其中 $r(t)$ 为给定值，是我们所希望的系统输出应达到的值，$y(t)$ 为系统输出值，即被控量。

由此，得到模拟 PID 控制算法的表达式为

$$u = u_P + u_I + u_D = K_P e(t) + K_I \int_0^t e(t)\,dt + K_D \frac{de(t)}{dt} \tag{4-4}$$

通常为了更方便地说明 PID 控制算法的物理意义，将式（4-4）变换为

$$u = K_P \left[e(t) + \frac{1}{T_I} \int_0^t e(t)\,dt + T_D \frac{de(t)}{dt} \right] \tag{4-5}$$

式中，K_P为比例系数；T_I为积分时间常数，$T_I = K_P/K_I$；T_D为微分时间常数，$T_D = K_D/K_P$。

对式（4-5）进行拉普拉斯变换后，获得 PID 控制的传递函数形式

$$G(s) = \frac{U(s)}{E(s)} = K_P \left(1 + \frac{1}{T_I s} + T_D s \right) \tag{4-6}$$

式（4-5）就是常用的模拟 PID 控制规律算式，而式（4-6）为其对应的传递函数。

2. 控制参数的作用

在上述模拟 PID 控制的描述中，PID 控制的三个环节对应的三个控制参数，即比例系数 K_P、积分时间常数 T_I、微分时间常数 T_D对控制量的影响是巨大的。下面来了解三个环节及其对应的控制参数的作用。

（1）比例环节

比例环节对偏差起到及时反应的作用，即偏差一旦产生，控制器立即产生控制作用，使被控对象朝着偏差减少的方向变化。控制作用的强弱取决于比例系数 K_P，一般来说比例系数 K_P越大，产生的控制作用越强，系统的响应速度越快，系统过渡过程调节时间越短。但是比例系数 K_P取值受系统稳定性的约束，不能过大，否则会使系统动态品质变坏，引起系统振荡甚至导致不稳定。

如图 4-3a 所示，设偏差在 t_0时刻产生，且为阶跃信号。一旦系统有偏差，比例环节在 t_0时刻即时产生 $K_P \times e_0$的控制作用，如图 4-2b 所示。图中，u_0表示产生偏差之前的控制作用。

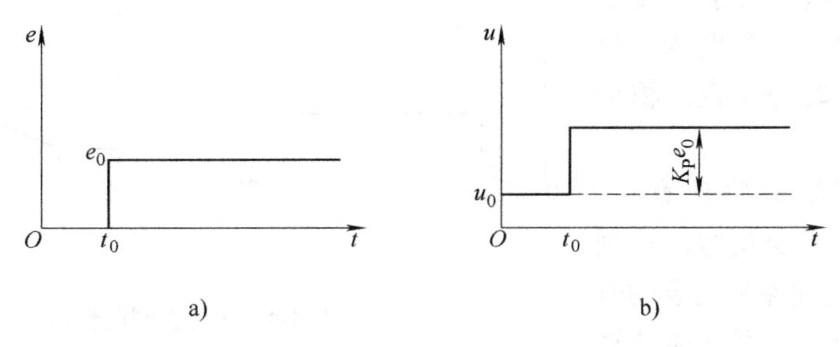

图 4-3　比例控制的作用

a）输入信号　b）输出信号

对于具有自平衡性的对象（简称自衡对象，其系统阶跃响应的终值一般为有限值）来说，比例的作用并不能消除静差（指调节完成后系统所具有的偏差），可运用拉普拉斯变换下的终值定理分析如下：

假设图 4-2 中只有比例环节，分析得到系统偏差为

$$E(s) = \frac{R(s)}{1 + K_P G_0(s)}$$

式中，$G_0(s)$ 为被控对象的传递函数；$R(s)$ 为给定输入的拉普拉斯变换，设为单位阶跃信号，

其表达式为 $1/s$。

由终值定理得

$$e_{\infty}=\lim_{s\to 0}sE(s)=\lim_{s\to 0}\frac{sR(s)}{1+K_{\mathrm{P}}G_0(s)}=\frac{1}{1+K_{\mathrm{P}}\lim\limits_{s\to 0}G_0(s)}$$

对于自衡对象来说，$\lim\limits_{s\to 0}G_0(s)$ 为一有限值，设为 a，则上式变换为

$$e_{\infty}=\frac{1}{1+K_{\mathrm{P}}a}$$

显然，上式说明仅当比例系数 K_{P} 为无穷大，偏差才会为0，而这种情况是不可能出现的。比例作用下系统的静差总是存在的，所以比例作用并不能消除静差。当然由该式可知，比例系数 K_{P} 越大，系统的静差越小。

（2）积分环节

积分环节主要用于消除静差。积分作用就是一种累积作用，如图4-4所示，只要偏差存在，通过积分环节就可以不断地累积而使控制量不断变化，直至偏差为零，控制量不再变化，系统才稳定下来。同样可运用拉普拉斯变换下的终值定理来分析静差问题。

由终值定理得

$$e_{\infty}=\lim_{s\to 0}sE(s)=\lim_{s\to 0}\frac{sR(s)}{1+K_{\mathrm{P}}\dfrac{1}{T_{\mathrm{I}}s}G_0(s)}=\lim_{s\to 0}\frac{T_{\mathrm{I}}s}{T_{\mathrm{I}}s+K_{\mathrm{P}}G_0(s)}=0$$

显然，对于阶跃输入的自衡对象，积分作用可以消除偏差，使系统的静差为0。

积分作用的强弱取决于积分时间常数 T_{I}。T_{I} 越大，积分作用越弱，反之则越强。增大 T_{I} 将减慢消除静差的过程，但可以减少超调，提高稳定性。该控制参数必须根据对象的特性来选定，对于纯滞后时间小的对象，如管道压力、流量等，可以选择较小的积分时间常数，积分作用可以大一些；对于纯滞后时间较大的对象，如温度等，可选择较大的积分时间常数，积分作用小一些。

积分时间常数的物理意义：当偏差按单位阶跃变化时，控制量累积为1个单位量纲所需要的时间，如图4-4b所示。用下面的算式进一步说明其物理意义：

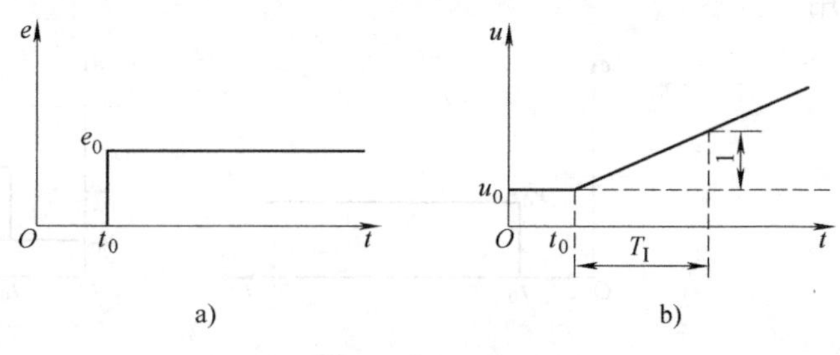

图4-4 积分控制的作用

a）输入信号 b）输出信号

$$u=\frac{1}{T_{\mathrm{I}}}\int_0^t e(t)\,\mathrm{d}t=1,\qquad e(t)=1(t)$$

所以，$T_{\mathrm{I}}=\int_0^t 1(t)\,\mathrm{d}t=t_1-t_0$。$t_1$ 表示控制量从初始时刻 t_0 开始累积到1个单位量纲值的时刻。

（3）微分环节

微分环节反映偏差信号的变化趋势（变化速率），并能在偏差信号变得太大之前，在系统中引入一个有效的早期修正信号，从而加快系统的动作速度，减少调节时间，克服振荡，使系统趋于稳定，改善系统的动态性能。由式（4-5）可见，微分时间常数 T_{D} 越大，偏差的

变化率越大，则微分的作用越强，产生的控制量越大。由图 4-5 可见，式（4-5）的微分环节（通常称为理想微分环节）的作用仅在偏差变化的瞬间产生一个冲击式的作用，对于实际系统来说，这个作用其实并没有发挥出来。为了使微分环节发挥作用，实际应用时必须要对该环节进行修正。例如在理想微分环节后串联一个惯性环节，使其作用持续一段时间。具体内容的介绍在后续章节中介绍。

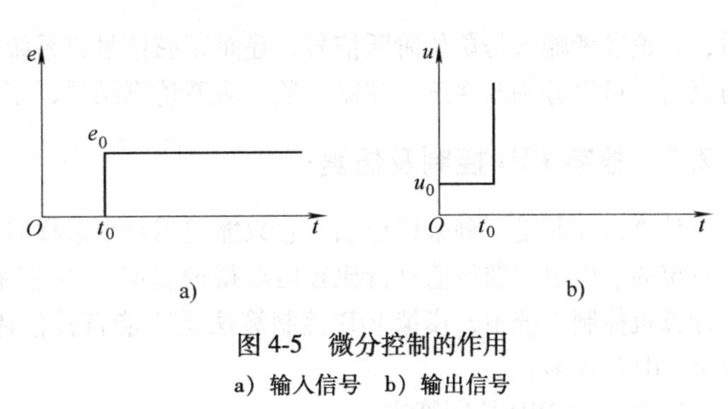

图 4-5　微分控制的作用

a）输入信号　b）输出信号

3. 仿真实例

下面仿真实例说明模拟 PID 控制以及控制参数对控制效果的影响。仿真是在 MATLAB 仿真平台下进行。一般来说，应用 MATLAB 对系统进行仿真，可以采用 MATLAB 下的 Simulink 和编写 S 函数两种方法。

例 4-1　以二阶传递函数为被控对象，进行模拟 PID 控制。对象的传递函数为

$$G_0(s) = \frac{133}{s^2 + 25s}$$

设参考输入（给定值）分别为单位阶跃信号、正弦信号，其中正弦信号取为 $r(t) = \sin(0.4\pi t)$。

解： 在 Simulink 下进行仿真。应用 MATLAB 的工具箱构建系统仿真图，如图 4-6 所示。在不同的参考输入下，将 PID 控制器的参数分别设置为：$K_P = 15$，$K_I = 0.5$，$K_D = 2$（参考输入为单位阶跃信号时）；$K_P = 60$，$K_I = 1$，$K_D = 3$（参考输入为正弦信号时），得到的仿真结果如图 4-7 所示。由图可见，只要 PID 参数设置合

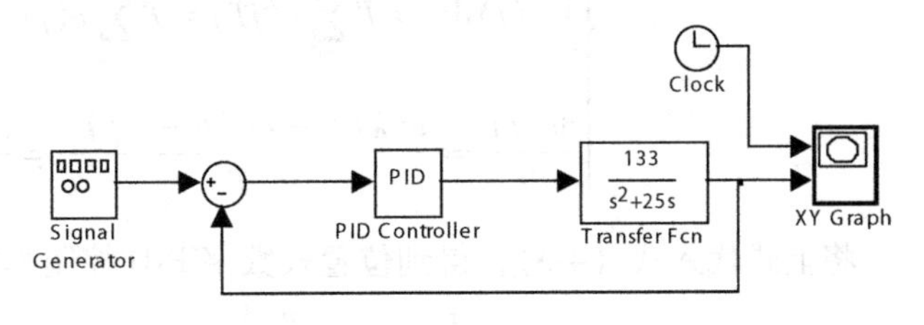

图 4-6　连续系统的模拟 PID 控制仿真结构图

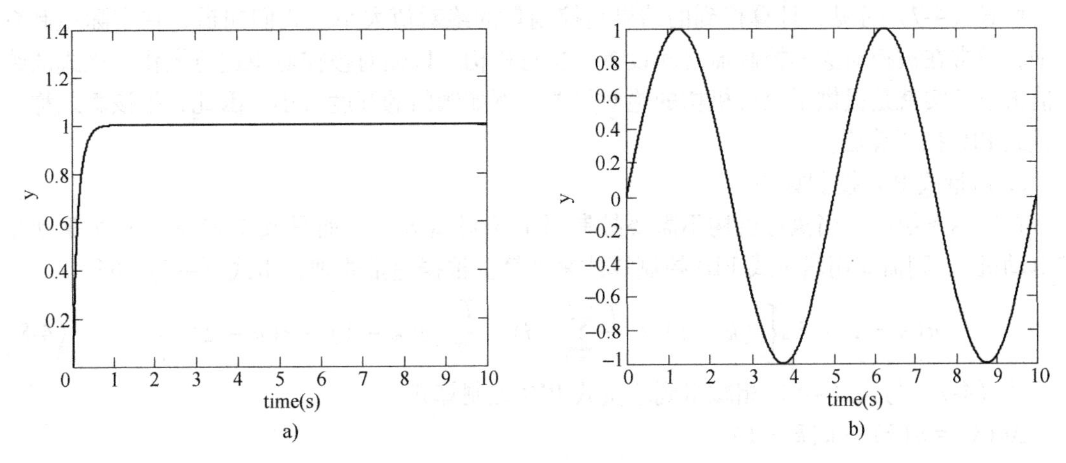

图 4-7　例 4-1 仿真结果

a）参考输入为单位阶跃信号时仿真曲线　b）参考输入为正弦信号时仿真曲线

适，无论参考输入是单位阶跃信号，还是正弦信号，系统输出均能较好地跟踪给定输入。在仿真时，可以分别改变三个控制参数，观看仿真结果，了解控制参数的作用。

4.2.2 数字 PID 控制及仿真

计算机控制是一种采样控制，它只能应用每个采样时刻获得的偏差值计算控制量，即采样系统的输出值与期望值进行比较后获得偏差值，再应用控制算法计算获得控制量。因此，在计算机控制系统中，模拟 PID 控制算法是不能直接使用的，需要采用离散化方法，获得数字 PID 控制算法。

1. 位置式 PID 控制算法

所谓位置式 PID 控制算法是利用数值计算的方法，将模拟 PID 控制算式转变为近似的离散控制量计算式，该算式提供的是控制量的绝对值。这里所述的数值计算方法是一种模拟化设计方法，具体的近似做法是：以一系列的采样时刻点 kT（为了表达简洁，通常用 k 表示，可以省略掉系统采样周期 T）代表连续时间 t，用矩形法数值积分代替模拟 PID 控制中的积分项，用一阶后向差分代替其微分项，即

$$\begin{cases} t \approx kT \qquad k = 0,\ 1,\ 2,\ \cdots \\ \displaystyle\int_0^t e(t)\,\mathrm{d}t \approx T\sum_{j=0}^{k} e(jT) = T\sum_{j=0}^{k} e(j) \\ \dfrac{\mathrm{d}e(t)}{\mathrm{d}t} \approx \dfrac{e(kT) - e((k-1)T)}{T} = \dfrac{e(k) - e(k-1)}{T} \end{cases}$$

将上式代入式（4-5），得到位置式数字 PID 控制算式

$$u(k) = K_P\left\{e(k) + \frac{T}{T_I}\sum_{j=0}^{k} e(j) + \frac{T_D}{T}[e(k) - e(k-1)]\right\} \tag{4-7}$$

如果采样周期 T 足够小，这种逼近是相当准确的，被控过程就十分接近于连续控制过程，把这种情况称为“准连续控制”。

由式（4-7）可见，计算得到的结果是控制量的绝对值大小。我们知道，在实际控制系统中，通常在被控对象和控制器之间设置一执行机构，以便对被控对象进行操作，该式的绝对值大小其实就是提供了执行机构的绝对位置，例如阀门的开度大小，因此，把该算式称为位置式 PID 控制算法。

2. 增量式 PID 控制算法

在实际系统中，当执行机构不需要控制量的绝对值大小，而是其增量时（例如驱动步进电动机），则需应用增量式 PID 控制算式来计算。根据递推原理，由式（4-7）可得

$$u(k-1) = K_P\left\{e(k-1) + \frac{T}{T_I}\sum_{j=0}^{k-1} e(j) + \frac{T_D}{T}[e(k-1) - e(k-2)]\right\} \tag{4-8}$$

式（4-7）与式（4-8）相减得到增量式 PID 控制算式

$$\begin{aligned} \Delta u(k) &= u(k) - u(k-1) \\ &= K_P\left\{e(k) - e(k-1) + \frac{T}{T_I}e(k) + \frac{T_D}{T}[e(k) - 2e(k-1) + e(k-2)]\right\} \end{aligned} \tag{4-9}$$

通过对式（4-9）的进一步变化，得

$$\Delta u(k) = d_0 e(k) + d_1 e(k-1) + d_2 e(k-2) \tag{4-10}$$

式中

$$\begin{cases} d_0 = K_P\left(1 + \dfrac{T}{T_I} + \dfrac{T_D}{T}\right) \\ d_1 = -K_P\left(1 + \dfrac{2T_D}{T}\right) \\ d_2 = K_P \dfrac{T_D}{T} \end{cases} \tag{4-11}$$

3. 两种数字 PID 控制比较

增量式 PID 控制与位置式 PID 控制比较，有如下优点：

1）由式（4-9）可见，增量式 PID 控制算式只需要当前时刻以及前两个时刻的偏差采样值，计算量和存储量都小，且计算的是增量，当存在计算误差或精度不足时，对控制量计算的影响较小。而位置式 PID 控制算式［见式（4-7）］每次计算均与整个过去的状态有关，需要过去所有的偏差采样值参与累积计算，容易产生较大的积累误差，存储量和计算量较大。

2）增量式 PID 控制容易实现无扰动切换。增量式 PID 控制算法是对前一时刻控制量的增量式变化，对执行机构的冲击小。位置式 PID 控制算法则是对前一稳定运行点控制量的绝对大小的变化，变化大，对执行机构容易产生冲击。

3）增量式 PID 控制本质上具有更好的抗干扰能力。若某个时刻采样值受到干扰，对于位置式 PID 控制，由式（4-7）易见：这个干扰会一直影响系统的整个运行过程；而增量式 PID 控制算式只需要当前时刻以及前两个时刻的偏差采样值，干扰最多影响三个采样时刻时间，其他时间不受该干扰的影响。

4）位置式 PID 控制比增量式 PID 控制更容易产生饱和效应。位置式 PID 控制由于有累积作用，更容易导致计算值超出系统实际允许的控制范围而造成饱和效应。关于“饱和”，将在下面的章节进一步说明。

在实际应用中，增量式 PID 控制算法比位置式 PID 控制算法应用更为广泛。

4. 数字 PID 控制仿真

（1）连续系统的位置式 PID 控制仿真

例 4-2　采用 MATLAB 的 M 函数形式编程仿真。设被控对象为一个电动机，其传递函数为

$$G(s) = \frac{1}{Js^2 + Bs}$$

式中，$J=0.0067$，$B=0.10$。

设参考输入为正弦函数 $r(t) = 0.50\sin(2\pi t)$。设计的位置式 PID 控制参数为：$K_P=20$，$K_D=0.5$；采样周期 $T_s=0.001\text{s}$。位置式 PID 控制仿真程序如下：

```
clear all;
close all;
```

```
ts=0.001;  %采样周期
xk=zeros(2,1);
e_1=0;
u_1=0;
for k=1:1:2000  %循环程序,模拟采样时刻
time(k) = k*ts;
rin(k)=0.50*sin(1*2*pi*k*ts);
para=u_1;  %                    D/A
tSpan=[0 ts];
[tt,xx]=ode45('PlantModel',tSpan,xk,[],para);
xk = xx(length(xx),:);  % A/D
yout(k)=xk(1);
e(k)=rin(k)-yout(k);
de(k)=(e(k)-e_1)/ts;
%PID 控制算式,计算控制量
u(k)=20.0*e(k)+0.50*de(k);
%控制量上、下限设置
if u(k)>10.0
  u(k)=10.0;
end
if u(k)<-10.0
  u(k)=-10.0;
end
u_1=u(k);
e_1=e(k);
end
figure(1);
plot(time,yout,'k');
xlabel('time(s)'),ylabel('yout');
figure(2);
plot(time,rin-yout,'k');
xlabel('time(s)'),ylabel('error');
%连续对象函数程序:
function dy = PlantModel(t,y,flag,para)
u=para;
J=0.0067;B=0.1;
dy=zeros(2,1);
dy(1) = y(2);
dy(2) = -(B/J)*y(2) +(1/J)*u;
```

仿真结果如图 4-8 所示。由图可见，只要 PID 参数设置合适，参考输入为正弦信号，系统输出能较好地跟踪参考输入。

（2）离散系统的 PID 控制仿真

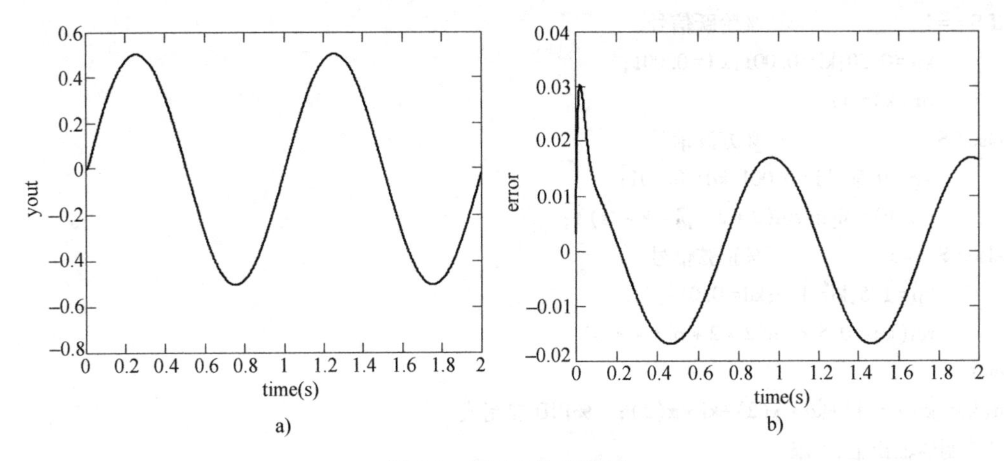

图 4-8　例 4-2 仿真结果

a）输出响应曲线　b）偏差变化曲线

例 4-3　设被控对象为

$$G(s)=\frac{523500}{s^3+87.35s^2+10470s}$$

采样时间为 1ms，通过加零阶保持器进行 z 变换，得到广义对象 $G(z)$，由此得到对象的差分方程为

$$\begin{aligned}y(k)=&2.9063y(k-1)-2.8227y(k-2)+0.9164y(k-3)\\&+8.53\times10^{-5}u(k-1)+3.338\times10^{-4}u(k-2)+8.17\times10^{-5}u(k-3)\end{aligned}$$

分别针对离散系统的阶跃信号、方波信号和正弦信号输入，采用位置式 PID 控制。仿真程序中，S 为输入信号选择变量，S=1 时为阶跃信号，S=2 时为方波信号，S=3 时为正弦信号。

仿真程序如下：

```
clear all;
close all;
ts=0.001;              %采样周期
%连续对象的传递函数
sys=tf(5.235e005,[1,87.35,1.047e004,0]);
%将连续对象传递函数用零阶保持器实现 z 变
化,得到广义对象脉冲传递函数。在实际系统应用中没有以下两条指令:
dsys=c2d(sys,ts,'z');
[num,den]=tfdata(dsys,'v');    %分子、分母向量
u_1=0.0;u_2=0.0;u_3=0.0;
y_1=0.0;y_2=0.0;y_3=0.0;
x=[0,0,0]';
error_1=0;
for k=1:1:1500
time(k)=k*ts;
S=1;    %根据不同输入信号,分别取 1、2、3
```

```
if S==1                    %阶跃信号
    kp=0.50;ki=0.001;kd=0.001;
    rin(k)=1;
elseif S==2                %方波信号
    kp=0.50;ki=0.001;kd=0.001;
    rin(k)=sign(sin(2*2*pi*k*ts));
elseif S==3                %正弦信号
    kp=1.5;ki=1.0;kd=0.01;
    rin(k)=0.5*sin(2*2*pi*k*ts);
end
u(k)=kp*x(1)+kd*x(2)+ki*x(3);   %PID 控制式
%控制器输出上、下限
if u(k)>=10
  u(k)=10;
end
if u(k)<=-10
  u(k)=-10;
end
%系统输出差分方程,通过计算模拟测量值
yout(k)=-den(2)*y_1-den(3)*y_2-den(4)*y_3
        +num(2)*u_1+num(3)*u_2+num(4)*u_3;
error(k)=rin(k)-yout(k);
%数据存储
u_3=u_2;u_2=u_1;u_1=u(k);
y_3=y_2;y_2=y_1;y_1=yout(k);
x(1)=error(k);                    %计算比例项
x(2)=(error(k)-error_1)/ts;       %计算微分项
x(3)=x(3)+error(k)*ts;            %计算积分项
error_1=error(k);
end
figure(1);
plot(time,rin,'k',time,yout,'k');
xlabel('time(s)'),ylabel('rin,yout');
```

仿真结果如图4-9所示。由图可见，无论参考输入为阶跃信号还是方波信号，或者正弦信号，只要PID参数设置合适，系统输出均能较好地跟踪给定输入。

（3）增量式PID控制仿真

例4-4 设被控对象为

$$G(s)=\frac{400}{s^2+50s}$$

采样时间为1ms，通过加零阶保持器进行z变化，得到广义对象$G(z)$，由此得到对象的差分方程为

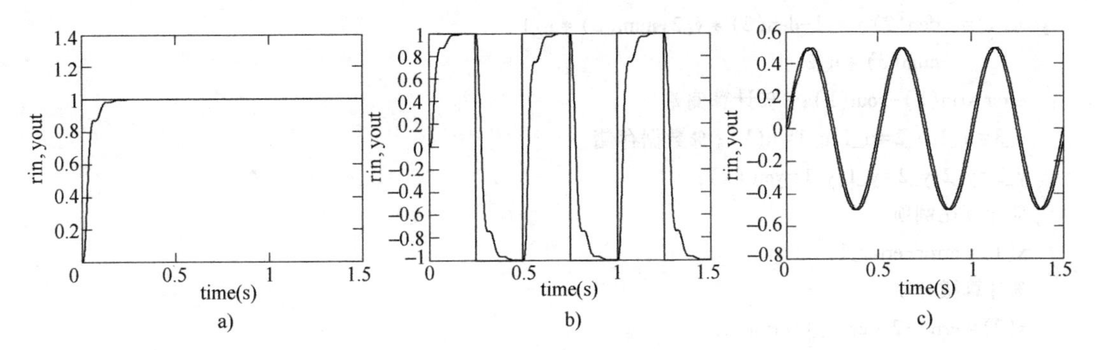

图 4-9　例 4-3 仿真结果

a）输入为阶跃信号的响应曲线　b）输入为方波信号的响应曲线　c）输入为正弦信号的响应曲线

$$y(k) = 1.9512y(k-1) - 0.9512y(k-2) + 1.967 \times 10^{-4}u(k-1) + 1.935 \times 10^{-4}u(k-2)$$

增量式 PID 控制器的参数分别为：$k_P=8$，$k_I=0.10$，$k_D=10$。

仿真程序如下：

```
clear all;
close all;
ts=0.001;  %采样周期
sys=tf(400,[1,50,0]);
dsys=c2d(sys,ts,'z');
[num,den]=tfdata(dsys,'v');
u_1=0.0;u_2=0.0;u_3=0.0;
y_1=0;y_2=0;y_3=0;
x=[0,0,0]';
error_1=0;
error_2=0;
for k=1:1:1000  %仿真时间,即模拟运行时间
  time(k)=k*ts;
  rin(k)=1.0;  %输入为单位阶跃信号
  kp=8;
  ki=0.10;
  kd=10;
  du(k)=kp*x(1)+kd*x(2)+ki*x(3);
  u (k)=u_1+du(k);
   if u(k)>=10        %控制量计算值遇上限
     u(k)=10;         %取上限值
  end
  if u(k)<=-10  %控制量计算值遇下限
    u(k)=-10;  %取下限值
  end
%计算对象的输出值,即模拟采样值
```

```
yout(k)=-den(2)*y_1-den(3)*y_2+num(2)*u_1
         +num(3)*u_2;
  error=rin(k)-yout(k);  %计算偏差
  u_3=u_2;u_2=u_1;u_1=u(k); %数据存储
  y_3=y_2;y_2=y_1;y_1=yout(k);
  %计算比例项
  x(1)=error-error_1;
  %计算微分项
  x(2)=error-2*error_1+error_2;
  %计算积分项
  x(3)=error;
%偏差数据移动、存储
  error_2=error_1;
  error_1=error;
end
plot(time,rin,'b',time,yout,'r');
xlabel('time(s)');ylabel('rin,yout');
```

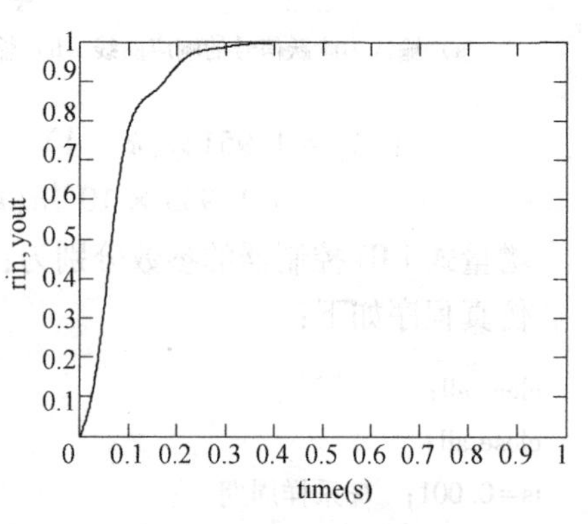

图4-10 例4-4仿真结果

仿真结果如图4-10所示。由图可见，参考输入为阶跃信号，只要增量式PID控制器的参数设置合适，系统输出能较好地跟踪给定输入。

5. 数字PID控制算法的改进

上述位置式PID控制算法以及增量式PID控制算法均属于标准的数字PID控制算法。在实际应用中，一方面由于被控对象以及具体应用情况不同，需要对算法进行适当改进，以改善系统品质、性能，满足不同控制系统或不同实际情况的需要；另一方面，由于采用计算机控制后，软件编制的控制算法具有很大的灵活性，我们可以根据需要进行修改，实现模拟PID控制器中无法很好解决的问题。比如，应用数字PID控制算法时常会产生“饱和效应”问题，下面将重点讲述该问题。

在实际系统的运动过程中，由于受到执行机构机械和物理性能的约束，控制量通常被限制在有限的范围内，如受到最小下限值和最大上限值的约束，即

$$u_{\min} \leqslant u \leqslant u_{\max} \tag{4-12}$$

或者其变化率只能在一定的范围内

$$\left|\frac{\mathrm{d}u}{\mathrm{d}t}\right| \leqslant a \tag{4-13}$$

为此定义了数字PID控制的“饱和”作用，即所谓的“饱和效应”，其定义为：若控制算法的计算结果（即控制量）超出了上述系统实际允许的控制范围或变化范围，那么实际执行的控制量不再是计算值，系统由此将引起不期望的效果。

在位置式PID控制算法中存在偏差的累积项（主要是由积分项提供的），当偏差较大时，例如在给定值发生突变时（即由一种给定值变化到另一种给定值时），偏差就很大，由于累积作用，可能会导致计算值超出了系统实际允许的控制范围而造成饱和效应，这类主要

由位置式 PID 控制算法中的积分项引起的饱和称为积分饱和。“饱和”作用将对系统产生不良的影响，可具体分析如下：若系统的给定值由较小值突变到较大值时，系统产生较大的正偏差，若式（4-7）计算的控制量超出了限制范围，即 $u>u_{max}$，那么实际控制量只能取限制范围的上界值 u_{max}，而不是计算值。此时，系统输出 y 虽然不断上升，但由于控制量受到限制，其增长要比没有限制时慢，实际的偏差将比正常情况下持续更长的时间保持在正值，使积分项不断积累并产生较大的累积值。当输出 y 超出给定值后，开始出现负偏差，虽然此时积分项的累积值开始往小的方向变化，但由于该累积值原来就较大，还需要经过相当一段时间后才能变小，才能使算法计算获得的控制量脱离饱和区［超出了式（4-12）和式（4-13）允许的范围］，在这段时间里系统继续获得控制量的上界值 u_{max}。而理想的情况是应提供较小的控制量，这样的控制作用结果将使系统输出 y 产生明显的超调。

在增量式 PID 控制算法中，由于比例系数和微分项系数 T_D/T 较大（一般情况下积分项系数 T/T_I 的值要小得多），当偏差较大时（特别在给定值发生跃变时容易产生），由算法的比例和微分部分计算出的控制增量可能比较大，也可能会导致计算值超出系统实际允许的范围而造成饱和效应。该饱和效应对系统的影响不是超调，而是减慢动态过程。

下面介绍几种数字 PID 控制算法的改进方法，主要是为了克服上述饱和作用的不良影响，其中的“遇限削弱积分法”“积分分离法”“变速积分 PID 算法”“有效偏差法”主要是克服积分项产生的“饱和”问题，“不完全微分 PID 法”“积分补偿法”主要是克服微分项产生的“饱和”问题。

（1）遇限削弱积分法

顾名思义，当控制量进入到饱和区、受到限制时，控制算法将只执行削弱积分项的运算，停止增大积分项的运算。即在计算控制量 $u(k)$ 时，将判断上一时刻的控制量 $u(k-1)$ 是否已超出了限制范围，若超出，将根据偏差的符号判断是否将相应的偏差计入积分项。该修正算法如图 4-11 所示。

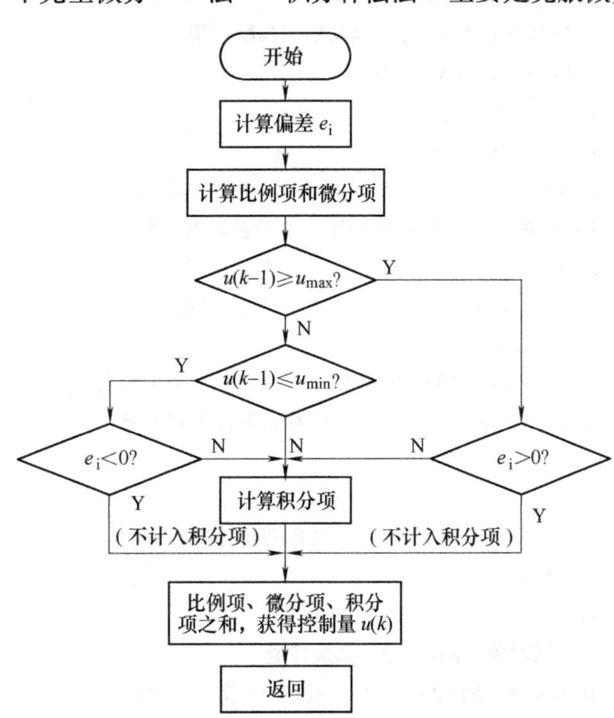

图 4-11　采用遇限削弱积分的位置式 PID 控制算法流程

具体来说，若 $u(k-1)\geq u_{max}$，说明计算的控制量超出了上限，这时判断偏差 e_i 是否为正偏差，是则不将其计入积分项，避免计算的控制量越来越大；不是则将负偏差累加到积分项，减小计算的控制量，使其早日脱离饱和区。若 $u(k-1)\leq u_{min}$，这时判断偏差 e_i 是否为负偏差，是则不将其计入积分项，避免计算的控制量越来越小；不是则将正偏差累加到积分项，增加计算的控制量，使其早日脱离饱和区。这种算法可避免控制量长时间停留在饱和区。

例 4-5 被控对象为

$$G_0(s)=\frac{523500}{s^3+87.35s^2+10470s}$$

采样周期为1ms，给定信号为阶跃信号 $r=30$。分别采用遇限削弱积分法和标准位置式 PID 算法进行控制仿真。

说明：仿真程序中，M 取不同的值，表示使用不同的 PID 控制算法，M=1 表示采用遇限削弱积分法，M=2 表示采用标准位置式 PID 控制。

仿真程序如下：

```
clear all;
close all;
ts=0.001;
%被控对象传递函数
sys=tf(5.235e005,[1,87.35,1.047e004,0]);
%加零阶保持器离散化
dsys=c2d(sys,ts,'z');
[num,den]=tfdata(dsys,'v');
u_1=0.0;u_2=0.0;u_3=0.0;   %赋初值
y_1=0;y_2=0;y_3=0;
x=[0,0,0]';
error_1=0;
um=6;                       %控制量限值
kp=0.85;ki=9.0;kd=0.0;      %控制器参数
rin=30;                     %阶跃输入
for k=1:1:800               %仿真时间
time(k)=k*ts;
u(k)=kp*x(1)+kd*x(2)+ki*x(3);   % PID 控制式
if u(k)>=um             %判断是否遇到上限
  u(k)=um;
end
if u(k)<=-um            %判断是否遇到下限
  u(k)=-um;
end
%计算对象输出值,即模拟采样值
yout(k)=-den(2)*y_1-den(3)*y_2-den(4)*y_3
        +num(2)*u_1+num(3)*u_2+num(4)*u_3;
error(k)=rin-yout(k);   %计算偏差值
M=2;
if M==1        %采用遇限削弱积分法
if u(k)>=um
```

```
    if error(k)>0
       alpha=0;
    else
       alpha=1;
    end
elseif u(k)<=-um
    if error(k)>0
       alpha=1;
    else
       alpha=0;
    end
else
       alpha=1;
end
elseif M==2   %采用标准位置式 PID 控制
       alpha=1;
end
%数据移位、存储
u_3=u_2;u_2=u_1;u_1=u(k);
y_3=y_2;y_2=y_1;y_1=yout(k);
error_1=error(k);
x(1)=error(k);                        % 计算比例项
x(2)=(error(k)-error_1)/ts;           % 计算微分项
x(3)=x(3)+alpha * error(k) * ts;      % 计算积分项
xi(k)=x(3);
end
figure(1);
subplot(311);
plot(time,rin,'b',time,yout,'r');
xlabel('time(s)');ylabel('Position tracking');
subplot(312);
plot(time,u,'r');
xlabel('time(s)');ylabel('Controller output');
subplot(313);
plot(time,xi,'r');
xlabel('time(s)');ylabel('Integration');
```

图 4-12 为标准位置式 PID 控制的仿真结果。由图可见，由于积分引起的饱和作用，使得系统产生了较大的超调量。图 4-13 是采用遇限削弱积分法的仿真结果，由图可见，采用该法后可避免控制量长时间停留在饱和区，避免系统产生较大的超调量。

（2）积分分离法

积分分离法的基本思想是：当系统输出与给定值的偏差较大时，取消积分作用，以免由于积分作用过大使系统超调量太大并使其稳定性下降；当系统输出与给定值接近时，引入积分项，以便消除静差，提高控制精度。

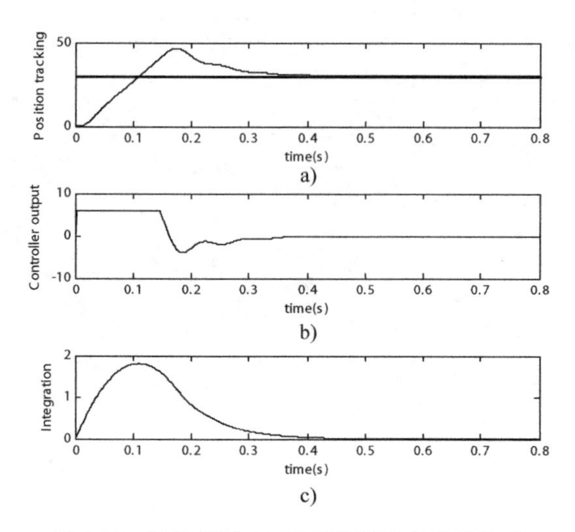

图 4-12　标准位置式 PID 控制算法的仿真结果
a）输出响应曲线　b）控制量　c）积分项

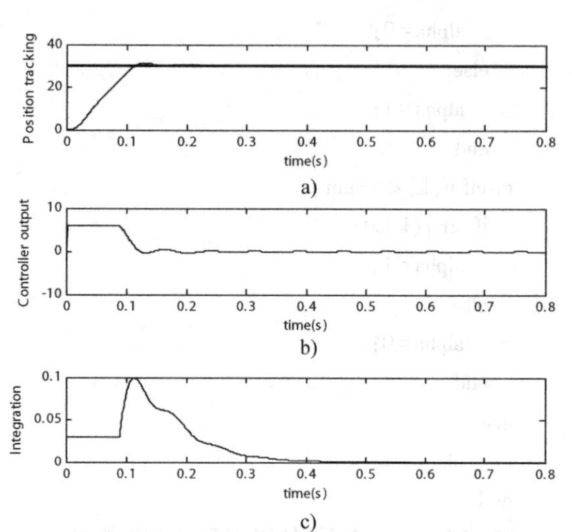

图 4-13　遇限削弱积分法的仿真结果
a）输出响应曲线　b）控制量　c）积分项

积分分离法的具体实现步骤如下：

1）根据实际情况，人为设定一个阈值 $\varepsilon>0$。

2）设逻辑系数

$$\beta=\begin{cases}1 & |e(k)|\leqslant\varepsilon \\ 0 & |e(k)|>\varepsilon\end{cases} \tag{4-14}$$

3）将位置式 PID 控制算式改进为

$$u(k)=K_{\mathrm{P}}\left[e(k)+\beta\frac{T}{T_{\mathrm{I}}}\sum_{j=0}^{k}e(j)+\frac{T_{\mathrm{D}}}{T}(e(k)-e(k-1))\right] \tag{4-15}$$

上式表明，当 $|e(k)|>\varepsilon$，即偏差较大时，取消积分作用，采用 PD 控制，可避免产生过大的超调，又使系统有较快的响应；当 $|e(k)|\leqslant\varepsilon$，即偏差较小时，引入积分项，采用 PID 控制，可以消除静差，以保证系统的控制精度。积分分离法的程序流程图如图 4-14 所示。

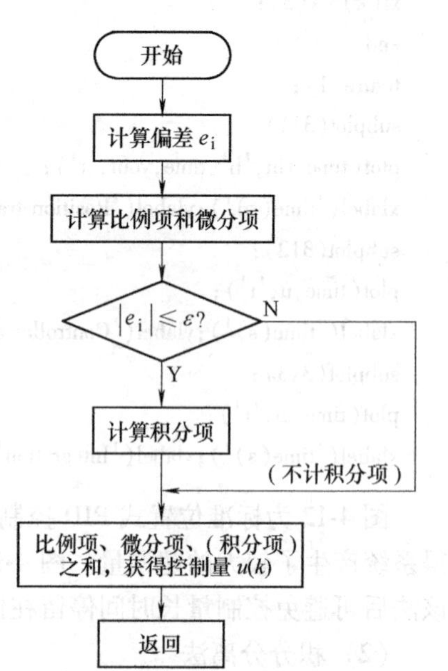

图 4-14　积分分离法的位置式 PID 控制算法程序流程

还可根据具体情况，设置多个阈值，采用分段积分分离法，有利于系统的快速调节。如设置三个阈值，式（4-14）变化为式（4-16），即

$$\beta=\begin{cases}1 & |e(k)|\leqslant\varepsilon_3 \\ B & \varepsilon_3<|e(k)|\leqslant\varepsilon_2 \\ A & \varepsilon_2<|e(k)|\leqslant\varepsilon_1 \\ 0 & |e(k)|>\varepsilon_1\end{cases} \tag{4-16}$$

式中，A、B 为根据具体情况设定的常数（$1>B>A>0$）；ε_1、ε_2、ε_3 为设置的三个阈值常数（$\varepsilon_1>\varepsilon_2>\varepsilon_3>0$）。

例 4-6 被控对象为具有纯滞后时间的系统

$$G_0(s)=\frac{e^{-80s}}{60s+1}$$

采样周期为20s；系统滞后时间为80s，为四倍的采样周期时间；PID的三个控制参数为：$K_P=0.80$，$K_I=0.005$，$K_D=3.0$。

说明：仿真程序中，M取不同的值，表示使用不同的PID控制算法，M=1表示采用分段积分分离法PID控制，M=2表示采用标准位置式PID控制。分段积分分离法的β取值分别为0、0.3、0.6、0.9、1。

仿真程序如下：

```
clear all;
close all;
ts=20;
sys=tf([1],[60,1],'inputdelay',80); %时滞对象
dsys=c2d(sys,ts,'zoh');
[num,den]=tfdata(dsys,'v');
u_1=0;u_2=0;u_3=0;u_4=0;u_5=0;
y_1=0;y_2=0;y_3=0;
error_1=0;error_2=0;
ei=0;
for k=1:1:200
time(k)=k*ts;
yout(k)=-den(2)*y_1+num(2)*u_5;
rin(k)=40;                    %阶跃信号
error(k)=rin(k)-yout(k);
ei=ei+error(k)*ts;
M=1;
if M==1              %分段积分分离法PID控制
    if abs(error(k))>40
       beta=0;
  elseif abs(error(k))>=30&abs(error(k))<=40
       beta=0.3;
  elseif abs(error(k))>=20&abs(error(k))<=30
       beta=0.6;
  elseif abs(error(k))>=10&abs(error(k))<=20
       beta=0.9;
  else
       beta=1.0;
  end
elseif M==2
       beta=1.0;     %标准位置式PID控制
end
```

```
kp=0.80; ki=0.005; kd=3.0;
u(k)=kp * error(k)+kd * (error(k)-error_1)/ts
      +beta * ki * ei;
if u(k)>=110          %控制量遇限判断
  u(k)=110;
end
if u(k)<=-110
  u(k)=-110;
end
u_5=u_4;u_4=u_3;u_3=u_2;u_2=u_1;u_1=u(k);
y_3=y_2;y_2=y_1;y_1=yout(k);
error_2=error_1;
error_1=error(k);
end
figure(1);
plot(time,rin,'k',time,yout,'k');
xlabel('time(s)');ylabel('rin,yout');
figure(2);
plot(time,u,'r');
xlabel('time(s)');ylabel('u');
```

图4-15为标准位置式PID控制的仿真结果。由图可见，系统输出响应的过渡过程时间比较长，即动态性能不理想。图4-16为分段积分分离法PID控制的仿真结果，由图可见，系统输出响应的过渡过程比较平滑，能够较快地结束这一过程，有较好的动态性能。

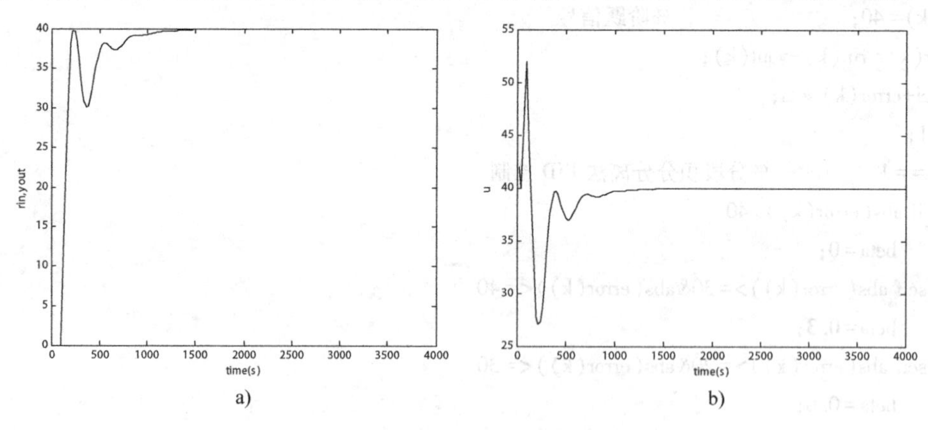

图4-15 标准位置式PID控制的仿真结果
a）系统响应曲线 b）控制量变化曲线

（3）变速积分PID算法

变速积分PID算法的基本思想是改变积分项的累加速度，使其与偏差的大小相对应，即偏差越大，积分项累加的速度越慢；反之，偏差越小时，积分项累加的速度越快。上述“积分分离法”是它的特例。变速积分PID算法的具体算式如下：

设置一系数$f[e(k)]$，它是$e(k)$的函数

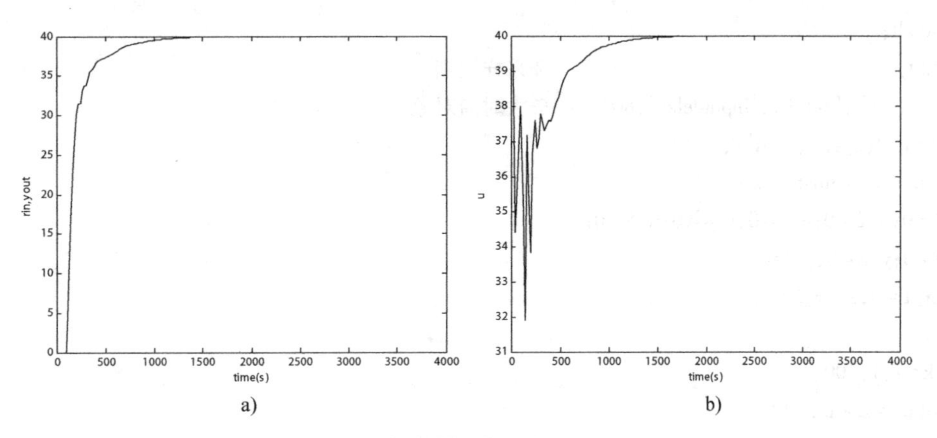

a)　　　　b)

图 4-16　分段积分分离法 PID 控制结果

a）系统响应曲线　b）控制量变化曲线

$$f[e(k)]=\begin{cases}1 & |e(k)|\leqslant B\\ \dfrac{A-|e(k)|+B}{A} & B<|e(k)|\leqslant (A+B)\\ 0 & |e(k)|>(A+B)\end{cases} \tag{4-17}$$

式中，A、B 是设定的两个正的阈值常数。

$f[e(k)]$ 在 [0，1] 之间变化。当偏差 $e(k)$ 增大时，$f[e(k)]$ 减小，反之增加。

变速积分 PID 算法如下：

$$u(k)=K_{\mathrm{P}}\left\{e(k)+\frac{T}{T_{\mathrm{I}}}\left\{\sum_{j=0}^{k-1}e(j)+f[e(k)]e(k)\right\}+\frac{T_{\mathrm{D}}}{T}[(e(k)-e(k-1)]\right\} \tag{4-18}$$

由上式知：当偏差很大时，$f[e(k)]$ 取为 0，本次偏差 $e(k)$ 不累积，即本次偏差 $e(k)$ 的积分作用减弱至无；当偏差较大时，$f[e(k)]$ 在[0，1] 之间，对本次偏差 $e(k)$ 进行部分累积，本次偏差 $e(k)$ 产生部分积分作用；当偏差较小时，$f[e(k)]$ 取为 1，完全将本次偏差 $e(k)$ 进行累积，实现完全积分。

显然，变速积分 PID 算法实现了按偏差的比例调节其积分作用，既可以消除由于偏差大而引起的积分饱和作用，减少超调，改善系统的调节品质；也可以应用积分来消除稳态静差；另外，还可以改善系统的动态品质。

式（4-18）变化为

$$u(k)=K_{\mathrm{P}}e(k)+K_{\mathrm{I}}T\left\{\sum_{j=0}^{K-1}e(j)+f[e(k)]e(k)\right\}+\frac{K_{\mathrm{D}}}{T}[(e(k)-e(k-1)] \tag{4-19}$$

这样，我们就可以用式（4-19）编制仿真程序了。

例 4-7　考虑上例的对象，PID 控制器的参数分别为：$K_{\mathrm{P}}=0.45$，$K_{\mathrm{I}}=0.0048$，$K_{\mathrm{D}}=12$，$A=0.4$，$B=0.6$。

说明：仿真程序中，M 取不同的值，表示使用不同的 PID 控制算法，M=1 表示采用变速积分法 PID 控制，M=2 表示采用标准位置式 PID 控制。

仿真程序如下：

```
clear all;
```

```
close all;
ts=20;                                          %采样周期
sys=tf([1],[60,1],'inputdelay',80);             %大时滞对象
dsys=c2d(sys,ts,'zoh');
[num,den]=tfdata(dsys,'v');
u_1=0;u_2=0;u_3=0;u_4=0;u_5=0;
y_1=0;y_2=0;y_3=0;
error_1=0;error_2=0;
ei=0;
for k=1:1:200
time(k)=k*ts;
rin(k)=1.0;                                     %单位阶跃信号
%对象的差分方程
yout(k)=-den(2)*y_1+num(2)*u_5;
error(k)=rin(k)-yout(k);        %偏差
kp=0.45;kd=12;ki=0.0048;    %PID 控制参数
A=0.4;B=0.6;
ei=ei+error_1;        %计算 k-1 时刻之前的偏差累加
M=1;
if M==1           %变速积分法 PID 控制
if abs(error(k))<=B
   f(k)=1;
elseif abs(error(k))>B&abs(error(k))<=A+B
   f(k)=(A-abs(error(k))+B)/A;
else
   f(k)=0;
end
elseif M==2         %标准位置式 PID 控制
   f(k)=1;
end
%用式(4-19)计算控制量
u(k)=kp*error(k)+kd*(error(k)-error_1)/ts
        +ki*(ei+f(k)*error(k))*ts;
if u(k)>=10
   u(k)=10;
end
if u(k)<=-10
   u(k)=-10;
end
%Return of PID parameters
u_5=u_4;u_4=u_3;u_3=u_2;u_2=u_1;u_1=u(k);
y_3=y_2;y_2=y_1;y_1=yout(k);
error_2=error_1;
```

```
error_1 = error(k);
end
figure(1);
plot(time,rin,'k',time,yout,'k');
xlabel('time(s)');ylabel('rin,yout');
figure(2);
plot(time,f,'k');
xlabel('time(s)');ylabel('Integration rate f');
```

图 4-17 为标准位置式 PID 控制的仿真结果。由图可见，系统输出响应的过渡过程时间比较长，即动态性能不够理想。图 4-18 为变速积分法 PID 控制的仿真结果。由图可见，系统输出响应的过渡过程比较平滑，能够较快地结束这一过程，有较好的动态性能。

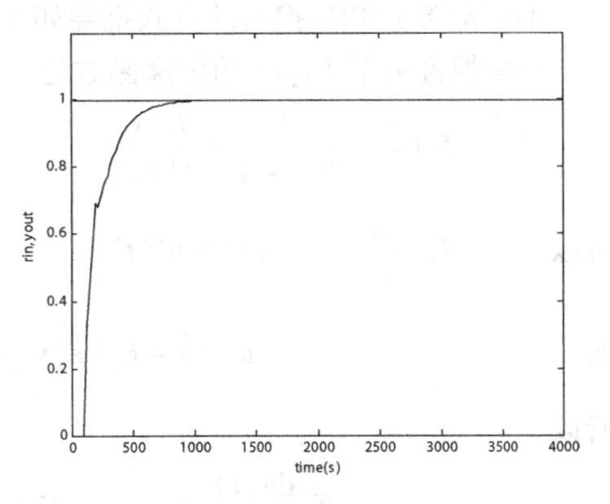

图 4-17　标准位置式 PID 控制的仿真结果

（4）不完全微分 PID 法

所谓不完全微分 PID，是指在典型的 PID 控制器的输出端串联一阶惯性环节（例如低通滤波器），如图 4-19 所示。

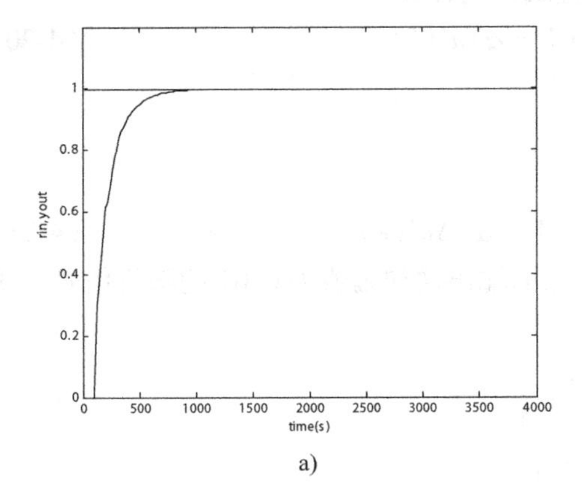

a)

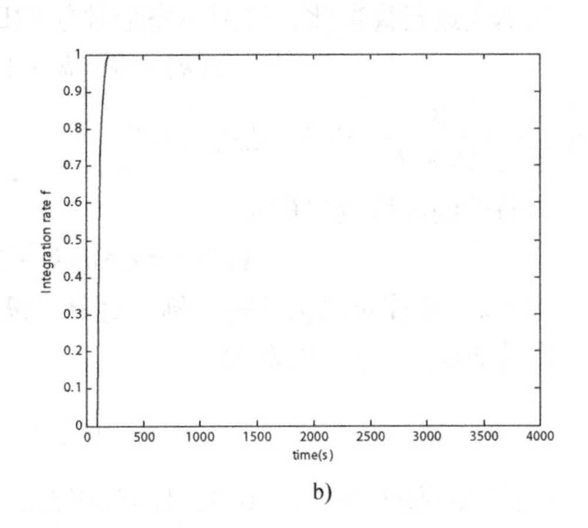

b)

图 4-18　变速积分 PID 控制的仿真结果

a）系统响应曲线　b）积分变速参数变化曲线

采用不完全微分 PID 的主要原因是：①由上述微分环节所起的作用可知，该环节的引入可改善系统的动态性能，但对于具有高频扰动的生产过程，由于微分作用响应过于灵敏，容易引起控制过程振荡，反而会降低控制品质。引入低通滤波器后可以抑制高频干扰。②对于理想数字 PID 控制，每次的循环周期中，微分的作用只能维持一个采样周期，如图 4-20a 所示。但驱动执行器动作通常需要足够长的时间，一般来说在一个采样周期的时间内微分的作用是不足以驱动执行器的，相当于微分没有产生实际作用。另一方面，如果这个相当于瞬间起的作用

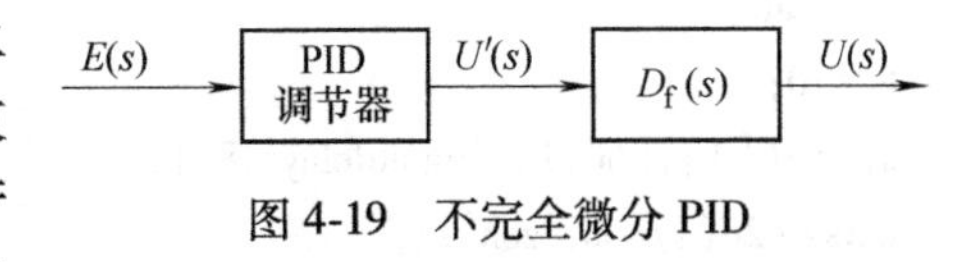

图 4-19　不完全微分 PID

很强，能对执行器起驱动作用，但可能会造成饱和效应，系统产生溢出现象。引入低通滤波器后可以平滑控制器的输出，能使微分的作用延长一段时间，使之在实际系统中能真正起到作用，而且还能使数字控制器的微分作用在每个采样周期内均匀地输出，避免出现饱和现象，改善系统性能。如图4-20b所示。

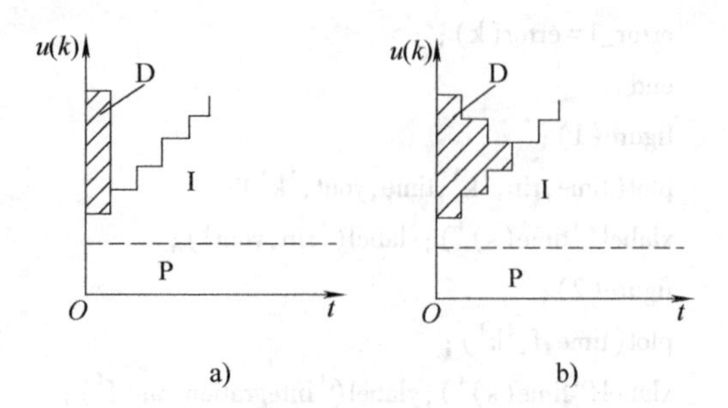

图4-20　典型数字PID与不完全微分PID的微分作用比较

a）典型数字PID控制量变化

b）不完全微分PID控制量变化

不完全微分PID控制的算式推导如下：

一阶惯性环节 $D_f(s)$ 的传递函数为

$$D_f(s)=\frac{1}{T_f s+1}=\frac{U(s)}{U'(s)}$$

所以

$$T_f\frac{du(t)}{dt}+u(t)=u'(t)$$

而

$$u'(t)=K_P\left[e(t)+\frac{1}{T_I}\int_0^t e(t)dt+T_D\frac{de(t)}{dt}\right]$$

所以

$$T_f\frac{du(t)}{dt}+u(t)=K_P\left[e(t)+\frac{1}{T_I}\int_0^t e(t)dt+T_D\frac{de(t)}{dt}\right]$$

对上式进行离散化，得到不完全微分PID位置式控制算式

$$u(k)=\alpha u(k-1)+(1-\alpha)u'(k) \tag{4-20}$$

式中，$\alpha=\frac{T}{T_f+T}$；$u'(k)$ 见式（4-7）。

容易得到其增量式算式

$$\Delta u(k)=\alpha\Delta u(k-1)+(1-\alpha)\Delta u'(k) \tag{4-21}$$

例4-8　被控对象仍然是上例的对象，设在对象的输出增加幅值为0.01的随机信号，采样时间为20s。低通滤波器为

$$D_f(s)=\frac{1}{180s+1}$$

PID控制器的参数为：$k_P=0.3$，$k_I=0.0055$，$k_D=2.1$。

仿真程序如下：

```
clear all;
close all;
ts=20;
sys=tf([1],[60,1],'inputdelay',80);
dsys=c2d(sys,ts,'zoh');
[num,den]=tfdata(dsys,'v');
u_1=0;u_2=0;u_3=0;u_4=0;u_5=0;
ud_1=0;
y_1=0;y_2=0;y_3=0;
error_1=0;
```

```
ei=0;
for k=1:1:100
time(k)=k*ts;
rin(k)=1.0;
yout(k)=-den(2)*y_1+num(2)*u_5;
D(k)=0.01*rands(1);                     %随机扰动
yout(k)=yout(k)+D(k);                   %系统输出
error(k)=rin(k)-yout(k);
%不完全微分 PID 控制器
ei=ei+error(k)*ts;
kc=0.30;
ki=0.0055;
TD=140;
kd=kc*TD/ts;
Tf=180;
Q=tf([1],[Tf,1]);                   %低通滤波器
M=1;
if M==1                             %不完全微分 PID
    alfa=Tf/(ts+Tf);
ud(k)=kd*(1-alfa)*(error(k)-error_1)+alfa*ud_1;
    u(k)=kc*error(k)+ud(k)+ki*ei;
    ud_1=ud(k);
elseif M==2                         %常规 PID
   u(k)=kc*error(k)+kd*(error(k)-error_1)+ki*ei;
end
%计算的控制量遇限
if u(k)>=10
  u(k)=10;
end
if u(k)<=-10
  u(k)=-10;
end
u_5=u_4;u_4=u_3;u_3=u_2;u_2=u_1;u_1=u(k);
y_3=y_2;y_2=y_1;y_1=yout(k);
error_1=error(k);
end
figure(1);
plot(time,rin,'b',time,yout,'r');
xlabel('time(s)');ylabel('rin,yout');
figure(2);
plot(time,u,'r');
xlabel('time(s)');ylabel('u');
figure(3);
```

```
plot(time,rin-yout,'r');
xlabel('time(s)');ylabel('error');
figure(4);
bode(Q,'r');
dcgain(Q);
```

图4-21为标准位置式PID控制的仿真结果。由图可见，系统受随机干扰信号的影响较严重，无论是系统响应还是控制量波动都较大。图4-22为不完全微分PID控制的仿真结果。由图可见，系统输出响应的过渡过程比较平滑，控制量变化也较平稳，说明对干扰有较好的抑制。

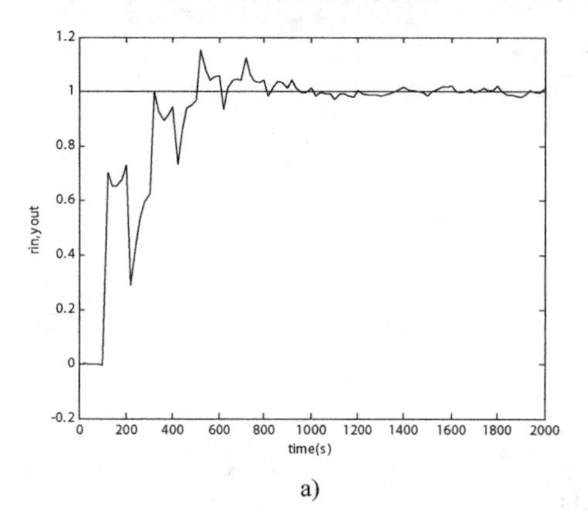

a)

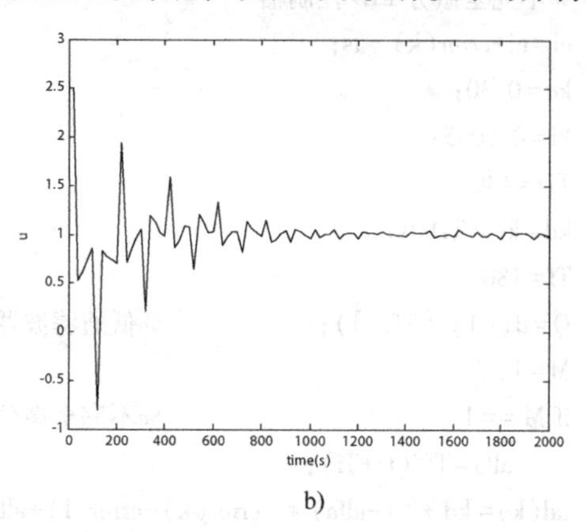

b)

图4-21　标准位置式PID控制仿真结果

a）系统响应曲线　b）PID控制量变化

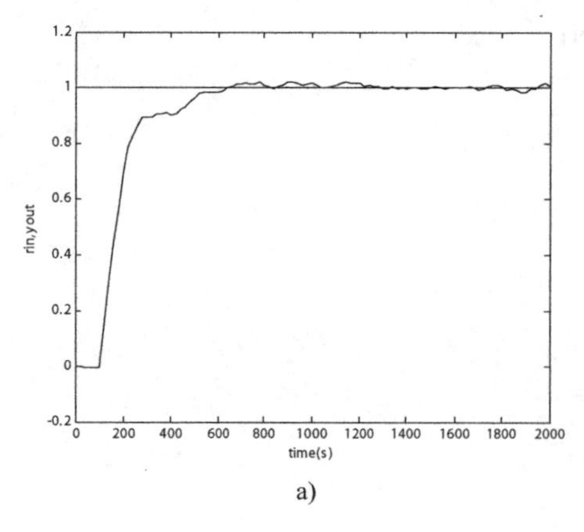

a)

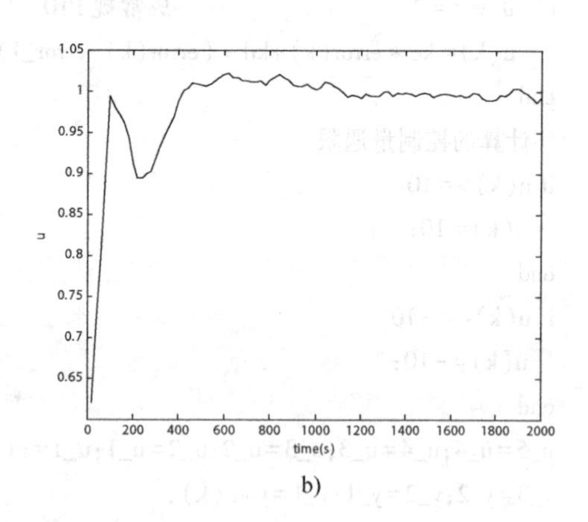

b)

图4-22　不完全微分PID控制仿真结果

a）系统响应曲线　b）PID控制量变化

（5）有效偏差法

当位置式PID控制算式计算出的控制量超出了限制范围时，控制量实际只能取边界值。有效偏差法就是将这一实际控制量对应的偏差值作为有效偏差计入积分累积，而不是将实际偏差值计入积分累积。有效偏差可由式（4-7）逆推计算出来，例如，$u(k)=u_{max}$，其对应的有效偏差为

$$e_{\max}=\frac{\frac{1}{K_{P}}u_{\max}-\frac{T}{T_{I}}\sum_{j=0}^{k-1}e(j)+\frac{T_{D}}{T}e(k-1)}{1+\frac{T}{T_{I}}+\frac{T_{D}}{T}} \tag{4-22}$$

将该有效偏差代入到式（4-7）计算，而不是实际测量的偏差。

（6）积分补偿法

上述PID改进方法主要是针对位置式PID控制算法，对于增量式PID控制算法的饱和作用，可采用该方法加以抑制。

“积分补偿法”的基本思想是：当控制量进入饱和区时，将那些因为饱和而未能执行的控制增量积累起来，一旦控制量脱离了饱和区，将这些积累起来的控制增量全部或部分加到计算出来的控制量上，以补偿此前由于受到限制而未能执行的控制增量。需特别说明，未能执行的控制增量是指产生“饱和”时计算出来的控制量与系统实际允许的上限或下限控制量的差值。

使用“积分补偿法”虽然可以抑制比例和微分产生的饱和效应，但由于引入的累加器具有积分作用，使得增量式算法中也可能出现积分饱和现象。为了抑制它，在每次计算积分项时，还应判断其符号是否将继续增大累加器的积累，如果增大，则将积分项略去，避免累加器的数值积累过大，从而避免积分饱和现象。

4.2.3 PID控制算法参数的整定方法

数字PID控制主要包括的控制参数有比例系数 k_P、积分时间常数 T_I（或者积分常数 k_I）、微分时间常数 T_D（或者微分常数 k_D）以及采样周期 T。数字PID控制的控制参数整定一般要根据被控过程（对象）的特性、采样周期的大小以及工程问题的具体要求来考虑。由于计算机控制系统的采样周期足够小，数字PID控制为“准连续”PID控制，其控制参数的整定可按模拟PID控制的方法来选择。

在选择控制参数前，首先要确定PID控制器的结构，在此基础上，再进行PID控制器参数整定。一般来说，可以用理论方法，也可通过实验来获得这些参数。使用理论方法的前提是要有被控对象的准确模型，这在工业过程中一般较难做到。即使花了很大力气通过系统辨识获得的模型也只是近似的，加上系统的结构和参数都在随着时间、运行状况不断地变化，在近似模型基础上设计的最优控制器在实际过程中就很难说是最优的。因此，在工程上，PID控制器的参数常常通过实验来确定，或者通过试凑，或者通过实验结合经验公式来确定。具体的方法有试凑法、扩充临界比例度法、扩充响应曲线法。当然，人们通过长期实践，甚至用口诀的形式也总结出PID控制的特性及其控制参数整定的基本规律：

参数整定找最佳，从小到大顺序查；
先是比例后积分，最后再把微分加；
曲线振荡很频繁，比例度盘要放大；
曲线漂浮绕大弯，比例度盘往小扳；
曲线偏离回复慢，积分时间往下降；
曲线波动周期长，积分时间再加长；
曲线振荡频率快，先把微分降下来；

动差大来波动慢，微分时间应加长；
理想曲线两个波，前高后低4比1；
一看二调多分析，调节质量不会低。

1. PID控制器的结构选择

PID控制器的结构可分为P控制器、PI控制器、PD控制器和PID控制器。结构的选择主要是保证控制系统的稳定，并尽可能地消除静差，保证系统的性能。通常情况下，对于有自平衡性的对象，一般选择包括积分环节的控制器，如PI控制器和PID控制器。对无自平衡性的对象或某些有自平衡性的对象，也可选择P控制器或PD控制器，这时系统会产生静差，但如果选择合适的比例系数，可以使系统的静差保持在允许范围内。对于具有纯滞后时间的对象，一般应加入微分环节。例如，液位一般采用P控制器即可，流量、压力采用PI控制器，温度采用PID控制器。

2. 试凑法

试凑法是通过模拟系统运行或观察实际系统闭环运行的响应曲线（例如阶跃响应），根据各控制参数对系统响应的大致影响，不断地调整参数，反复试凑，以达到满意的响应，从而确定PID控制参数。为此，在确定参数之前，必须要了解各参数对系统的作用效果。上小节已有论述，这里再总结如下：增大比例系数 k_P，一般将加快系统的响应速度，并且在系统有静差的情况下有利于减小静差；但过大的比例系数会使系统有较大的超调，并产生振荡，使稳定性变坏。增大积分时间 T_I 有利于减小超调，减小振荡，使系统更加稳定。但系统调节时间变长，静差的消除将随之减慢。增大微分时间 T_D，也有利于加快系统响应，使超调量减小，稳定性增加，但系统对扰动的抑制能力减弱，对扰动有较敏感的响应。

试凑法的基本方法是：参考以上参数对控制过程的影响趋势，对参数实行先比例，后积分，再微分的整定步骤。具体步骤如下：

1）首先只整定比例部分。将比例系数 k_P 由小变大，观察系统响应的变化情况，直至得到反应快、超调小的响应曲线。如果系统没有静差或静差小到允许的范围内，那么只需要比例控制器即可满足要求。

2）整定积分时间常数。在比例控制下系统的静差不能满足设计要求时，则需要采用积分环节来消除静差。整定时，首先置积分时间 T_I 为一较大值，并将经第一步整定得到的比例系数略为缩小（如缩小为原值的0.8倍），观察系统响应的情况，然后根据观察的情况来减小积分时间常数，同时比例系数也可能缩小，使系统消除静差的同时能够获得良好的动态性能。在此过程中，可根据响应曲线的好坏反复改变比例系数与积分时间常数，以期得到满意的控制过程与整定参数。

3）整定微分时间常数。若使用比例积分控制器消除了静差，但动态过程经反复调整仍不能满意（主要是响应速度达不到要求），则可加入微分环节，构成PID控制器。整定时，先置一较小的微分时间常数，同时比例系数略为减小、积分时间常数略为增大，观察系统响应的情况。然后加大微分时间常数，比例系数、积分时间常数相应调整。反复调整，直至获得满意的控制过程和整定参数。

实际上，PID控制器的参数对控制品质的影响不十分敏感，系统并不因为某一参数或若干个参数微小的调整，而使系统控制过程受到很大影响，因而在整定中参数的选定并不是唯一的。事实上，在比例、积分、微分三部分产生的控制作用中，某部分作用的减小往往可由其他部分作用的增大来补偿。因此，用不同的整定参数（不同的参数组合）完全有可能得到同样的控制效果。从应用的角度看，只要被控过程主要性能指标已达到设计要求，那么即可选定相应的控制参数为有效的控制参数。表 4-1 给出一些常见被控对象的 PID 控制器参数选择范围。

表 4-1　常见被控对象的 PID 控制器参数选择范围

被控对象	特点	比例系数	积分时间常数	微分时间常数
液位	在允许有静差时，可只要比例	1.25~5		
流量	对象的时间常数小，并有噪声	1~2.5	0.1~1	
压力	为容量系统，滞后不大，不要微分	1.4~3.5	0.4~3	
温度	多容系统，有较大的滞后，常用微分	1.6~5	3~10	0.5~3

3. 扩充临界比例度法

用试凑法确定 PID 控制参数，需要进行较多的模拟或现场试验。为了减少试凑次数，可利用人们在选择 PID 控制参数时已取得的经验，并根据一定的要求事先做一些实验，以得到若干基准参数。然后按照经验公式，由这些基准参数计算出 PID 控制参数，这就是实验经验法，也是通常所说的简易工程整定法。扩充临界比例度法和扩充响应曲线法均属于这种方法。

该方法适用于有自平衡性的被控对象，是对模拟控制器中使用的临界比例度法的扩充。具体步骤如下：

1）选择一个足够小的采样周期，通常小于被控对象纯滞后时间的十分之一。

2）将控制器选为纯比例控制器，形成闭环系统，运行系统。然后逐渐增大比例系数（减小比例度 $\delta=1/K_P$），使系统对阶跃输入的响应达到临界振荡状态（稳定边缘）。将这时的比例系数记为 K_r（临界比例系数，临界比例度 $\delta_r=1/K_r$），临界振荡的周期记为 T_r。

3）选择控制度。所谓控制度，就是以模拟调节为基准，将数字控制效果与其相比。控制效果的评价函数通常采用误差平方积分，即

$$\text{控制度}=\frac{\left[\int_0^{\infty} e^2(t)\,\mathrm{d}t\right]_{\text{数字}}}{\left[\int_0^{\infty} e^2(t)\,\mathrm{d}t\right]_{\text{模拟}}} \tag{4-23}$$

实际应用时并不需要计算出两个误差平方面积，控制度仅是表示控制效果的物理概念。例如，当控制度为 1.05 时，就可认为数字控制与模拟控制效果相同；当控制度为 2 时，表明数字控制效果是模拟控制效果的 1/2。从提高数字控制系统的品质来说，控制度应该选择小些，但就系统的稳定性看，控制度宜选大些。

4）根据选定的控制度，应用齐格勒-尼柯尔斯（Ziegle-Nichols）提供的经验公式，就可以由实验获得的两个临界值作为基准参数计算出不同类型控制器的参数（见表 4-2）。采样周期也可以应用该公式计算出来。

5）按计算得到的参数运行，观察系统运行效果。如果系统稳定性较差（如有振荡现象），可适当加大控制度，重复步骤 4，直到获得满意的控制效果。

表 4-2 扩充临界比例度法 PID 控制参数计算公式

控制度	控制律	采样周期	比例系数	积分时间常数	微分时间常数
1.05	PI	$0.03T_r$	$0.55\delta_r$	$0.88T_r$	
	PID	$0.014T_r$	$0.63\delta_r$	$0.49T_r$	$0.14T_r$
1.2	PI	$0.05T_r$	$0.49\delta_r$	$0.91T_r$	
	PID	$0.043T_r$	$0.47\delta_r$	$0.47T_r$	$0.16T_r$
1.5	PI	$0.14T_r$	$0.42\delta_r$	$0.99T_r$	
	PID	$0.09T_r$	$0.34\delta_r$	$0.43T_r$	$0.20T_r$
2.0	PI	$0.22T_r$	$0.36\delta_r$	$1.05T_r$	
	PID	$0.16T_r$	$0.27\delta_r$	$0.40T_r$	$0.22T_r$
模拟控制	PI		$0.57\delta_r$	$0.83T_r$	
	PID		$0.70\delta_r$	$0.50T_r$	$0.13T_r$

4. 扩充响应曲线法

在数字控制器参数的整定中也可以采用类似模拟控制器的响应曲线法，称为扩充响应曲线法。应用扩充响应曲线法整定参数的步骤如下：

1）数字控制器不接入控制系统中，让系统处于手动操作状态下，将被调量调节到给定值附近，并使之稳定下来。然后突然改变给定值，给系统一个阶跃输入信号。

2）记录被调量在阶跃输入下的整个变化过程曲线，如图 4-23 所示。

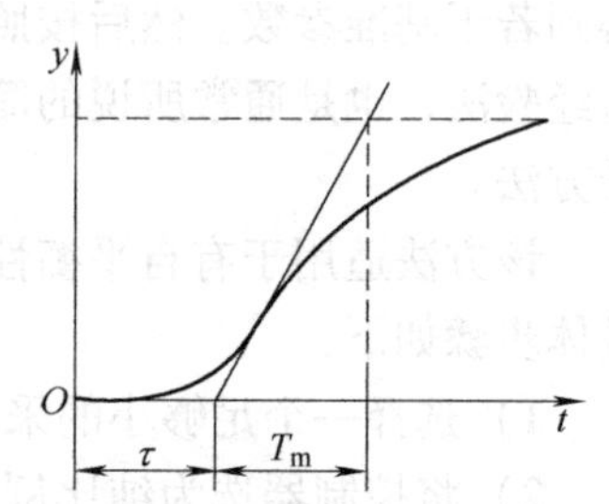

图 4-23 被调量在阶跃输入下的变化过程曲线

3）在曲线最大斜率处做切线，求得滞后时间 τ、被控对象时间常数 T_m 以及它们的比值 T_m/τ。

4）根据选定的控制度，用表 4-3 以及由第 3 步获得的参数计算出数字控制器的参数和采样周期。

表 4-3 扩充响应曲线法 PID 控制参数计算公式

控制度	控制律	采样周期	比例系数	积分时间常数	微分时间常数
1.05	PI	0.1τ	$0.84T_m/\tau$	3.40τ	
	PID	0.05τ	$1.15T_m/\tau$	2.00τ	0.45τ
1.2	PI	0.2τ	$0.73T_m/\tau$	3.60τ	
	PID	0.16τ	$1.00T_m/\tau$	1.90τ	0.55τ
1.5	PI	0.5τ	$0.68T_m/\tau$	3.90τ	
	PID	0.34τ	$0.85T_m/\tau$	1.62τ	0.65τ
2.0	PI	0.8τ	$0.57T_m/\tau$	4.20τ	
	PID	0.6τ	$0.60T_m/\tau$	1.50τ	0.82τ
模拟控制	PI		$0.90T_m/\tau$	3.30τ	
	PID		$1.20T_m/\tau$	2.00τ	0.40τ

这一方法适用于多容量自平衡系统。扩充响应曲线法与扩充临界比例度法比较，其优点在于：系统不需在闭环下运行，只需在开环状态下测得它的阶跃响应曲线。

5. 采样周期的选择

采样周期的选择是十分重要的，它关系到数字 PID 的控制效果，甚至影响到系统的稳定性。数字 PID 控制是建立在用计算机对连续 PID 控制进行数字模拟的基础上的控制，其理想结果是施行一种准连续控制，即数字控制与模拟控制具有相当的效果。为了达到这一目的，要求采样周期与系统时间常数相比要充分的小。一般认为采样周期越小，数字模拟越精确，控制效果就越接近于连续控制。但采样周期的选择是受到多方面因素影响的，下面简要讨论应怎样选择合适的采样周期。

（1）采样周期的选择受香农采样定理的限制

香农采样定理如第 2 章中所描述的那样，为了使采样信号能不失真地复原为模拟信号，对采样频率（其倒数为采样周期）进行了限制，它给出了选择采样周期的上限（最大值）。在此范围内，采样周期越小，就越接近连续控制；采样周期大一些也不会失去信号的主要特征。

（2）根据阶跃响应上升时间来选择

闭环系统的单位阶跃响应上升时间反应系统的响应速度，同时响应的初始阶段，反应了响应的高频成分，所以按上升时间（t_r）选取采样周期就相当于按最小信号周期选择。一般取

$$T = \frac{t_r}{2 \sim 4} \tag{4-24}$$

（3）根据开环截止频率或者闭环频宽来选取

开环截止频率 ω_c是系统开环频域分析中的一个重要指标，是闭环系统响应的快速性在频率域中的描述，定义为对数幅频特性穿过 0dB 线时的角频率。如果 ω_c比较小，则系统的时间响应就慢；如果 ω_c比较大，则系统的时间响应就快。

闭环系统的频带宽度（简称闭环频宽）ω_b定义为闭环频率特性的幅值衰减至 0.707 时的频率，或者闭环对数幅频特性的幅值下降 3dB 所对应的频率。其物理意义为：输入信号中，低于 ω_b的频率分量全部可以从系统的输入端传递到输出端，而高于 ω_b的频率分量将会被不同程度地衰减。闭环频宽 ω_b越宽，所允许通过的频谱分量就越多，系统阶跃响应的上升沿就会越陡峭。

一般情况下，系统的开环截止频率 ω_c的大小就决定了闭环频率特性的频带宽度 ω_b。对于二阶系统以及高阶系统，由于会产生闭环谐振峰值，ω_b一般要大于 ω_c，但是相差不大。估算时，一般可以粗略地认为闭环频宽等于开环截止频率。

采样频率 ω_s要根据被采样的信号频率特性，按一定的精度要求选定。而一个控制系统的闭环代表了要调节信号的频率范围，所以可以根据闭环频宽 ω_b或者开环截止频率 ω_c选择采样频率 ω_s。

根据开环截止频率 ω_c选择采样周期，一般可以按下式计算：

$$T = (0.15 \sim 0.5)\frac{1}{\omega_c} \tag{4-25}$$

根据闭环频宽 ω_b选择采样频率，一般可以按下式计算：

$$\omega_s = (10 \sim 30)\omega_b \tag{4-26}$$

（4）按系统的开环传递函数选取

系统的开环传递函数 $G(s)$ 的一般形式可表示为

$$G(s) = \frac{N(s)}{\prod_{i=1}^{n_1}\left(s + \frac{1}{T_i}\right)\prod_{l=1}^{n_2}\left[\left(s + \frac{1}{\tau_l}\right)^2 + \omega_l^2\right]} \tag{4-27}$$

它对应的权函数 $g(t)$ 的分量为 e^{-t/T_i}、$e^{-t/\tau_l}\sin\omega_l t$。由此可知，要采样的函数是由指数函数和正弦函数构成的，对于正弦函数，其最高频率的周期是

$$\theta_l = \frac{2\pi}{\omega_l}$$

对于指数函数部分，近似取最高频率信号对应的周期。若记 $g(t)$ 的最小周期为 T_m，那么

$$T_m = \min(T_1,\ T_2,\ \cdots,\ T_{n1},\ \tau_1,\ \tau_2,\ \cdots,\ \tau_{n2},\ \theta_1,\ \theta_2,\ \cdots,\ \theta_{n2})$$

而采样周期一般取为

$$T = \frac{T_m}{2 \sim 4} \tag{4-28}$$

这里的取值是近似选取，可能会取得较大，必须要验证是否满足采样定理，即采样周期的选取应有个上限

$$T_{ul} = \frac{1}{2}\min(\theta_1,\ \theta_2,\ \cdots,\ \theta_{n2})$$

（5）根据生产过程的经验选取

生产过程中，系统的时间常数 T_d 是影响过程变化的主要因素，按工业上较为保守的选择，采样周期取

$$T = \frac{T_d}{4 \sim 5} \tag{4-29}$$

对于一些常见变量，T 的选取范围是：

流量：1~3s，温度：10~20s，液位：5~10s，压力：1~5s，成分：10~20s。

以上选取方法只不过是给出了采样周期的选取范围，在实际应用中还需要根据实验或仿真加以调整。调整采样周期时，应有以下基本思路：从对调节品质的要求来看，应将采样周期取得小些，这样在按连续系统 PID 调节选择整定参数时，可得到较好的控制效果；从执行元件的要求来看，有时需要输出信号保持一定的宽度，采样周期不能过小，否则上一输出值还未实现，马上又转换为新的输出值，执行元件就不能按预期的调节规律动作；从控制系统随动和抗干扰的性能要求来看，则要求采样周期小些，这样，给定值的改变可以迅速地通过采样得到反映，而不致在随动控制中产生大的时延；从计算机的工作量和每个调节回路的计算成本来看，一般则要求采样周期大些，特别当计算机用于多回路控制时，必须使每个回路的调节算法都有足够的时间完成。

从以上的分析可以看到，各方面因素对采样周期的要求是不同的，甚至是互相矛盾的。我们必须根据具体情况和主要的要求做出折中选择。

例 4-9　设系统开环传递函数如下，试确定闭环系统的采样周期。

$$G(s) = \frac{K}{(0.1s+1)(s^2+16s+1360)}$$

解：对比式（4-27），开环传递函数的分母部分可变化为

$$(0.1s+1)(s^2+16s+1360) = 0.1\left(s+\frac{1}{0.1}\right)\left[\left(s+\frac{1}{0.125}\right)^2+36^2\right]$$

由此可算得

$$T_1 = 0.1\ ,\ \tau_1 = 0.125\ ,\ \theta_1 = 0.175$$

所以 $T_m = \min(T_1, \tau_1, \theta_1) = 0.1$，而采样周期 $T = \frac{0.1}{2 \sim 4}$。其大小还需要根据其上下限来确定。

4.2.4　PID 控制算法在微处理器系统中的实现

下面以 8051 单片机为控制核心的系统为例，编制其数字 PID 控制算法程序（注：一般是按子程序编制），掌握用汇编语言编写控制算法的基本方法，即掌握控制算法在计算机系统中的实现方法。基本步骤如下：

1）规划好各类数据的存储单元分配，即明确各类数据的存储单元地址。

2）编制控制算法子程序流程图。首先要确定控制算法的参数，再按控制算法算式及被控对象特性编制子程序流程图。

3）编写控制算法子程序。在微处理器系统中，一般来说可以用汇编语言编写，也可以用 C 语言或 C 语言与汇编语言混合编程。

4）在系统主程序的适当位置调用控制算法子程序，与其他相关子程序构成系统完整程序，调试完成后将程序固化到程序存储器中。由于计算机控制系统循环执行：数据采集—数据处理—控制算法运算—发出控制量—调节被控对象，因此控制算法子程序必须要在每个采样周期内不断被调用，反复循环执行。同时还应注意这样的循环周期必须满足系统采样周期的要求。

1. 增量式 PID 控制算法子程序

该子程序是根据增量式 PID 控制算法式（4-10）编制的。图 4-24 是以控制步进电动机为例的增量式 PID 控制算法子程序流程图和随机存储器 RAM 分配图。

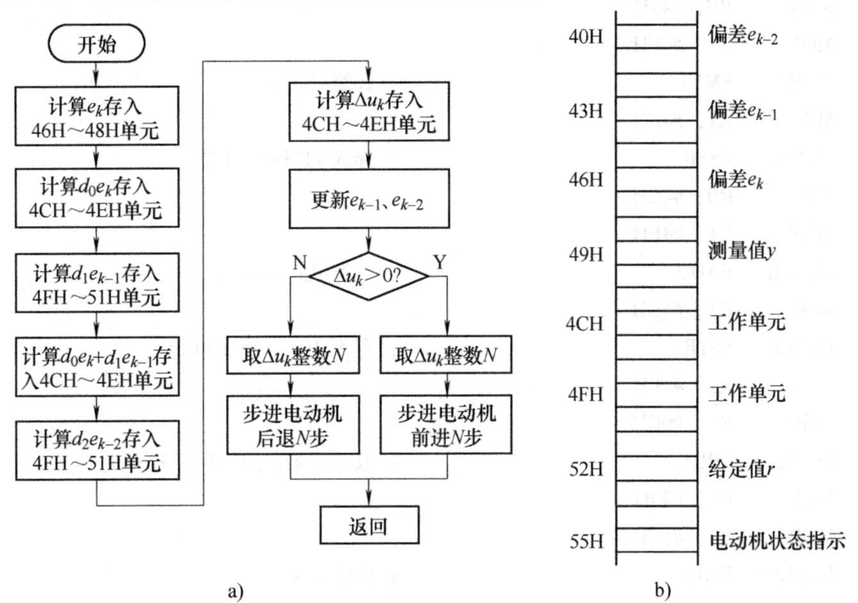

图 4-24　增量式 PID 控制算法子程序流程图和随机存储器 RAM 分配图

a）控制算法子程序流程图　b）随机存储器 RAM 分配图

程序入口参数：偏差 e_k、e_{k-1}、e_{k-2}、测量值 y、给定值 r，这五个参数均为3字节的浮点数，分别将它们存在RAM单元中，在RAM中的存放位置如图4-24b所示，低字节存放浮点数的符号和阶数，其中符号存放在最高位，阶数以补码的形式存放在另7位中，尾数以原码的形式存放在另外两个字节中。例如，存储单元46H存放偏差 e_k 的符号和阶数，47H和8H两个单元存放 e_k 的尾数。本程序占用单片机的资源：A，B，R0-R7，CY，F0。

控制算法子程序如下：

```
PID1:  MOV    R0, #52H
       MOV    R1, #49H
       LCALL  FSUB              ; 计算 ek
       MOV    R1, #46H
       LCALL  FSTR              ; 存入 46H~48H 单元
       MOV    R1, #4CH
       MOV    R2, #06H
       LCALL  LPDM              ; 取 d0，存入 4CH~4EH 单元
       MOV    R0, #46H
       MOV    R1, #4CH
       LCALL  FMUL              ; 计算 d0ek
       MOV    R1, #4CH
       LCALL  FSTR              ; 存入 4CH~4EH 单元
       MOV    R1, #4FH
       MOV    R2, #09H
       LCALL  LPDM              ; 取 d1，存入 4FH~51H 单元
       MOV    R0, #43H
       MOV    R1, #4FH
       LCALL  FMUL              ; 计算 d1ek-1
       MOV    R1, #4FH
       LCALL  FSTR              ; 存入 4FH~51H 单元
       MOV    R0, #4CH
       MOV    R1, #4FH
       LCALL  FADD              ; 计算 d0ek + d1ek-1
       MOV    R1, #4CH
       LCALL  FSTR              ; 存入 4CH~4EH 单元
       MOV    R1, #4FH
       MOV    R2, #0CH
       LCALL  LPDM              ; 取 d2，存入 4FH~51H 单元
       MOV    R0, #40H
       MOV    R1, #4FH
       LCALL  FMUL              ; 计算 d2ek-2
       MOV    R1, #4FH
       LCALL  FSTR              ; 存入 4FH~51H 单元
       MOV    R0, #4CH
       MOV    R1, #4FH
```

```
        LCALL   FADD            ; 计算 Δu_k
        MOV     R1, #4CH
        LCALL   FSTR            ; 存入 4CH~4EH 单元
        MOV     40H, 43H        ; 更新 e_{k-1}
        MOV     41H, 44H
        MOV     42H, 45H
        MOV     43H, 46H
        MOV     44H, 47H
        MOV     45H, 48H
        MOV     A, 4CH
        MOV     C, A.7          ; 取 Δu_k的符号
        MOV     F0, C           ; 存入 F0
        JB      A.6, PIDJ12     ; 取 Δu_k的符号，如果为负转向 PIDJ12
        ANL     A, #3FH         ; 否则为正，屏蔽高 2 位
        MOV     R7, A           ; 存入 R7
PIDJ13: CLR     C
        MOV     A, 4EH          ; 尾数乘 2
        RLC     A
        MOV     4EH, A
        MOV     A, 4DH
        RLC     A
        MOV     4DH, A
        DJNZ    R7, PIDJ13      ; 阶数减 1 不等于 0 继续乘 2
        AJMP    PIDJ14          ; 阶数减 1 等于 0，取整结束
PIDJ12: CPL     A               ; 阶数为负时
        INC     A
        ANL     A, #3FH         ; 屏蔽高 2 位
        MOV     R7, A           ; 存入 R7
PIDJ15: CLR     C
        MOV     A, 4DH          ; 尾数除 2
        RRC     A
        MOV     4DH, A
        MOV     A, 4EH
        RRC     A
        MOV     4EH, A
        DJNZ    R7, PIDJ15      ; 阶数减 1 不等于 0 继续乘 2
PIDJ14: JB      F0, POUT1       ; Δu_k为负，跳 POUT1
POUT0:  CLR     A               ; Δu_k为正，正传
        CJNE    A, 4EH, POUT00
        CJNE    A, 4DH, POUT00
        RET
POUT00: MOV     A, 55H          ; 取电动机励磁状态
        CJNE    A, #00, POUT01
```

```
        MOV     A, #08H                 ; 四相8拍
POUT01: DEC     A
        MOV     55H, A
        ADD     A, #3DH
        MOVC    A, @A+PC                ; 取励磁状态字
        MOV     P1, A                   ; 送P1口发控制信号
        MOV     R7, #08H                ; 延时
DL0:    DJNZ    R7, DL0
        DEC     4EH
        CLR     A
        CJNE    A, 4EH, POUT00          ; Δu_k是否为0, 为0退出
        CJNE    A, 4DH, POUT02
        RET
POUT02: DEC     4DH
        AJMP    POUT00
POUT1:  CLR     A
        CJNE    A, 4EH, POUT10          ; Δu_k是否为0, 为0退出
        CJNE    A, 4DH, POUT10
        RET
POUT10: MOV     A, 55H                  ; 取电动机励磁状态
        CJNE    A, #07H, POUT11         ; 送P1口发控制信号
        MOV     A, #0FFH
POUT11: INC     A
        MOV     55H, A
        ADD     A, #14H
        MOVC    A, @A+PC                ; 取电动机励磁状态
        MOV     P1, A
        MOV     R7, #80H
DL1:    DJNZ    R7, DL1
        DEC     4EH
        CLR     A
        CJNE    A, 4EH, POUT10
        CJNE    A, 4DH, POUT12
        RET
POUT12: DEC     4DH
        AJMP    POUT10
MDATA:  DB      01H, 05H, 04H, 06H,
                02H, 0AH, 08H, 09H      ; 励磁状态字
LPDM:   MOV     R7, #03H                ; 取d0、d01、d02值子程序
LPDM0:  MOV     A, R2
        MOVC    A, @A+PC
        MOV     @R1, A
        INC     R2
```

```
        INC     R1
        DJNZ    R7, LPDM0
        RET
OM:     DB      XXH, XXH, XXH         ; d0值
        DB      XXH, XXH, XXH         ; d1值
        DB      XXH, XXH, XXH         ; d2值
```

程序中，FSUB 为 3 字节浮点数减法子程序；FADD 为 3 字节浮点数加法子程序；FMUL 为 3 字节浮点数乘法子程序；FSTR 为 3 字节浮点数存放子程序。由于篇幅限制，省略以上子程序，可查阅相关的资料获取。

2. 位置式 PID 控制算法子程序

一般来说，为了使位置式 PID 控制算法计算简单，先应用式（4-10）计算 $\Delta u(k)$ 后，再使用 $u(k)=u(k-1)+\Delta u(k)$ 计算。程序流程图如图 4-25 所示。程序的编制可以参考上述增量式 PID 控制算法的程序，在它的基础可编制出位置式 PID 控制算法的程序，这里不再给出。

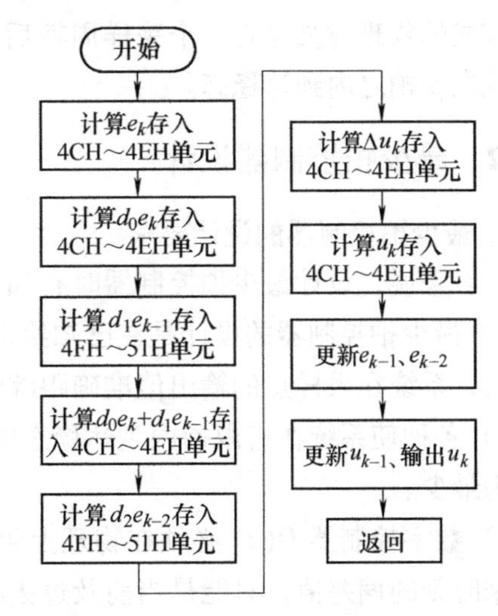

图 4-25　位置式 PID 控制算法流程图

4.3　最少拍控制

最少拍控制算法不如 PID 控制算法应用广泛，但通过本节的学习，可以了解到在控制算法的作用下，被控对象的输出能够快速跟踪期望值的理念和方法。

本节主要讲述最少拍控制算法的基本原理、最少拍控制器设计方法和步骤、最少拍控制存在的局限性、无文波最少拍控制器的设计等，重点在于最少拍控制器设计方法和步骤。由于本节的内容理论性相对较强，并涉及前述章节的 z 变换和脉冲响应，其物理意义难以理解，因此学习时要勇于突破，理解相关理论对应的物理意义，特别是要理解采用值与 z 变换的对应关系。为了便于理解，本节给出了不少例子，由于篇幅限制，例子中用到 z 变换下脉冲传递函数的长除法，以便计算出每个采样时刻的值，但并没有给出具体计算过程，还需学习者复习相关内容。

4.3.1　最少拍控制算法

在计算机控制系统中，特别是数字随动系统中，通常要求系统输出值尽可能快地跟踪期望值的变化，在最短的时间内使其达到静态误差要求，因此提出了最少拍控制算法。

所谓最少拍控制算法，就是要求闭环系统对于某种特定的输入在最少个采样周期内达到无静差的稳态，且闭环脉冲传递函数具有以下形式：

$$\Phi(z)=m_1z^{-1}+m_2z^{-2}+\cdots+m_pz^{-p} \tag{4-30}$$

式中，p 是可能情况下的最小正整数。

该传递函数可以变化为

$$\Phi(z)=\frac{Y(z)}{R(z)}=m_1z^{-1}+m_2z^{-2}+\cdots+m_pz^{-p}\Rightarrow Y(z)=(m_1z^{-1}+m_2z^{-2}+\cdots+m_pz^{-p})R(z)$$

式中，$R(z)$ 为给定值的 z 变换。

上式对应的差分方程为

$$y(k)=m_1r(k-1)+m_2r(k-2)+\cdots+m_pr(k-p)$$

该式的物理意义是在 p 个采样周期后每个采样时刻的系统输出 $y(k)$ 为恒定不变的值，即系统在 p 拍之内到达稳态。

4.3.2 最少拍控制器设计

1. 最少拍控制器的设计要求

一般来说，设计最少拍控制器时有如下具体要求：

1）最少拍控制器的设计是在已知给定输入信号（给定值）的情况下进行的，且在到达稳态后，系统在采样点的输出值准确跟踪输入信号，不存在静差。

2）各种使系统在有限拍内到达稳态的设计中，系统准确跟踪输入信号所需的采样周期数应为最少。

3）数字控制器 $D(z)$ 必须在物理上可以实现，即在控制器的算法表达式中，不允许出现未来时刻的偏差值，只能是当前及过去时刻的值。

4）闭环系统必须是稳定的。对象可以是稳定或不稳定对象，但与控制器一起构成的闭环系统必须是稳定的。

2. 最少拍控制器的设计方法

最少拍控制器的一般设计方法如下：

如果被控对象有 l 个采样周期的纯滞后，并有 i 个在单位圆上及圆外的零点 z_1，…，z_i，j 个单位圆上及圆外的极点 p_1，…，p_j，则最少拍控制器为

$$D(z)=\frac{\Phi(z)}{G(z)[1-\Phi(z)]} \tag{4-31}$$

其中，

$$\Phi(z)=z^{-l}(1-z_1z^{-1})\cdots(1-z_iz^{-1})\Phi_0(z) \tag{4-32}$$

$$1-\Phi(z)=(1-p_1z^{-1})\cdots(1-p_jz^{-1})(1-z^{-1})^mF(z) \tag{4-33}$$

而

$$\Phi_0(z)=m_1z^{-1}+m_2z^{-2}+\cdots+m_sz^{-s} \tag{4-34}$$

$$F(z)=1+f_1z^{-1}+\cdots+f_tz^{-t} \tag{4-35}$$

$$s=j+m \tag{4-36}$$

$$t=i+l \tag{4-37}$$

以上公式中，$G(z)$ 为广义对象的脉冲传递函数；m 为与给定输入信号有关的系数。对于阶跃输入信号、速度输入信号、加速度输入信号，m 分别取 1、2、3。

对上述最少拍控制器的一般设计方法说明如下：

1）设计最少拍控制器时要考虑被控对象的具体情况。对象 $G(z)$ 可能存在的典型情况见表 4-4。

表 4-4　被控对象各种具体情况列表

序号	单位圆外零点个数	单位圆外极点个数	纯滞后时间（采样周期的倍数）
1	0	0	0
2	i	0	0
3	0	j	0
4	0	0	l
5	i	j	0
6	i	0	l
7	0	j	l
8	i	j	l

2）典型输入信号。在一般情况下，我们取的典型输入信号包括单位阶跃输入、单位速度输入、单位加速度输入，它们具有共同的 z 变换形式

$$R(z)=\frac{A(z)}{(1-z^{-1})^m} \tag{4-38}$$

式中，m 为一正整数，不同的输入取不同值；$A(z)$ 为一个不以 $z=1$ 为零点的 z^{-1} 的多项式。各种具体情况见表 4-5。

表 4-5　典型输入信号各种具体情况列表

序号	名称	时间函数 $r(t)$	$R(z)$	m
1	单位阶跃输入	$1(t)$	$\frac{1}{1-z^{-1}}$	1
2	单位速度输入	t	$\frac{Tz^{-1}}{(1-z^{-1})^2}$	2
3	单位加速度输入	$\frac{1}{2}t^2$	$\frac{T^2z^{-1}(1+z^{-1})}{2(1-z^{-1})^3}$	3

3）根据式（4-31），最少拍控制器的设计主要包括 $\Phi(z)$ 和 $1-\Phi(z)$ 的设计。特别强调，从形式上看似乎设计出 $\Phi(z)$ 就可以获得 $1-\Phi(z)$，实际上两者是同时设计的，必须按式（4-32）和式（4-33）分别写出两者的表达式，并在设计过程中考虑和利用 $\Phi(z)$ 和 $1-\Phi(z)$ 多项式中 z^{-1} 的最高幂次相等的关系，建立方程组，从而解出 $\Phi(z)$ 和 $1-\Phi(z)$ 的未知系数。

4）关于无静差的稳态要求。

由终值定理得到

$$e_\infty=\lim_{z\to1}(z-1)E(z)=\lim_{z\to1}(z-1)R(z)[1-\Phi(z)]=\lim_{z\to1}(z-1)\frac{A(z)[1-\Phi(z)]}{(1-z^{-1})^m}$$

由上式知，为了保证达到无静差的稳态要求，$1-\Phi(z)$ 中必须包含 $(1-z^{-1})^m$ 多项式，见式（4-33）。

5）考虑最少拍控制器的可实现性。所谓控制器的可实现性，是指在控制器的算法表达式中，不允许出现未来时刻的偏差值。一般说来，未来时刻的偏差是未知的，不能用来计算

当前时刻的控制量。因此，要求数字控制器的脉冲传递函数 $D(z)$ 不能有 z 的正幂项，即其表达式中不能包含未来时刻的偏差。

若被控对象 $G(z)$ 中含有 l 个采样周期的纯滞后时间，其脉冲传递函数可表述为

$$G(z)=z^{-l}G_0(z)$$

式中，$G_0(z)$ 为不含纯滞后时间的对象传递函数。

由式（4-31），控制器为

$$D(z)=\frac{z^{l}\Phi(z)}{G_0(z)[1-\Phi(z)]} \tag{4-39}$$

显然，为了保证 $D(z)$ 不含有 z 的正幂项，$\Phi(z)$ 中必须包含 z^{-l} 项，见式（4-32），以便将上式的 z^{l} 项消掉。

6）考虑最少拍控制器的稳定性。若被控对象 $G(z)$ 中含有 i 个在单位圆外的零点 z_1，…，z_i，显然，由式（4-31）可知，将有可能在控制器的传递函数中形成单位圆外的极点，控制器将会不稳定，这是不允许的。因此，设计控制器时，应使 $\Phi(z)$ 也包含有这些零点，使之分子分母相消，保证控制器不含有单位圆外的极点。

另一方面，若被控对象 $G(z)$ 中含有 j 个在单位圆外的极点 p_1，…，p_j（即被控对象为不稳定对象），由式（4-31）可知，控制器的传递函数中将含有单位圆外的零点，在理论上可得到一个稳定的控制系统，它的控制量和系统输出都是收敛的。但这种稳定是建立在系统的不稳极点被控制器零点准确抵消的基础上的。在实际控制过程中，由于对系统参数辨识的误差以及参数随时间的变化，这类抵消是不可能准确实现的，闭环系统是不可能真实稳定的。另外，控制器有单位圆外的零点，它输出的控制量纹波很大，即便闭环系统是稳定的，控制效果也较差。因此，设计控制器时，$1-\Phi(z)$ 中应将 $G(z)$ 中这些单位圆外的极点作为其零点，见式（4-33），使之在控制器的设计中能够相消（见式（4-31）），以保证控制器不含有单位圆外的零点。

7）虽然上述一般设计方法中考虑了被控对象有单位圆上零、极点（临界点）的情况，但由于系统中总存在阻尼，这些临界点是允许存在的。同时考虑到设计的控制器不能过于复杂，一般情况下只考虑被控对象有单位圆外零、极点的情况，对被控对象单位圆上零、极点不做处理。

3. 最少拍控制器的设计步骤

下面讨论最少拍控制器的具体设计步骤。

1）用连续对象的传递函数 $G(s)$ 求广义对象的脉冲传递函数 $G(z)$。如图4-26所示，由于D/A转换器的输出作用到执行机构，都要保持一段时间，执行机构才能有效作用，因此相当于在被控对象之前加了一个保持器，这样构成了广义对象。D/A转换器的输出保持一个采样周期的情况较多，这时保持器为零阶保持器。因此，广义对象脉冲传递函数为

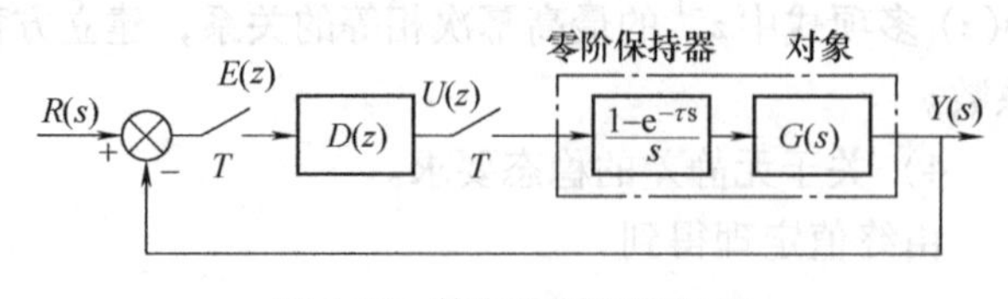

图4-26　数字控制系统框图

$$G(z)=Z\left[\frac{1-e^{-\tau s}}{s}G(s)\right]=(1-z^{-1})Z\left[\frac{1}{s}G(s)\right] \tag{4-40}$$

2）根据广义对象的脉冲传递函数 $G(z)$ 确定 $\Phi(z)$ 和 $1-\Phi(z)$ 的一般表达式。

若 $G(z)$ 中不含有纯滞后时间、单位圆外的零点和极点，则

$$\Phi(z)=\Phi_0(z)$$
$$1-\Phi(z)=(1-z^{-1})^m$$

若 $G(z)$ 中仅含有单位圆外的零点，则

$$\Phi(z)=(1-z_1z^{-1})\cdots(1-z_iz^{-1})\Phi_0(z)$$
$$1-\Phi(z)=(1-z^{-1})^mF(z)$$

若 $G(z)$ 中仅含有单位圆外的极点，则

$$\Phi(z)=\Phi_0(z)$$
$$1-\Phi(z)=(1-p_1z^{-1})\cdots(1-p_jz^{-1})\ (1-z^{-1})^m$$

若 $G(z)$ 中仅含有纯滞后时间，则

$$\Phi(z)=z^{-l}\Phi_0(z)$$
$$1-\Phi(z)=(1-z^{-1})^mF(z)$$

若 $G(z)$ 中同时含有纯滞后时间、单位圆外的零点和极点，或者其中的任意两项，可应用式（4-32）和式（4-33）来获得 $\Phi(z)$ 和 $1-\Phi(z)$ 的表达式。

3）确定 $\Phi_0(z)$ 和 $F(z)$ 中 z^{-1} 的最高幂次。由式（4-36）和式（4-37）计算，其中 m 是根据输入信号类型确定的。

4）将 $\Phi(z)$ 表达式代入 $1-\Phi(z)$ 中，获得恒等式以及其对应的方程组，计算确定 $\Phi_0(z)$ 和 $F(z)$ 中的参数。

5）由 $\Phi_0(z)$、$F(z)$ 以及对象的纯滞后时间、单位圆外的零点和极点确定 $\Phi(z)$ 和 $1-\Phi(z)$ 的具体表达式。

6）由式（4-31）计算获得控制器的传递函数 $D(z)$。

7）如若需要，计算控制量 u、系统输出量 y 的变化情况。

对于单位反馈系统

$$Y(z)=\Phi(z)R(z) \tag{4-41}$$

$$U(z)=D(z)[1-\Phi(z)]R(z)=\frac{Y(z)}{G(z)} \tag{4-42}$$

由以上两式可计算得到每个时刻的 u 和 y。

4.3.3　设计实例

下面给出若干个设计实例，进一步理解最少拍控制器设计方法和步骤。

例 4-10　设对象的传递函数为

$$G(s)=\frac{0.693}{s+0.693}$$

若采样周期 $T=1\text{s}$，参考输入为单位阶跃信号，设计最少拍控制器。

解：广义对象的脉冲传递函数 $G(z)$

$$G(z)=(1-z^{-1})Z\left[\frac{1}{s}G(s)\right]=(1-z^{-1})Z\left[\frac{0.693}{s(s+0.693)}\right]$$

$$= (1-z^{-1})\frac{(1-e^{-0.693})z^{-1}}{(1-z^{-1})(1-e^{-0.693}z^{-1})}$$

$$= \frac{(1-e^{-0.693})z^{-1}}{1-e^{-0.693}z^{-1}} = \frac{0.5z^{-1}}{1-0.5z^{-1}}$$

参考输入为单位阶跃信号，所以 $m=1$；$G(z)$ 没有单位圆外零、极点，也没有纯滞后时间，所以

$$\Phi(z) = m_1 z^{-1}$$

$$1-\Phi(z) = (1-z^{-1})^1 = 1-z^{-1}$$

将 $\Phi(z)$ 表达式代入 $1-\Phi(z)$ 中，得到 $m_1=1$，所以，$\Phi(z)=z^{-1}$

控制器 $D(z)$ 为

$$D(z) = \frac{\Phi(z)}{G(z)[1-\Phi(z)]} = \frac{1-0.5z^{-1}}{0.5z^{-1}}\frac{z^{-1}}{1-z^{-1}}$$

$$= \frac{2(1-0.5z^{-1})}{1-z^{-1}}$$

计算系统输出

$$Y(z) = \Phi(z)R(z) = z^{-1}\frac{1}{1-z^{-1}} = z^{-1}+z^{-2}+z^{-3}+\cdots$$

从零时刻起，每个采样时刻，系统输出分别为0、1、1、1、…，说明经过一拍后系统即达到无静差稳态。

计算控制量

$$U(z) = \frac{Y(z)}{G(z)} = \frac{2-z^{-1}}{1-z^{-1}} = 2+z^{-1}+z^{-2}+z^{-3}+\cdots$$

从零时刻起，每个采样时刻，控制量分别为2、1、1、1、…，说明控制量经过一拍后收敛于1。

若按参考输入为单位阶跃信号设计出以上控制器后，实际的参考输入为单位速度信号

$$R(z) = \frac{Tz^{-1}}{(1-z^{-1})^2} = \frac{z^{-1}}{(1-z^{-1})^2}$$

计算系统输出

$$Y(z) = \Phi(z)R(z) = z^{-1}\frac{z^{-1}}{(1-z^{-1})^2} = z^{-2}+2z^{-3}+3z^{-4}+\cdots$$

从零时刻起，系统输出分别为0、0、1、2、3、…，而对应的参考输入分别为0、1、2、3、4、…，说明总存在静差，系统无法达到无静差的稳态。

该例说明，最少拍控制器对不同输入类型的适应性差，即控制器按特定的输入信号设计，实际输入信号为该信号时系统可以获得良好的性能，若实际输入信号为其他信号时则不一定能达到理想的结果，甚至效果很差。

例4-11　设对象的传递函数为

$$G(s) = \frac{0.693e^{-2s}}{s+0.693}$$

若采样周期 $T=1$s，参考输入为单位速度信号，设计最少拍控制器。

解：广义对象的脉冲传递函数为

$$G(z)=(1-z^{-1})Z\left[\frac{1}{s}G(s)\right]=(1-z^{-1})Z\left[\frac{0.693\mathrm{e}^{-2s}}{s(s+0.693)}\right]$$

$$=(1-z^{-1})z^{-2}\frac{(1-\mathrm{e}^{-0.693})z^{-1}}{(1-z^{-1})(1-\mathrm{e}^{-0.693}z^{-1})}$$

$$=\frac{(1-\mathrm{e}^{-0.693})z^{-3}}{1-\mathrm{e}^{-0.693}z^{-1}}=\frac{0.5z^{-3}}{1-0.5z^{-1}}$$

参考输入为单位速度信号，所以 $m=2$，纯滞后时间 $l=2$；$G(z)$ 没有单位圆外零、极点，所以

$$s=j+m=2$$

$$t=i+l=2$$

所以

$$\Phi(z)=z^{-2}(m_1z^{-1}+m_2z^{-2})$$

$$1-\Phi(z)=(1-z^{-1})^2(1+f_1z^{-1}+f_2z^{-2})$$

$$=1+(f_1-2)z^{-1}+(1-2f_1+f_2)z^{-2}+(f_1-2f_2)z^{-3}+f_2z^{-4}$$

将 $\Phi(z)$ 表达式代入 $1-\Phi(z)$ 中，得到恒等式

$$1-m_1z^{-3}-m_2z^{-4}\equiv 1+(f_1-2)z^{-1}+(1-2f_1+f_2)z^{-2}+(f_1-2f_2)z^{-3}+f_2z^{-4}$$

由此得到方程组

$$\begin{cases}f_1-2=0\\1-2f_1+f_2=0\\f_1-2f_2=-m_1\\f_2=-m_2\end{cases}$$

解得

$$\begin{cases}f_1=2\\f_2=3\\m_1=4\\m_2=-3\end{cases}$$

所以

$$\Phi(z)=z^{-2}(4z^{-1}-3z^{-2})$$

$$1-\Phi(z)=1-4z^{-3}+3z^{-4}$$

控制器 $D(z)$ 为

$$D(z)=\frac{\Phi(z)}{G(z)[1-\Phi(z)]}=\frac{1-0.5z^{-1}}{0.5z^{-1}}\frac{4z^{-1}-3z^{-2}}{1-4z^{-3}+3z^{-4}}$$

$$=\frac{8-10z^{-1}+3z^{-2}}{1-4z^{-3}+3z^{-4}}$$

计算系统输出

$$Y(z)=\Phi(z)R(z)=\frac{4z^{-4}-3z^{-5}}{1-2z^{-1}+z^{-2}}=4z^{-4}+5z^{-5}+6z^{-6}+\cdots$$

从零时刻起，每个采样时刻，系统输出分别为 0、0、0、0、4、5、6、…，而对应的参

考输入分别为0、1、2、3、4、5、6、…，说明经过四拍后系统达到无静差的稳态。

例4-12 不稳定对象

$$G(z)=\frac{2.2z^{-1}}{1+1.2z^{-1}}$$

有单位圆外的极点 $z=-1.2$，设计参考输入为单位阶跃输入的最少拍控制器。

解：对象仅含有单位圆外的极点，$j=1$；另外，参考输入为单位阶跃输入，$m=1$。因此

$$s=j+m=2$$
$$t=i+l=0$$

所以

$$\Phi(z)=\Phi_0(z)=m_1z^{-1}+m_2z^{-2}$$
$$1-\Phi(z)=(1+1.2z^{-1})(1-z^{-1})$$

解得
$$m_1=-0.2,\ m_2=1.2$$

因此，控制器为

$$D(z)=\frac{\Phi(z)}{G(z)[1-\Phi(z)]}=\frac{1}{2.2z^{-1}}\frac{-0.2z^{-1}+1.2z^{-2}}{1-z^{-1}}$$
$$=\frac{-0.091(1-6z^{-1})}{1-z^{-1}}$$

计算系统输出

$$Y(z)=\Phi(z)R(z)=-\frac{(0.2-1.2z^{-1})z^{-1}}{1-z^{-1}}=-0.2z^{-1}+z^{-2}+z^{-3}+\cdots$$

计算控制量

$$U(z)=\frac{Y(z)}{G(z)}=-\frac{0.091(1-6z^{-1})(1+1.2z^{-1})}{1-z^{-1}}=-0.091+0.345z^{-1}+z^{-2}+z^{-3}+\cdots$$

系统输出在两拍后达到无静差的稳态，控制量也在两拍后收敛于1。

若在运行中对象参数发生变化，为

$$G^*(z)=\frac{2.2z^{-1}}{1+1.3z^{-1}}$$

闭环传递函数为

$$\Phi^*(z)=-\frac{0.2z^{-1}(1-6z^{-1})}{1+0.1z^{-1}-0.1z^{-2}}$$

$$Y^*(z)=\frac{-0.2z^{-1}(1-6z^{-1})}{(1+0.1z^{-1}-0.1z^{-2})(1-z^{-1})}$$
$$=-0.2z^{-1}+1.02z^{-2}+0.87z^{-3}+1.014z^{-4}+0.9864z^{-5}+1.0028z^{-6}+\cdots$$

$$U^*(z)=\frac{-0.091(1-6z^{-1})(1+1.3z^{-1})}{(1+0.1z^{-1}-0.1z^{-2})(1-z^{-1})}=-0.091+0.346z^{-1}+1.003z^{-2}+0.981z^{-3}+\cdots$$

显见，在模型有误差时，控制仍能保持稳定，只是产生较大的纹波，输出量和控制量都有较大的波动。

例4-13 设对象的脉冲传递函数为

$$G(z)=\frac{0.26z^{-1}(1+2.78z^{-1})(1+0.2z^{-1})}{(1-z^{-1})^2(1-0.286z^{-1})}$$

若采样周期 $T=1\mathrm{s}$，参考输入为单位阶跃信号，设计最少拍控制器。

解：对象仅含有一个单位圆外的零点，$i=1$；另外，参考输入为单位阶跃输入，$m=1$。因此

$$s=j+m=1$$

$$t=i+l=1$$

所以
$$\Phi(z)=\Phi_0(z)=(1+2.78z^{-1})m_1z^{-1}$$

$$1-\Phi(z)=(1-z^{-1})(1+f_1z^{-1})$$

解得
$$m_1=0.265\qquad f_1=0.735$$

因此，控制器

$$D(z)=\frac{\Phi(z)}{G(z)[1-\Phi(z)]}=\frac{(1-z^{-1})(1-0.286z^{-1})}{(1+0.2z^{-1})(1+0.735z^{-1})}$$

计算系统输出

$$Y(z)=\Phi(z)R(z)=\frac{0.265z^{-1}(1+2.78z^{-1})}{1-z^{-1}}=0.265z^{-1}+z^{-2}+z^{-3}+\cdots$$

输出量序列为 0、0.265、1、1、…，说明可以得到稳定的输出。

计算控制量

$$U(z)=\frac{Y(z)}{G(z)}=\frac{(1-z^{-1})(1-0.268z^{-1})}{1+0.2z^{-1}}=1-1.486z^{-1}+0.5832z^{-2}-0.1166z^{-3}+\cdots$$

从零时刻起，每个采样时刻，控制量分别为 1、−1.486、0.5832、−0.1166、…，说明控制量是收敛的，系统是稳定的。但由于控制量是波动的，实际上输出量在采样点之间也是波动，即系统输出存在纹波。

如若闭环脉冲传递函数不包含有对象单位圆外的零点，则

$$\Phi^*(z)=z^{-1}$$

因此，控制器

$$D^*(z)=\frac{\Phi^*(z)}{G(z)[1-\Phi^*(z)]}=\frac{3.774(1-0.2z^{-1})(1-0.286z^{-1})}{(1+0.2z^{-1})(1+2.78z^{-1})}$$

计算输出量和控制量

$$Y^*(z)=z^{-1}+z^{-2}+z^{-3}+\cdots$$

$$U^*(z)=\frac{3.774(1-z^{-1})(1-0.268z^{-1})}{(1+0.2z^{-1})(1+2.78z^{-1})}=3.774-16.1z^{-1}+46.96z^{-2}-130.985z^{-3}+\cdots$$

从零时刻起的输出序列为 0、1、1、…，表面上看系统一拍就达到稳态，但控制量序列为 3.774、−16.1、49.96、−130.985、…，是发散的。而实际上，系统在采样点上的输出值看似稳定，但在采样点之间的输出值却是振荡发散的，因此实际过程是不稳定的。

4.3.4　最少拍无纹波控制器设计

在例 4-13 中，系统输出在采样点之间存在纹波，主要是由控制量序列的波动引起的，其根源在于控制器的脉冲传递函数中含有非零极点。根据系统采样理论，如果采样传递环节

只含有单位圆内的极点，那么这个系统是稳定的，但极点的位置将影响系统离散脉冲响应。特别当极点在负实轴上或在第二、三象限时（具有负实部的极点），系统的离散脉冲响应将有剧烈的振荡。控制量出现这样的波动，势必会使系统在采样点之间的输出产生纹波。

根据上述理论，设计最少拍无纹波控制器，就要设法使控制量的 z 变换中不包含有非零极点（特别是负实部的极点）。在前述关于最少拍控制器的设计中，当被控对象存在这样的零点时，没有像处理单位圆外的零点那样处理这些零点，致使控制器中包含有非零极点，使系统输出存在纹波。为了消除纹波，也要处理掉这些具有负实部的零点。具体的方法是：选择闭环脉冲传递函数 $\Phi(z)$ 除了按前述的方法进行外（以保证控制器的可实现性及闭环系统的稳定性），像处理单位圆外的零点那样，还应将被控对象 $G(z)$ 在单位圆内的非零零点（主要是具有负实部的零点）包括在 $\Phi(z)$ 中，以便在控制器的脉冲传递函数中消除引起振荡的所有极点。这样做将提高 $\Phi(z)$ 中 z^{-1} 的幂次，从而增加系统的调节时间，但系统输出在采样点之间的纹波由此可消除。

例 4-14 在例4-13 中，对象传递函数还有一个单位圆内的零点 $z=-0.2$，在选择 $\Phi(z)$ 时没有考虑该零点，即没有处理掉该零点，从而使控制器的脉冲传递函数有一负实部的极点 $z=-0.2$，造成了控制量的上下波动。为了消除纹波，取

$$\Phi(z)=(1+2.78z^{-1})(1+0.2z^{-1})m_1z^{-1}$$

由于 $\Phi(z)$ 中 z^{-1}的幂次增加了一阶，所以

$$1-\Phi(z)=(1-z^{-1})(1+f_1z^{-1}+f_2z^{-2})$$

由此可以解出 $m_1=0.22 \quad f_1=0.78 \quad f_2=0.1226$

控制器

$$D(z)=\frac{\Phi(z)}{G(z)[1-\Phi(z)]}=\frac{0.83(1-z^{-1})(1-0.28z^{-1})}{1+0.78z^{-1}+0.1226z^{-2}}$$

控制量

$$U(z)=0.83(1-z^{-1})(1-0.28z^{-1})=0.83-1.0624z^{-1}+0.2324z^{-2}$$

输出量

$$Y(z)=\Phi(z)R(z)=\frac{0.22z^{-1}(1+2.78z^{-1})(1+0.2z^{-1})}{1-z^{-1}}$$
$$=0.22z^{-1}+0.8754z^{-2}+z^{-3}+z^{-4}+\cdots$$

由此可知，控制量序列为 0.83、-1.0624、0.2324、0、0…，输出量序列为 0、0.22、0.8754、1、1、…，系统在三拍后才到达稳态，调节时间比原来的系统增加了一拍，但纹波却消除了（控制量不再波动）。

最少拍无纹波系统的设计，消除了系统输出在采样点之间的纹波，并在一定程度上减小了控制量，降低了对参数变化的灵敏度。但这种设计仍然是针对某一种特定输入设计的，因而对其他类型的输入未必能取得理想的效果。

4.3.5 最少拍控制的局限性

从上述最少拍控制器设计方法的论述和计算实例中可以了解到，整个最少拍控制器的设计过程其实是严格按照一定方法和步骤进行的，从这个角度看其设计过程是简单的，而且控制器的结构也是较简单的，这是最少拍控制的主要优点。但是从以上论述及计算实例也不难

发现，最少拍控制存在一些局限性，因此，使其应用受到限制。下面对最少拍控制存在的主要局限性进行总结。

（1）对不同输入信号类型的适应性差

由于最少拍控制器 $D(z)$ 的设计是按某一特定输入信号（给定信号，期望值）进行的，导致的结果是对该类型输入的响应为最少拍，但对于其他类型的输入不一定为最少拍，甚至会引起大的超调和静差。由例 4-10 说明，最少拍控制只能是针对专门的输入而设计的，不能一经设计就可适用于任何输入信号类型。

（2）对系统参数变化过于敏感

根据最少拍控制器的设计方法，闭环系统 $\Phi(z)$ 只有多重极点 $z=0$。理论上可以证明，多重极点对系统参数变化的灵敏度可达无穷，即对参数变化十分敏感。因此，如果系统参数发生变化，将使实际控制严重偏离期望状态。

例 4-15　在例 4-10 中，按单位阶跃输入信号设计的最少拍控制器为

$$D(z)=\frac{2(1-0.5z^{-1})}{1-z^{-1}}$$

如果被控对象的时间常数发生变化，使对象 z 的传递函数变为

$$G^*(z)=\frac{0.6z^{-1}}{1-0.4z^{-1}}$$

仍然使用设计的控制器，那么闭环传递函数将变为

$$\Phi^*(z)=\frac{D(z)G^*(z)}{1+D(z)G^*(z)}=\frac{1.2z^{-1}-0.6z^{-2}}{1-0.2z^{-1}-0.2z^{-2}}$$

在输入单位阶跃信号时

$$Y(z)=\Phi^*(z)R(z)=\frac{1.2z^{-1}-0.6z^{-2}}{1-0.2z^{-1}-0.2z^{-2}}\frac{1}{1-z^{-1}}=1.2z^{-1}+0.84z^{-2}+z^{-3}+\cdots$$

从零时刻起，系统输出序列为 0、1.2、0.84、1、…，说明系统经过一拍后不能达到无静差的稳态，且系统响应要经历较长时间的波动才逐渐接近给定值，已不再具备最少拍响应的性质。

（3）控制作用易超出实际系统允许范围

在最少拍控制器的设计过程中，并未对控制量进行限制，因此，所得到的结果应该是在控制量不受限制时系统输出稳定地跟踪输入所需要的最少拍过程。从理论上讲，由于通过设计已给出了达到稳态所需的最少拍，如果将采样周期取得充分小，便可使系统调整时间任意短。这一结论当然是不实际的。这是因为当采样频率加大时，被控对象 z 传递函数中相关的常数系数将会减小。以一阶惯性环节为例

$$G(z)=\frac{(1-\sigma)z^{-1}}{1-\sigma z^{-1}}$$

式中，$\sigma=e^{-T/T_1}$（T_1 为连续系统的时间常数）。

显然，采样周期 T 的减小，将引起 σ 增大，从而使常数系数 $1-\sigma$ 减小。而控制量为

$$U(z)=\frac{\Phi(z)}{G(z)}R(z)$$

显然，控制量将随着该常数系数的减小而增大，即计算得到的控制量将会较大，其控制

作用易超出实际系统允许范围。由于执行机构的饱和特性，控制量将被限定在最大值以内，实际系统将很难按最少拍设计的控制量序列进行操作，控制系统效果因而会变坏。此外，在控制量过大时，由于对象实际上存在非线性特性，其传递函数也会有所变化。这些都将使最少拍控制设计目标不能如愿实现。

（4）在采样点之间容易产生纹波

最少拍控制只能保证在采样点上的稳态误差为零。在许多情况下，系统在采样点之间的输出呈现纹波（即在两个采样点之间的输出有波动，与给定值有偏差）。这不但使实际控制不能达到预期目的，而且增加了功率损耗和机械磨损。因此，最少拍控制在工程上的应用受到很大限制，但是人们可以针对最少拍控制的局限性，在其设计基础上加以改进，以获得较为满意的控制效果。

4.4 纯滞后补偿控制

绝大部分的实际系统都存在纯滞后时间，但通常情况下，我们按系统无纯滞后时间设计控制器，这样就很难保证系统的性能达到期望的效果，为此要有专门的对策设计对应的控制算法。本节首先介绍纯滞后现象，之后介绍两种能够补偿纯滞后时间带来不利影响的常规算法：大林控制算法和Smith预估控制算法，介绍它们的基本设计方法。两种算法并不能完全克服纯滞后现象或者在应用中还存在不足，所以介绍一些改进方法。另外，学习过程中要重点理解纯滞后现象为什么会对系统产生不利影响，才能更好地理解两种控制算法的基本原理。

4.4.1 纯滞后现象

系统或者被控对象受到某一控制作用后并没有立即对控制产生响应，而是要经过一段时间的延迟后才响应，这段延迟的时间叫作纯滞后时间，如图4-27所示。虽然在零时刻就给系统一个控制作用，但滞后1s后系统才有响应输出。由于该纯滞后时间的存在，控制量不能及时发挥作用，被控变量不能及时调节，对系统的性能产生不利影响，把这种现象称为纯滞后现象。拉普拉斯变换形式下，纯滞后环节用 $e^{-\tau s}$ 表示，τ 为纯滞后时间。

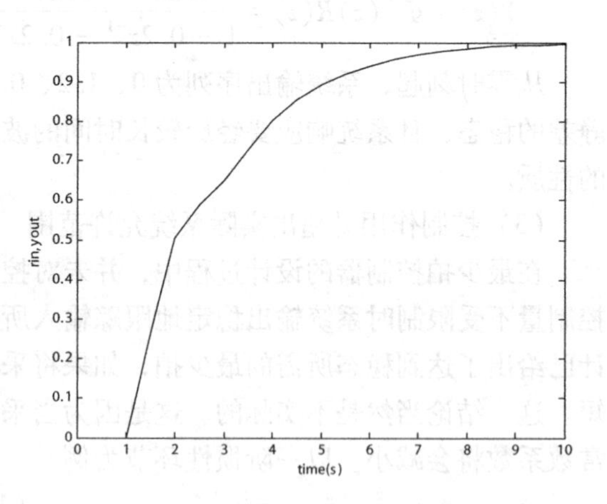

图4-27 具有纯滞后时间的系统响应曲线

大多数工业过程和被控对象都有纯滞后特性，例如造纸生产过程、化学反应器、精馏塔、温度系统等都存在纯滞后时间。在控制系统中，纯滞后时间可以出现在系统不同的位置上。纯滞后时间可能存在于主过程中，也可能存在于测量通道、执行机构等。把这类纯滞后时间称为前向控制通道的纯滞后时间，它们对系统的影响较大。还有纯滞后时间出现在于干扰通道中，它们对系统的影响不大。纯滞后时间对系统的控制品质产生不良的影响，主要体现在：

1）纯滞后时间的存在不利于控制。若测量方面有了纯滞后时间，则会使控制器不能及时发觉被控变量的变化情况，偏差变化不及时，控制量也不能及时变化；控制方面（如执行机构）有了纯滞后时间，则使控制作用不能及时产生效应。

2）不利于闭环系统的稳定性，使其控制品质下降。理论分析表明，纯滞后时间出现在前向控制通道时，会引起系统相位滞后的增大，从而使交界频率（开环相频特性中$-\pi$处的频率）和允许的最大增益降低，使系统闭环响应对周期性扰动更加敏感，系统的稳定性降低。同时，考虑到允许的最大增益降低，为了保证闭环响应的稳定，必须要降低控制的增益，这将导致响应变缓慢。另外，由于控制量的作用效应滞后，相当于系统希望给较大控制量时只能给出较小控制量，该给出较小控制量时却给出较大控制量，系统易于产生超调量。

一般来说，纯滞后时间对控制系统品质的影响不主要取决于它的绝对大小，实际上主要取决于它与系统惯性时间常数T_m之比（τ/T_m）的大小。我们通常用τ/T_m来衡量系统（或过程、对象）是否具有大纯滞后时间。若$\tau/T_m>0.5$时，应作为大纯滞后系统看待，必须采用对应的控制算法以解决纯滞后时间引起的不良影响；若$\tau/T_m<0.3$时，可当作小纯滞后系统看待，对系统的不良影响不大，可用常规的控制算法。

4.4.2　大林控制算法及仿真

美国 IBM 公司的大林（Dahlin）在 1968 年提出了一种针对工业生产过程中，含有纯滞后时间的控制算法，具有较好的效果。这个算法称为大林控制算法。

1. 大林控制算法

假设带有纯滞后环节的一阶、二阶惯性环节的对象分别为

$$G(s)=\frac{Ke^{-\tau s}}{T_1s+1}$$

$$G(s)=\frac{Ke^{-\tau s}}{(T_1s+1)(T_2s+1)}$$

式中，τ为纯滞后时间；T_1、T_2为时间常数；K为增益系数。为简单起见，设$\tau=lT$，l为正整数，即纯滞后时间是采样周期的整数倍。

大林控制算法的设计目标：设计合适的数字控制器，使整个闭环系统的传递函数为具有时间纯滞后的一阶惯性环节，而且要求闭环系统的纯滞后时间等于对象的纯滞后时间。这时

$$\Phi(s)=\frac{e^{-\tau s}}{T_\tau s+1}\qquad \tau=lT$$

式中，T_τ为期望的闭环时间常数，即希望加上控制器后闭环系统所具有的时间常数，系统设计者可根据具体情况选定。

大林控制算法的设计方法

假设
$$\Phi(s)=\frac{e^{-\tau s}}{T_\tau s+1}\qquad \tau=lT$$

采用零阶保持器，且采样周期为T，闭环系统的脉冲传递函数为

$$\begin{aligned}\Phi(z)&=\frac{Y(z)}{R(z)}=Z\left[\frac{1-e^{-Ts}}{s}\Phi(s)\right]\\&=Z\left[\frac{1-e^{-Ts}}{s}\frac{e^{-lTs}}{T_\tau s+1}\right]=z^{-l}\frac{(1-e^{-T/T_\tau})z^{-1}}{1-e^{-T/T_\tau}z^{-1}}=z^{-l}\frac{(1-\sigma)z^{-1}}{1-\sigma z^{-1}}\end{aligned}\tag{4-43}$$

相应的数字控制器可由下式给出

$$D(z)=\frac{1}{G(z)}\frac{\Phi(z)}{1-\Phi(z)}$$

$$=\frac{1}{G(z)}\frac{(1-\sigma)z^{-(l+1)}}{1-\sigma z^{-1}-(1-\sigma)z^{-(l+1)}} \tag{4-44}$$

式中，$\sigma=\mathrm{e}^{-T/T_\tau}$。

1）当被控对象为带有纯滞后时间的一阶惯性环节时

$$G(z)=Z\left[\frac{1-\mathrm{e}^{-Ts}}{s}\frac{K\mathrm{e}^{-lTs}}{T_1s+1}\right]=Kz^{-l-1}\frac{1-\mathrm{e}^{-T/T_1}}{1-\mathrm{e}^{-T/T_1}z^{-1}}=\frac{K(1-\sigma_{\mathrm{a}})z^{-(l+1)}}{1-\sigma_{\mathrm{a}}z^{-1}}$$

代入式（4-44）中，得

$$D(z)=\frac{(1-\sigma)(1-\sigma_{\mathrm{a}}z^{-1})}{K(1-\sigma_{\mathrm{a}})[1-\sigma z^{-1}-(1-\sigma)z^{-(l+1)}]} \tag{4-45}$$

2）当被控对象为带有纯滞后时间的二阶惯性环节时

$$G(z)=Z\left[\frac{1-\mathrm{e}^{-Ts}}{s}\frac{K\mathrm{e}^{-lTs}}{(T_1s+1)(T_2s+1)}\right]=\frac{K(C_1+C_2z^{-1})z^{-(l+1)}}{(1-\mathrm{e}^{-T/T_1}z^{-1})(1-\mathrm{e}^{-T/T_2}z^{-1})}$$

$$=\frac{K(C_1+C_2z^{-1})z^{-(l+1)}}{(1-\sigma_{\mathrm{a}}z^{-1})(1-\sigma_{\mathrm{b}}z^{-1})}$$

式中

$$\begin{cases}C_1=1+\dfrac{1}{T_2-T_1}(T_1\sigma_{\mathrm{b}}-T_2\sigma_{\mathrm{a}})\\[2ex]C_2=\sigma_{\mathrm{a}}\sigma_{\mathrm{b}}+\dfrac{1}{T_2-T_1}(T_1\sigma_{\mathrm{a}}-T_2\sigma_{\mathrm{b}})\end{cases}$$

代入式（4-44）中，得

$$D(z)=\frac{(1-\sigma)(1-\sigma_{\mathrm{a}}z^{-1})(1-\sigma_{\mathrm{b}}z^{-1})}{K(C_1+C_2z^{-1})[1-\sigma z^{-1}-(1-\sigma)z^{-(l+1)}]} \tag{4-46}$$

例 4-16 设被控对象为

$$G(s)=\frac{\mathrm{e}^{-0.76s}}{0.4s+1}$$

采样时间为 0.5s，期望的闭环传递函数为

$$\Phi(s)=\frac{Y(s)}{R(s)}=\frac{\mathrm{e}^{-0.76s}}{0.15s+1}$$

加零阶保持器后，对象及闭环传递函数分别为

$$G(z)=\frac{0.4512z^{-2}+0.2623z^{-3}}{1-0.2865z^{-1}}$$

$$\Phi(z)=\frac{0.7981z^{-2}+0.1662z^{-3}}{1-0.03567z^{-1}}$$

大林控制器

$$D(z)=\frac{0.7981+0.09091z^{-1}-0.0454z^{-2}+0.0017z^{-3}}{0.4512+0.2301z^{-1}-0.3782z^{-2}-0.2712z^{-3}-0.03346z^{-4}+0.00155z^{-5}}$$

仿真程序如下：

```
clear all;
close all;
ts=0.5;
%对象的传递函数
sys1=tf([1],[0.4,1],'inputdelay',0.76);
dsys1=c2d(sys1,ts,'zoh');
[num1,den1]=tfdata(dsys1,'v');
%期望的闭环系统传递函数
sys2=tf([1],[0.15,1],'inputdelay',0.76);
dsys2=c2d(sys2,ts,'zoh');
%大林控制器设计
dsys=1/dsys1*dsys2/(1-dsys2);
[num,den]=tfdata(dsys,'v');
u_1=0.0;u_2=0.0;u_3=0.0;u_4=0.0;u_5=0.0;
y_1=0.0;
error_1=0.0;error_2=0.0;error_3=0.0;
ei=0;
for k=1:1:50
time(k)=k*ts;
rin(k)=1.0;   %Tracing Step Signal
yout(k)=-den1(2)*y_1+num1(2)*u_2
        +num1(3)*u_3;
error(k)=rin(k)-yout(k);
M=2;
if M==1        %采用大林算法
   u(k)=(num(1)*error(k)+num(2)*error_1
        +num(3)*error_2+num(4)*error_3
        -den(3)*u_1-den(4)*u_2-den(5)*u_3
        -den(6)*u_4-den(7)*u_5)/den(2);
elseif M==2        %采用常规的PID控制
ei=ei+error(k)*ts;
u(k)=1.0*error(k)+0.10*(error(k)-error_1)/ts
      +0.50*ei;
end
%数据存储
u_5=u_4;u_4=u_3;u_3=u_2;u_2=u_1;u_1=u(k);
y_1=yout(k);
error_3=error_2;error_2=error_1;error_1=error(k);
end
plot(time,rin,'b',time,yout,'r');
xlabel('time(s)');ylabel('rin,yout');
```

图4-28a为常规PID控制的仿真结果，由图可见，受控系统的输出波动大，过渡过程时间长，动态和静态特性都较差，超调大。说明常规的PID控制不能克服纯滞后时间带来的不良影响。图4-28b为大林算法控制的结果，由图可见，系统输出响应的过渡过程比较平滑，很快进入稳态，具有较好的动态、静态特性。

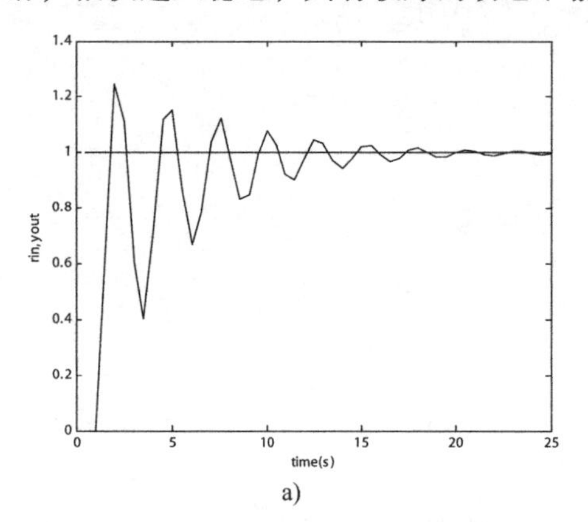

a)

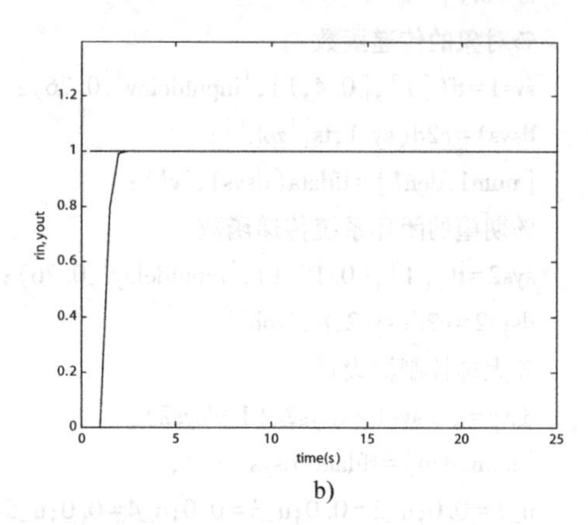

b)

图4-28 具有时滞的系统响应曲线

a）常规PID控制结果 b）大林算法控制结果

2. 振铃现象及其抑制

例4-17 已知被控对象的传递函数为

$$G(s)=\frac{e^{-1.46s}}{3.34s+1}$$

采样周期 $T=1\text{s}$，期望的闭环系统时间常数为 $T_\tau=1\text{s}$，试用大林算法，求数字控制器 $D(z)$。

解：系统的广义对象的脉冲传递函数为

$$G(z)=\frac{0.1493z^{-2}(1+0.733z^{-1})}{1-0.7413z^{-1}}$$

系统的闭环脉冲传递函数为

$$\Phi(z)=\frac{0.3935z^{-2}}{1-0.6065z^{-1}}$$

数字控制器的脉冲传递函数为

$$D(z)=\frac{2.6356(1-0.7413z^{-1})}{(1+0.733z^{-1})(1-z^{-1})(1+0.3935z^{-1})}$$

当输入为单位阶跃信号时，系统输出为

$$Y(z)=\Phi(z)R(z)=\frac{0.3935z^{-2}}{(1-0.6065z^{-1})(1-z^{-1})}$$

$$=0.3935z^{-2}-0.6322z^{-3}+0.7769z^{-4}+0.8647z^{-5}+\cdots$$

控制量为

$$U(z)=\frac{Y(z)}{G(z)}=\frac{2.6356(1-0.7423z^{-1})}{(1-0.6065z^{-1})(1-z^{-1})(1+0.733z^{-1})}$$

$$= 2.6356 + 0.3484z^{-1} + 1.8096z^{-2} + 0.6078z^{-3} + 1.4093z^{-4} + \cdots$$

以上表达式用图表示，如图 4-29 所示，这就是振玲现象。

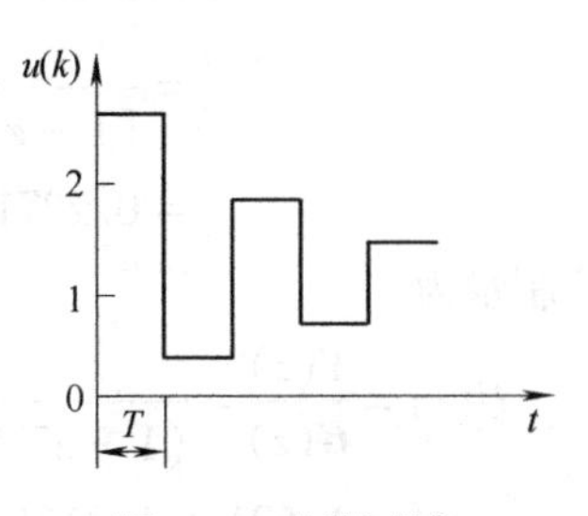

图 4-29　振铃现象

由图 4-29 看出，系统输出在采样点上按指数形式跟随给定值，但控制量却有大幅度的摆动，其振荡频率为采样频率的二分之一。大林把这种控制量以二分之一的采样频率振荡的现象称为振铃。引起振铃的根源是控制量 $U(z)$ 中有 $z=-1$ 附近的极点。极点离 $z=-1$ 越近，振铃振幅越大，振铃现象越严重；离 $z=-1$ 越远振铃现象就越弱。被控对象在单位圆内左半平面上有零点时，会加剧振铃现象（设计控制器时该零点变成了控制器的极点）；而右半平面有极点时，会减轻振铃现象。

振铃并不是大林算法中所特有的现象，它与前面所述的最少拍控制中的纹波现象本质上是一致的。振铃现象会引起在采样点之间系统输出纹波，可导致执行机构磨损，使回路动态性能变坏。因此在系统设计中，必须将它消除。

衡量振铃的强烈程度是振铃幅度 *RA*。*RA* 定义为：控制器在单位阶跃输入作用下，第 0 次输出幅度减去第 1 次输出幅度所得的差值。如图 4-30 所示。

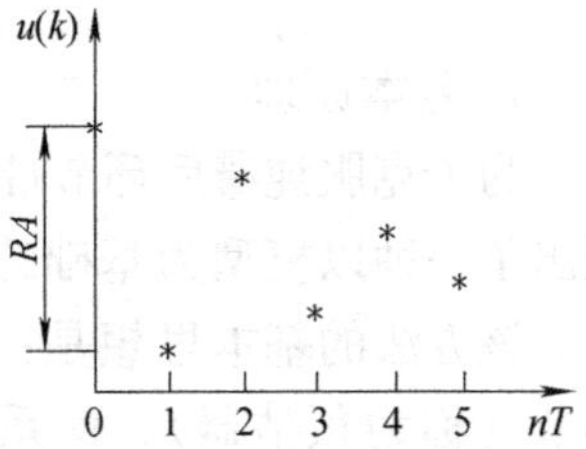

图 4-30　振铃幅度定义示意

大林算法的数字控制器 $D(z)$ 的基本形式可写成

$$D(z) = Kz^{-m}\frac{1 + b_1z^{-1} + b_2z^{-2} + \cdots}{1 + a_1z^{-1} + a_2z^{-2} + \cdots} = Kz^{-m}Q(z)$$

式中，$Q(z) = \dfrac{1 + b_1z^{-1} + b_2z^{-2} + \cdots}{1 + a_1z^{-1} + a_2z^{-2} + \cdots}$。

控制器输出幅度的变化主要取决于 $Q(z)$。

消除振铃的方法：先找出数字控制器中产生振铃现象的极点，令其中 $z=1$，这样就可取消这个极点，即可消除振铃现象。并且由终值定理知道，$t\to\infty$ 时，对应 $z\to 1$，因此，这样处理并不影响输出的稳态值。

在上例中，大林控制器为

$$D(z) = \frac{2.6356(1 - 0.7413z^{-1})}{(1 + 0.733z^{-1})(1 - z^{-1})(1 + 0.3935z^{-1})}$$

显然存在 $z=-0.733$ 和 $z=-0.3935$ 两个 $z=-1$ 附近的极点，其中第一极点离 $z=-1$ 最近，设法消除它。用以上消除振铃方法，令 $z=1$，即用 $1+0.733=1.733$ 代替 $1+0.733z^{-1}$项，可得如下算式：

$$D(z) = \frac{1.5208(1 - 0.7413z^{-1})}{(1 - z^{-1})(1 + 0.3935z^{-1})}$$

由于控制器修改了，相应地，闭环系统的脉冲传递函数也不再是设计时的传递函数，修改为

$$\Phi(z) = \frac{D(z)G(z)}{1 + D(z)G(z)} = \frac{0.2271z^{-2}(1 + 0.733z^{-1})}{1 - 0.6065z^{-1} - 0.1664z^{-2} + 0.1664z^{-3}}$$

在单位阶跃输入时，系统输出为

$$Y(z)=\Phi(z)R(z)$$
$$=\frac{0.2271z^{-2}(1+0.733z^{-1})}{(1-z^{-1})(1-0.6065z^{-1}-0.1664z^{-2}+0.1664z^{-3})}$$
$$=0.2271z^{-2}+0.5312z^{-3}+0.7534z^{-4}+0.9009z^{-5}+\cdots$$

控制量为

$$U(z)=\frac{Y(z)}{G(z)}=\frac{1.521(1-0.7413z^{-1})}{(1-z^{-1})(1-0.6065z^{-1}-0.1664z^{-2}+0.1664z^{-3})}$$
$$=1.521+1.3161z^{-1}+1.445z^{-2}+1.2351z^{-3}+1.1634z^{-4}+1.063z^{-5}+\cdots$$

由以上计算结果可见，振铃现象和输出值的纹波已经减小很多，可以认为基本已消除。

大林算法只适用于稳定的对象。此外，对于有单位圆外零点的对象，其零点将变成控制器的极点，会引起不稳定的控制。在这种情况下，也可采用上述消除振铃极点的办法来处理。

4.4.3　Smith 预估控制及仿真

1. 基本原理

为了克服纯滞后环节带来的不利效应，改善时滞系统的控制品质，1957 年 O. J. M. Smith 提出了一种以模型为基础的预估补偿控制方法。该方法的基本思想是：引入适当的反馈环节（称为预估器），使系统闭环传递函数的分母项中不含纯滞后环节。如图 4-31 所示。

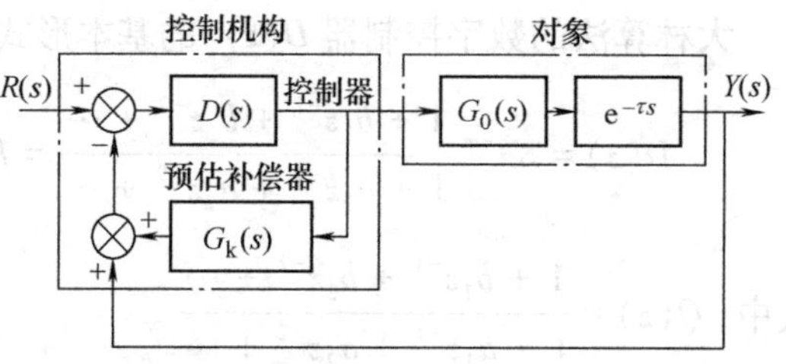

图 4-31　具有预估补偿器的控制系统

由图 4-31 可知，引入预估器后系统的闭环传递函数为

$$\frac{Y(s)}{R(s)}=\frac{D(s)G_0(s)e^{-\tau s}}{1+D(s)G_k(s)+D(s)G_0(s)e^{-\tau s}}$$

式中，$G_0(s)$ 表示没有纯滞后的实际对象；τ 为实际的纯滞后时间；$D(s)$ 为控制器；$G_k(s)$ 为预估器。

希望系统闭环传递函数的分母项中不含纯滞后环节，并具有与无滞后环节系统相同的闭环特征方程，即

$$1+D(s)G_k(s)+D(s)G_0(s)e^{-\tau s}=1+D(s)G_0(s)=0$$

有

$$G_k(s)=(1-e^{-\tau s})G_0(s) \tag{4-47}$$

上式是数学推导的结果，实际上，它是通过模型的建立来获得的，即

$$G_k(s)=(1-e^{-\hat{\tau}s})\hat{G}_0(s) \tag{4-48}$$

式中，$\hat{G}_0(s)$ 表示建立的没有纯滞后环节的对象数学模型；$\hat{\tau}$ 表示估计的纯滞后时间。

式（4-48）为典型的 Smith 预估器表达式，由图 4-31 可变化为图 4-32。

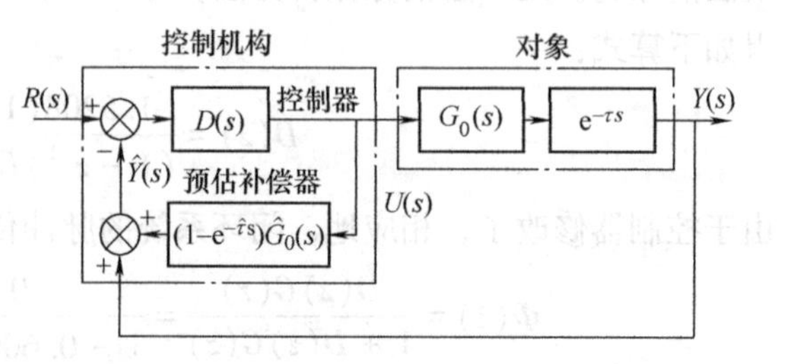

图 4-32　具有 Smith 预估补偿器的控制系统

由图 4-32 可得反馈量的计算式

$$\begin{aligned}\hat{Y}(s) &= G_k(s)U(s) + G_0(s)e^{-\tau s}U(s) \\ &= (1 - e^{-\hat{\tau}s})\hat{G}_0(s)U(s) + G_0(s)e^{-\tau s}U(s) \\ &= \hat{G}_0(s)U(s) + G_0(s)e^{-\tau s}U(s) - \hat{G}_0(s)e^{-\hat{\tau}s}U(s)\end{aligned} \tag{4-49}$$

式（4-49）中，按其表达顺序主要由三部分组成：没有纯滞后时间的模型系统输出，有纯滞后时间的实际系统输出，有纯滞后时间（估计值）的模型系统输出。若用差分方程表示，表达式如下：

$$\hat{y}(k) = y_m(k) + y(k) - \hat{y}_m(k) \tag{4-50}$$

式（4-49）中，若 $\hat{G}_0(s) = G_0(s)$，$\hat{\tau} = \tau$，即模型精确时，则

$$\hat{Y}(s) = \hat{G}_0(s)U(s) \tag{4-51}$$

上式表明，在满足模型与实际对象完全一致的条件下，预估的输出没有纯滞后时间的延迟，反馈到控制器时也就没有滞后。

若不加入预估器作为反馈环节，实际系统的输出为

$$Y(s) = G_0(s)e^{-\tau s}U(s) \tag{4-52}$$

上式表明，控制量要滞后 τ 后才作用到对象，系统的实际输出要有一定的滞后，反馈到控制器也就存在滞后。

由此，Smith 预估控制的物理意义：预先估计出系统（过程或对象）在基本扰动作用下的动态响应，然后由预估器进行补偿，使被延迟的被控量超前反馈到控制器，使控制器提前动作，从而降低超调量，并加速调节过程。

例 4-18　设被控对象为

$$G(s) = \frac{e^{-80s}}{60s + 1}$$

采样时间为 20s。设计 Smith 预估控制器。

设计 Smith 预估控制系统，在获得预估器参数的前提下，主要是根据式（4-50）计算反馈量。

说明：仿真程序中，M=1 表示模型不精确，并采用 Smith 预估补偿器+PI 控制器；M=2 表示模型精确，采用 Smith 预估补偿器+PI 控制器；M=3 表示采用 PI 控制器。S=1 表示输入信号为阶跃信号，S=2 表示输入信号为方波信号。

仿真程序如下：

```
clear all; close all; Ts=20;
%具有时滞的对象
kp=1; Tp=60; tol=80;
sys=tf([kp],[Tp,1],'inputdelay',tol);
dsys=c2d(sys,Ts,'zoh');
[num,den]=tfdata(dsys,'v');
M=1;
if M==1    %模型不精确
   kp1=kp*1.10;
```

```
    Tp1=Tp*1.10;
    tol1=tol*1.0;
elseif M==2|M==3  %模型精确
    kp1=kp;
    Tp1=Tp;
    tol1=tol;
end
sys1=tf([kp1],[Tp1,1],'inputdelay',tol1);
dsys1=c2d(sys1,Ts,'zoh');
[num1,den1]=tfdata(dsys1,'v');
u_1=0.0;u_2=0.0;u_3=0.0;u_4=0.0;u_5=0.0;
e1_1=0;e2=0.0;e2_1=0.0;ei=0;
xm_1=0.0;ym_1=0.0;y_1=0.0;
for k=1:1:600
   time(k)=k*Ts;
S=2;
if S==1  %阶跃输入信号
    rin(k)=1.0;
end
if S==2  %方波输入信号
    rin(k)=sign(sin(0.0002*2*pi*k*Ts));
end
%没有时滞的模型系统输出
xm(k)=-den1(2)*xm_1+num1(2)*u_1;
%有时滞的模型系统输出
ym(k)=-den1(2)*ym_1+num1(2)*u_5;
%有时滞的实际系统输出
yout(k)=-den(2)*y_1+num(2)*u_5;
if M==1  %模型不精确:PI+Smith
    e1(k)=rin(k)-yout(k);
    e2(k)=e1(k)-xm(k)+ym(k);
    ei=ei+Ts*e2(k);
    u(k)=0.50*e2(k)+0.010*ei;
    e1_1=e1(k);
elseif M==2  %模型精确:PI+Smith
    e2(k)=rin(k)-xm(k);
    ei=ei+Ts*e2(k);
    u(k)=0.50*e2(k)+0.010*ei;
    e2_1=e2(k);
elseif M==3  % PI控制
    e1(k)=rin(k)-yout(k);
    ei=ei+Ts*e1(k);
    u(k)=0.50*e1(k)+0.010*ei;
```

```
    e1_1=e1(k);
end
xm_1=xm(k);
ym_1=ym(k);
u_5=u_4;u_4=u_3;u_3=u_2;u_2=u_1;u_1=u(k);
y_1=yout(k);
end
plot(time,rin,'b',time,yout,'r');
xlabel('time(s)');ylabel('rin,yout');
```

图 4-33 是 Smith 预估控制系统仿真结果，输入分别是方波信号、阶跃信号以及模型精确和模型不精确的情况，由图可见，模型精确时控制系统有更好的动态性能。图 4-34 是 PI 控制的系统仿真结果，由图可见，系统的动态、静态性能均比 Smith 预估控制系统差。

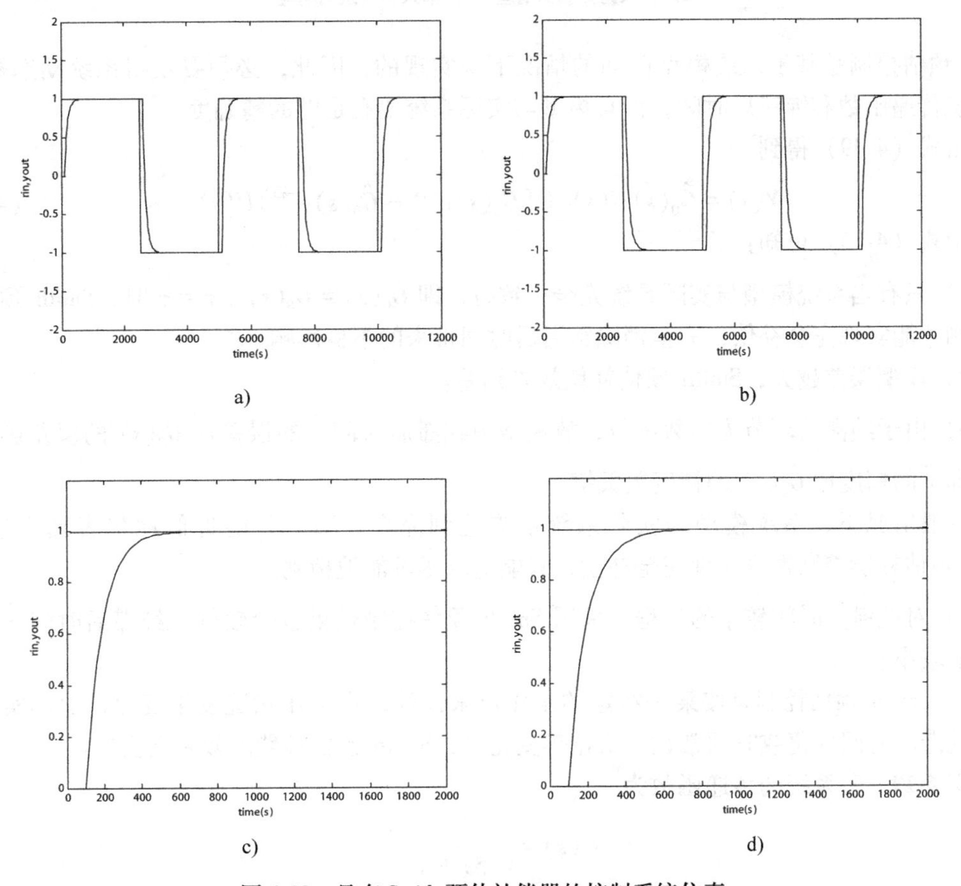

图 4-33　具有 Smith 预估补偿器的控制系统仿真

a）模型精确、输入为方波的响应　b）模型不精确、输入为方波响应

c）模型精确、输入为阶跃的响应　d）模型不精确、输入为阶跃的响应

2. 典型的 Smith 预估控制存在的问题

由上面的分析可知，在实施 Smith 预估控制时需要注意系统模型的建立和精确度问题。

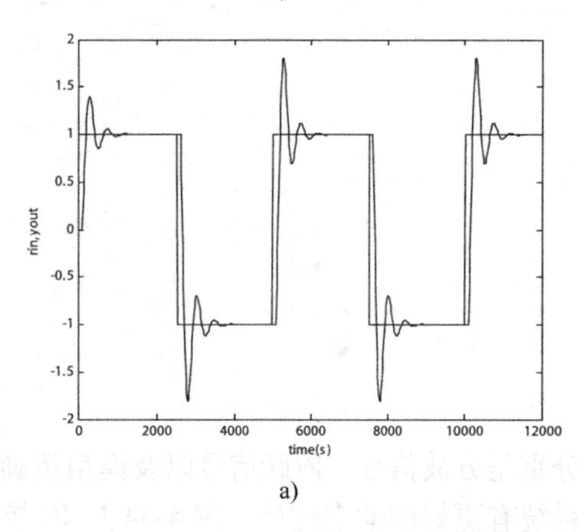

a)

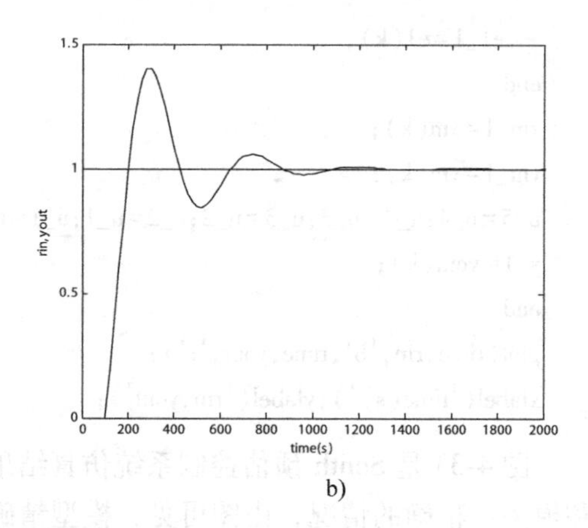

b)

图4-34　PI控制的系统仿真

a）输入为方波的响应　b）输入为阶跃的响应

Smith预估控制是基于系统模型已知的情况下来实现的，因此，必须要获得系统动态模型，即系统传递函数和纯滞后时间，而且模型与实际系统要有足够的精确度。

由式（4-49）得到

$$\hat{Y}(s)=\hat{G}_0(s)U(s)+[G_0(s)\mathrm{e}^{-\tau s}-\hat{G}_0(s)\mathrm{e}^{-\hat{\tau}s}]U(s) \tag{4-53}$$

由式（4-53）可知：

1）只有当系统模型与实际系统完全一致时，即 $\hat{G}_0(s)=G_0(s)$，$\hat{\tau}=\tau$ 时，Smith预估补偿控制才能实现完全补偿，完全消除纯滞后时间带来的不良影响。

2）模型误差越大，Smith预估补偿效果越差。

3）由于纯滞后环节为指数函数，故模型中纯滞后时间 $\hat{\tau}$ 的误差比 $\hat{G}_0(s)$ 的误差影响更大，即 $\hat{\tau}$ 的精度比 $\hat{G}_0(s)$ 的精度更关键。

一般情况下，系统模型与实际系统很难达到完全一致，只能近似地代表真实过程，Smith预估补偿控制很难实现完全补偿，只能追求尽可能地精确。

4）对纯滞后时间较小的过程，采用Smith预估控制效果也会较好。纯滞后时间 $\hat{\tau}$ 的误差影响较小。

5）Smith预估控制是按某一特定的工作点来设计，当工作状况发生变化，引起实际过程的纯滞后时间变化或时间常数、增益等变化时，Smith预估补偿的效果会变差。

例4-19　若系统的传递函数为

$$G(s)=\frac{1}{0.5s+1}\mathrm{e}^{-s}$$

$\tau=1\mathrm{min}$，$K_0=1$，分析Smith预估控制在模型有误差时对系统性能的影响。

分析如下：

1）若采用简单的单位反馈控制，且取纯比例控制，系统开环传递函数为

$$G_{0\mathrm{L}}(s)=\frac{K_\mathrm{c}}{0.5s+1}\mathrm{e}^{-s}$$

通过其频率特性可得：交界频率=2.3rad/min，临界增益=1.52，即 $K_\mathrm{c}<1.52$ 才能保持

系统的稳定。若取 $K_c=1.5$，对于阶跃输入，系统静差为

$$e(\infty)=\lim_{s\to 0}sE(s)=\frac{1}{1+K_0K_c}=\frac{1}{1+1\times 1.5}=0.4$$

静差达到了40%，一般来说是不允许的。

2）若采用Smith预估补偿控制，设系统模型与实际系统完全一致，滞后引起的负面影响完全可以得到补偿，这时 K_c 可以取很大的值，若 $K_c=50$，系统静差为

$$e(\infty)=\lim_{s\to 0}sE(s)=\frac{1}{1+K_0K_c}=\frac{1}{1+1\times 50}=0.0196$$

静差为1.96%，已经非常小。

若 $\hat{\tau}=0.8\text{min}$，与实际的纯滞后时间有一定差距，则不能实现完全补偿，仍然会引起附加的相位滞后，计算得到：交界频率=9.0rad/min，临界增益=4.6，即 $K_c<4.6$，若就取该临界值，系统静差为

$$e(\infty)=\lim_{s\to 0}sE(s)=\frac{1}{1+K_0K_c}=\frac{1}{1+1\times 4.6}=0.1786$$

静差也达到了17.86%，还是相当大的。

3. 改进的Smith预估控制

由于Smith预估控制方法最大的弱点是对过程模型的误差十分敏感，如果模型的纯滞后时间与实际值相差较大，则系统的品质就会大大降低。一般来说，过程参数（特别是对象增益 K_0 和滞后时间 τ）变化10%~15%时，Smith预估补偿就失去了良好的控制效果。在工业生产过程中要获得精确的广义对象模型是十分困难的，而且对象的特性又随着运行条件的变化而改变，所以，理论上研究和设计的Smith预估控制方法虽然效果良好，但在工程实际应用中仍然存在一定的局限性。因此前人提出了很多Smith预估控制的改进方法。如针对一阶小积分时滞过程的Matausek法和Astrom法，控制器采用固定的PD控制器形式的Majhi法和采用不同的控制器形式的Kaya法，这些方法特定情况下也能保持较好的控制，但是Smith预估控制存在的缺陷并没有从根本上消除。目前常用的方法，通常是一些控制参数随运行条件变化而自适应地调整或改变的方法，如增益自适应补偿控制、动态参数自适应补偿控制、与智能控制结合的自适应控制等，这些方法将在下文介绍。

（1）增益自适应补偿控制

增益自适应Smith预估控制原理如图4-35所示，它是由贾尔斯（R. F. Giles）和巴特利（T. M. Bartley）在1977年提出来的。由图可见其结构原理为：Smith补偿模型之外增加了一个除法器、一个识别器（一节微分环节）和一个乘法器。其中，除法器是将实际过程的输出值除以预估模型的输出值，识别器的微分时间常数 $T_0=\tau$，它使实际过程输出比预估模型输出提前 τ 的时间进入乘法器，乘法器将无滞后的预估器输出乘以识别器输出后送入控制器。

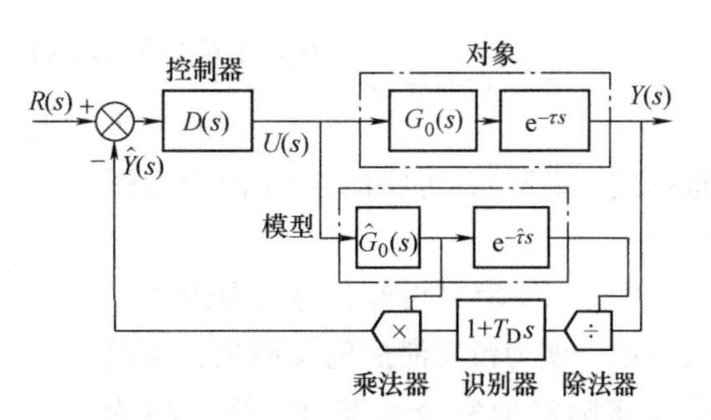

图4-35　增益自适应Smith预估补偿控制原理

其工作原理如下：

在理想情况下，当预估模型与实际对象的动态特性完全一致时，图中的除法器的输出为1，识别器的输出也为1，乘法器的输出为没有时间滞后的预估器输出，此时，整个控制系统就为上述的典型Smith预估补偿控制。

在实际情况下，若预估器模型与实际对象动态特性的增益存在偏差，设模型的增益为k_0，实际对象的增益变化为$k_0\pm\Delta k$，则除法器的输出为$(k_0\pm\Delta k)/k_0$；若实际对象的其他参数不变化，此时识别器中的微分项不起作用，其输出也为$(k_0\pm\Delta k)/k_0$，乘法器的输出变化为

$$\hat{Y}(s)=\left(\frac{k_0\pm\Delta k}{k_0}\right)\hat{G}_0(s)U(s)=\left(\frac{k_0\pm\Delta k}{k_0}\right)k_0G_{\mathrm{m}}(s)U(s)=(k_0\pm\Delta k)G_{\mathrm{m}}(s)U(s) \quad (4\text{-}54)$$

式中，$G_{\mathrm{m}}(s)$为增益为1的模型传递函数。

显见，随着实际对象增益变化Δk，反馈量也变化Δk，相当于预估模型的增益变化Δk，增益自适应补偿控制起到了自适应作用，使补偿器模型得到完全补偿。

(2) 动态参数自适应补偿控制

1992年，Hang. C. C 提出了一种动态参数自适应Smith预估补偿控制，其基本原理如图4-36所示。图中$D_1(s)$、$D_2(s)$分别为第一控制器、第二控制器，一般均采用PI控制。动态参数包括实际对象的增益、时间常数和纯滞后时间。

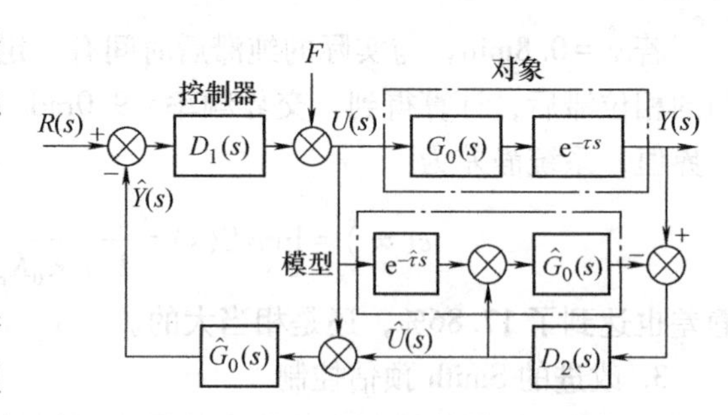

图4-36　动态参数自适应Smith预估补偿控制原理

由图4-36可得

$$Y(\hat{s})=G_0(\hat{s})[U(s)+U(\hat{s})]$$

$$U(\hat{s})=\{Y(s)-G_0(\hat{s})[U(s)\mathrm{e}^{-\hat{\tau}s}+U(\hat{s})]\}D_2(s)$$

得

$$U(\hat{s})=\frac{[Y(s)-G_0(\hat{s})U(s)\mathrm{e}^{-\hat{\tau}s}]D_2(s)}{1+D_2(s)G_0(\hat{s})}$$

$$Y(\hat{s})=G_0(\hat{s})U(s)+\frac{D_2(s)G_0(\hat{s})[Y(s)-G_0(\hat{s})\mathrm{e}^{-\hat{\tau}s}U(s)]}{1+D_2(s)G_0(\hat{s})}$$

$$=G_0(\hat{s})U(s)+\frac{D_2(s)G_0(\hat{s})[G_0(s)\mathrm{e}^{-\tau s}-G_0(\hat{s})\mathrm{e}^{-\hat{\tau}s}]U(s)}{1+D_2(s)G_0(\hat{s})} \quad (4\text{-}55)$$

根据式(4-55)，可将图4-36简化为图4-37。

由式(4-55)可知，等式右边多项式的第一项为没有滞后的反馈量，当模型与实际对象完全匹配时，第二项为零，实现完全补偿。第二项是对实际过程输出与模型输出的偏差的调节，只要设计好第二控制器的参数，可以调节该

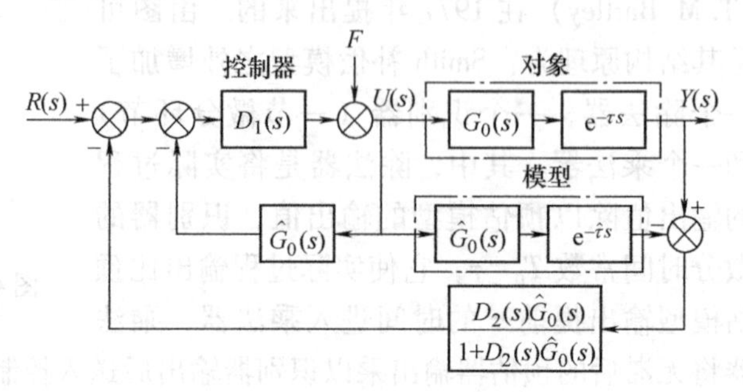

图4-37　图4-36的等效原理图

偏差，使之趋向于零，克服实际过程动态参数变化的不利影响。

4.5　模糊控制

4.5.1　模糊控制的发展和概述

美国教授查德（L. A. Zandeh）于 1965 年首先提出了模糊集合的概念，开创了模糊数学及其应用的新纪元。1974 年，英国伦敦大学教授 E. H. Mamdani 研制成功第一个模糊控制器控制的锅炉和蒸汽机以来，模糊控制技术开始得到广泛应用，其中比较典型的有：热交换过程的控制、污水处理过程的控制、模型小车的停靠和转弯控制、交通路口控制、水泥窑控制、电流和核反应堆的控制等，且生产出了专用的模糊芯片和模糊计算机。

模糊控制是模糊逻辑理论在控制工程中的应用。它的基本思想是用语言归纳操作人员的控制策略（包括知识、经验和直觉等），运用语言变量和模糊集合理论形成控制算法。它在一定程度上模仿了人在操作控制中的思维和逻辑推理。模糊控制不需要建立控制对象精确的数学模型，只要把现场操作人员的经验和数据总结成较完善的语言控制规则，就能绕过对象的不确定性、不精确性、噪声以及非线形、时变性、时滞等对数学模型的影响，系统的鲁棒性强，尤其适用于非线形、时变、滞后系统的控制。

模糊控制是控制领域内非常有发展前途的一个分支，有着传统控制无法比拟的优点：

1）描述简单。不需要为被控对象建立精确的数学模型，用语言对其进行描述即可。

2）容易学习。有一定操作经验的工作者，即可掌握模糊控制方法。

3）适应性强。模糊控制的动态响应品质优于常规 PID 控制，且系统对过程参数变化具有较强的适应性。

4）程序短。需要的存储容量小，采用查表法或计算法的控制系统所需要的存储量都较少。

5）开发方便、迅速。不必对控制对象了解得非常清楚（特别是对象的数学模型），就可以开始设计和调试。通过调试，逐步调整参数，以优化系统。

6）可靠性高。因为在模糊控制系统中，各规则相互独立，输出是规则合并的结果。如果一条规则出错，系统可能不太优化，但仍然能够工作。并且，模糊规则允许工作环境发生一定程度的变化，与常规的控制不同。

7）性能优良。既有非常高的鲁棒性，又有很高的灵敏度。而常规控制系统这两者的性能却相互矛盾。

4.5.2　模糊控制的基本概念

1. 模糊集合

人类的思维中，包含了很多的模糊概念。例如，冷、热、浓、淡等，都没有明确的边界或者外延。区别于那些有着明显边界的集合，把那些不明确的概念用模糊集合来表示，记作 $\widetilde{A}$，在普通集合的 A 上冠以“~”来强调模糊概念。在普通集合中，元素要么是属于集合，要么就是不属于集合，也就是非 0 即 1。而在模糊逻辑中，元素描述的是一个边界之间的过渡阶段，因此给每一个元素赋予一个 0 和 1 之间的实数来表示其属于某个模糊集合的程度，即隶属度。集合中所有元素的隶属度全体构成集合的隶属度函数，记作 $\mu_{\tilde{A}}$，它反映了元素 x 对于模糊集合 $\tilde{A}$ 的隶属程度。模糊集的一般数学表达式为

$$\tilde{A}=\{(x,\ \mu_{\tilde{A}}(x)),\ x\in X\} \tag{4-56}$$

式中，$\mu_{\tilde{A}}(x)$ 为原始 x 属于模糊集 $\tilde{A}$ 的隶属度函数；X 为元素 x 的论域。

2. 模糊算子

模糊算子就是进行模糊集合运算的符号。常见的有：

1）并运算 OR，记为 $\tilde{A}\cup\tilde{B}$，其隶属度函数为两者的隶属度函数的最大值

$$\mu_{\tilde{A}\cup\tilde{B}}(x)=\mu_{\tilde{A}}(x)\vee\mu_{\tilde{B}}(x)=\max\{\mu_{\tilde{A}}(x),\ \mu_{\tilde{B}}(x)\} \tag{4-57}$$

式中，∪为并运算符，∨为求大运算符，max 为求大函数。

2）交运算 AND，记为 $\tilde{A}\cap\tilde{B}$，其隶属度函数取两个隶属度函数的最小值

$$\mu_{\tilde{A}\cap\tilde{B}}(x)=\mu_{\tilde{A}}(x)\wedge\mu_{\tilde{B}}(x)=\min\{\mu_{\tilde{A}}(x),\ \mu_{\tilde{B}}(x)\} \tag{4-58}$$

式中，∩为并运算符，∧为求小运算符，min 为求小函数。

3）补运算符 NOT，模糊集的隶属度函数与其补集的隶属度函数之和为 1。

3. 模糊关系

模糊关系用来描述两个或多个模糊集合的元素之间的关联程度，而且它在模糊逻辑中，特别是在模糊控制、模式识别中有着非常重要的作用。对于人的思维判断的基本形式可以表述为一种模糊的因果形式

$$\tilde{R}:\ \text{IF}\ \tilde{A}\ \text{THEN}\ \tilde{B} \tag{4-59}$$

式中，$\tilde{A}$ 和 $\tilde{B}$ 是模糊集；$\tilde{R}$ 表示模糊关系。

式（4-59）也可以写成 $\tilde{R}$：$\tilde{A}\rightarrow\tilde{B}$，→表示对应关系。

式（4-59）定义了一个典型的二阶模糊关系，这个模糊关系也是一个模糊集合，因此也可以由其隶属度函数来表示。在模糊理论中，这个模糊关系可以用叉积来表示

$$\tilde{R}:\ \tilde{A}\times\tilde{B}\rightarrow[0,\ 1] \tag{4-60}$$

模糊逻辑中，叉积用最小算子运算：

$$\mu_{\tilde{A}\times\tilde{B}}(a,\ b)=\min\{\mu_{\tilde{A}}(a),\ \mu_{\tilde{B}}(b)\} \tag{4-61}$$

由此可见，式（4-59）的模糊关系可以用条件和结论的叉积来表示，叉积的隶属度函数是条件和结论的隶属度函数的最小值。

4. 模糊关系的运算

设 $\tilde{G}$、$\tilde{S}$ 是定义在 $\tilde{A}\times\tilde{B}$ 上的两个模糊关系，则有

并运算：$\tilde{G}Y\tilde{S}$：$\tilde{A}\times\tilde{B}\rightarrow[0,\ 1]$

$$\mu_{\tilde{G}Y\tilde{S}}(a,\ b)=\max\{\mu_{\tilde{G}}(a,\ b),\ \mu_{\tilde{S}}(a,\ b)\}$$

交运算：$\tilde{G}I\tilde{S}$：$\tilde{A}\times\tilde{B}\rightarrow[0,\ 1]$

$$\mu_{\tilde{G}Y\tilde{S}}(a,\ b)=\min\{\mu_{\tilde{G}}(a,\ b),\ \mu_{\tilde{S}}(a,\ b)\}$$

补运算：$\widetilde{G}^{c}$：$\widetilde{A}\times\widetilde{B}\rightarrow[0,\ 1]$

$$\mu_{\widetilde{G}^{c}}(a,\ b)=1-\mu_{\widetilde{G}}(a,\ b)$$

Max-Min 合成运算：设 $\widetilde{G}$、$\widetilde{S}$ 分别是 $\widetilde{A}\times\widetilde{B}$ 和 $\widetilde{B}\times\widetilde{C}$ 上的模糊关系，则 $\widetilde{G}$ 和 $\widetilde{S}$ 的合成 $\widetilde{G}O\widetilde{S}$ 是一个定义在 $\widetilde{A}\times\widetilde{C}$ 上的模糊关系

$$\widetilde{G}O\widetilde{S}:\ \widetilde{A}\times\widetilde{C}\rightarrow[0,\ 1]$$

$$\mu_{\widetilde{G}o\widetilde{S}}(a,\ b)=\max_{b\in\widetilde{S}}\{\min(\mu_{\widetilde{G}}(a,\ b),\ \mu_{\widetilde{S}}(b,\ c))\}$$

4.5.3　模糊控制系统的组成

模糊控制系统是一种自动控制系统。操作者对一个工业过程的控制，是其凭借眼、耳等感官，从声、光、显示屏等得到系统的输出量及其变化率的模糊信息，再凭借所掌握的经验来分析判断，得到相应的控制策略，实现对工业对象的控制。模糊控制系统就是用模糊控制器代替了操作者，一般由模糊控制器，A/D、D/A 转换接口，执行机构，测量装置和被控对象五部分组成，如图 4-38 所示。

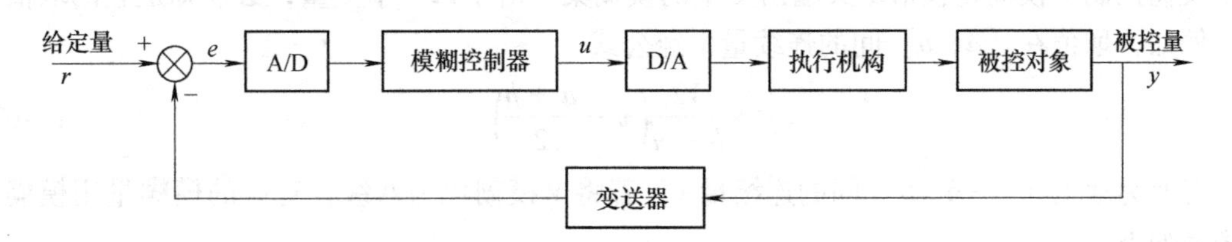

图 4-38　模糊控制系统框图

图中，模糊控制器：实际上是一台 PC 或单片机及其相应模糊控制算法软件。输入/输出接口：模糊控制器通过输入接口从被控对象获取数字信号量，并将模糊控制器决策的数字信号经输出接口转变为模拟信号去控制被控对象。前向通道的 A/D 转换把传感器检测到的反映被控对象输出量大小的模拟量（一般为-10~10V 之间的电压信号）转换成计算机可以接收的数字量（0 或 1 的组合），送到模糊控制器进行运算；D/A 转换把模糊控制器输出的数字量转换成与之成比例的模拟量，控制执行机构的动作。执行机构：主要包括电动和气动调节装置，如伺服电机、气动调节阀等。被控对象：可以是缺乏精确数学模型的对象，也可以是有较精确数学模型的对象。工业上典型的被控对象是各种各样的生产设备实现的生产过程，它们可能是物理过程、化学过程或是生物化学过程。从数学模型的角度讲，它们可能是单变量或多变量的，可能是线性的或非线性的，可能是定常的或时变的，可能是一阶的或高阶的，可能是确定性的或是随机过程，当然也可能是混合有多种特性的过程。对于难以建立精确数学模型的复杂对象以及非线性和时变对象，模糊控制策略是较为适宜采用的一种方案。变送器：由传感器和信号调理电路组成，传感器是将被控对象转换为电信号的装置，它把被控对象的输出信号（往往是非电量，如温度、湿度、压力、液位、浓度等）转换为对应的电信号（一般为 0~10V 电压，或 4~20mA 电流），其精度直接影响到整个模糊控制系统的精度。

模糊控制系统与通常的计算机控制系统的主要区别是采用了模糊控制器。模糊控制器是模糊控制系统的核心，其结构采用模糊规则、合成推理算法以及模糊决策方法等因素直接决定了模糊系统的性能优劣。模糊控制器主要包括输入量模糊化接口、知识库、模糊推理逻辑、输出清晰化接口四部分，如图4-39所示。

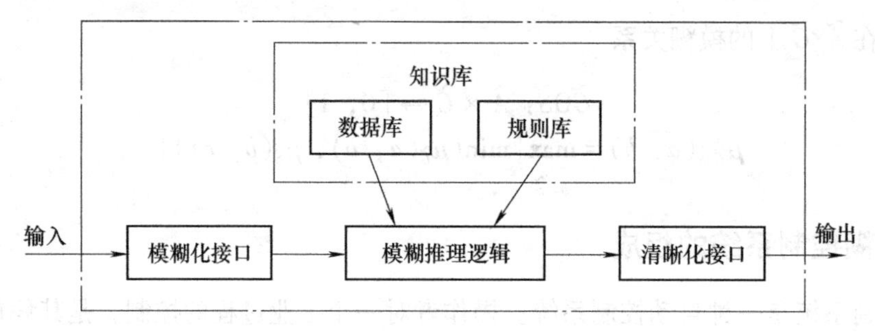

图4-39 模糊控制器的组成框图

1. 模糊化接口

模糊控制器的输入必须是把确定量经模糊化接口模糊化后，转换成一个模糊矢量，才能用于模糊控制。模糊化包括定义输出变量的模糊集。对于每一个变量，必须知道它的取值范围。例如，取值在［a，b］间的连续量x经公式

$$y=\frac{12}{b-a}\left(x-\frac{a+b}{2}\right) \tag{4-62}$$

变换为取值在［-6，6］间的连续量y，若将y模糊化为八级，对应的模糊量用模糊语言表示如下：

◆ 在-6附近称为负大，记作NB；
◆ 在-4附近称为负中，记作NM；
◆ 在-2附近称为负小，记作NS；
◆ 在-0附近称为适中偏小一点，记作NO；
◆ 在+0附近称为适中偏大一点，记作PO；
◆ 在2附近称为正小，记作PS；
◆ 在4附近称为正中，记作PM；
◆ 在6附近称为正大，记作PB；

因此，对于模糊输入变量，其模糊子集为y＝{NB，NM，NS，NO，PO，PS，PM，PB}。模糊子集各语言元素属于集合［-6，6］的程度可以用一个0和1之间的实数来表示。这个实数就是此元素隶属于该集合的隶属度。由此，集合中所有元素的隶属度全体构成集合的隶属度函数。隶属度函数的选择可以根据实际的工程应用来确定，常见的有三角形和梯形。

2. 知识库

知识库中包含了具体应用领域中的知识和要求的控制目标。通常由数据库和规则库两部分组成。

数据库所存放的是所有输入输出变量的全部模糊子集的隶属度矢量值，若论域为连续域，则为隶属度函数。在规则推理的模糊关系方程求解过程中，向推理机提供数据。规则库包括了用模糊语言变量表示的一系列控制规则，在推理时为推理机提供控制规则。模糊控制

器的规则是基于专家知识或手动操作熟练人员长期积累的经验，是按人的直觉推理的一种语言表示形式。模糊规则通常具有如下形式：

IF（满足的条件）THEN（推出的结论）

在 IF-THEN 规则中的前提和结论均是模糊的概念。对于多输入多输出（MIMO）模糊系统，则有多个前提和多个结论。例如，对于两输入单输出（MISO）系统，模糊控制规则的形式如下：

R1：IF　x is A1　AND　y is B1　THEN　z is C1

⋮

Rn：IF　x is An　AND　y is Bn　THEN　z is Cn

其中，x、y 和 z 均为语言变量，x、y 为输入量，z 为控制量。Ai、Bi 和 Ci 分别是语言变量 x、y 和 z 在其结论域 X、Y 和 Z 上的语言变量值，所有的规则组合在一起就构成了规则库。

3. 模糊推理逻辑

模糊推理是模糊推理器的核心，它具有模拟人基于模糊概念的推理能力。根据输入的模糊量和知识库（数据库、规则库）完成模糊推理，并求解模糊关系方程，从而获得模糊控制量。

4. 清晰化接口

通过推理机进行模糊决策所得到的输出是模糊量，而被控对象只能接受一个控制量，因此要进行控制必须经过清晰化接口将模糊量转换为精确量。清晰化通常也称为去模糊、反模糊。它包含两部分内容：将模糊的控制量经清晰化变换变成表示在论域范围的清晰量；将表示在论域范围的清晰量经尺度变换变成实际的控制量。

将模糊量转换为精确量通常有三种方法：最大隶属度判决法、加权平均判决法、取中位数法。

综上所述，模糊控制系统的算法有四个步骤。首先，采样得到输入变量，也就是精确量；接着把精确量变为模糊量；然后根据输入变量的模糊量及模糊控制规则，按模糊推理合成规则计算控制量，此时得到的控制量也是一个模糊量；最后将模糊量清晰化，可以得到控制的精确量。

4.6 神经网络控制

中国创造：脑图谱

4.6.1 神经网络基础

虽然以计算机为中心的信息处理技术在信息化社会中起着十分重要的作用，但是，在解决某些人工智能问题时却遇到了很大的困难。模糊控制从人的经验出发，解决了智能控制中人类语言描述和推理问题，但在处理数值数据、自学习能力等方面远未达到人脑的境界。大脑是由生物神经元构成的巨型网络，它在本质上不同于计算机，是一种大规模的并行处理系统，它具有学习、联想记忆、综合等能力，并有巧妙的信息处理方法。

人脑大约由 10^{12} 个神经元组成，神经元互相连接成神经网络。神经元是大脑处理信息的基本单元，以细胞体为主体，由许多向周围延伸的不规则树枝状纤维构成的神经细胞，其形状很像一棵枯树的枝干。它主要由细胞体、树突、轴突和突触（又称神经键，Synapse）组成，如图4-40所示。其中，细胞体包括细胞质、细胞膜和细胞核，树突用于为细胞体传入信息，轴突细胞体传出信息，其末端为神经末梢，含传递信息的化学物质，突触是神经元之间的接口，具有可塑性。对大脑神经元的研究表明，当其处于兴奋状态时，输出侧的轴突就会发出脉冲信号，每个神经元的树状突起与来自其他神经元轴突的互相结合部（即突触）接收由轴突传来的信号。如果某一神经元所接收到的信号的总和超过了它本身的“阈值”，则该神经元就会处于兴奋状态，并向它后续连接的神经元发出脉冲信号。

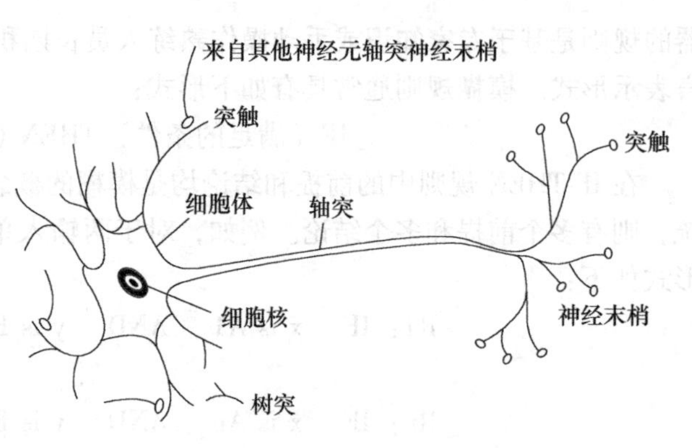

图4-40 单个神经元解剖图

突触传递信息的功能和特点归纳为：

◆ 信息传递有时延，一般为0.3~1ms；
◆ 信息的综合有时间累加和空间累加；
◆ 突触有兴奋性和抑制性两种类型；
◆ 具有脉冲/电位信号转换功能；
◆ 神经纤维传导的速度，即脉冲沿神经纤维传递的速度在1~150m/s之间；
◆ 存在不应期；
◆ 不可逆性，脉冲只从突触前传到突触后，不进行逆向传递；
◆ 可塑性，突触传递信息的强度是可变的，即具有学习功能；
◆ 存在遗忘或疲劳效应。

从人脑生理和心理学着手，模拟人脑的工作机理，人工神经网络（简称神经网络，Artificial Neural Networks，ANN）就是对人脑的模拟，即由人工神经元模拟生物神经元。人工神经网络是模拟人脑思维方式的数学模型，从微观结构和功能上对人脑进行抽象和简化，模拟人类智能。它是由大量的、功能比较简单的神经元互相连接而构成的复杂网络系统，用它可以模拟大脑的许多基本功能和简单的思维方式。人工神经网络是对生物神经网络的模拟，进行分布式并行信息处理，主要依靠系统的复杂程度，通过调整内部大量节点之间的相互连接关系从而达到处理信息的目的。

基于人脑神经网络信息处理具有如下特点：

◆ 分布存储与冗余性；
◆ 并行处理；
◆ 信息处理与存储合一；
◆ 可塑性与自组织性；
◆ 鲁棒性。

人工神经网络是以数学手段来模拟人脑神经网络结构和特性，是一个并行和分布式的信息处理网络结构，它一般由许多个神经元组成，每个神经元只有一个输出，它可以连接到很多其他的神经元，每个神经元输入有多个连接通道，每个连接通道对应于一个连接权系数。目前已有40多种神经网络模型，应用较多的典型的神经网络模型包括BP神经网络、

Hopfield 网络、ART 网络和 Kohonen 网络。人工神经网络具有自学习和自适应的能力，可以通过预先提供的一批相互对应的输入–输出数据，分析掌握两者之间潜在的规律，最终根据这些规律，用新的输入数据来推算输出结果，这种学习分析的过程被称为“训练”。

1. 人工神经元模型

神经元是一个多输入、单输出单元。常用的第 j 个人工神经元模型可用图 4-41 模拟。其中 x_i（$i=1, 2, \cdots, n$）为神经元的输入；ω_{ji} 分别是神经元对 $x_i(i=1, 2, \cdots, n)$ 的权系数，也即突触的传递效率；θ 为神经元的阈值；y 是神经元的输出；$\sigma(s)$ 是响应函数（激活函数），它决定此神经元受到输入 x_i（$i=1, 2, \cdots, n$）的共同刺激达到阈值时以何种方式输出。

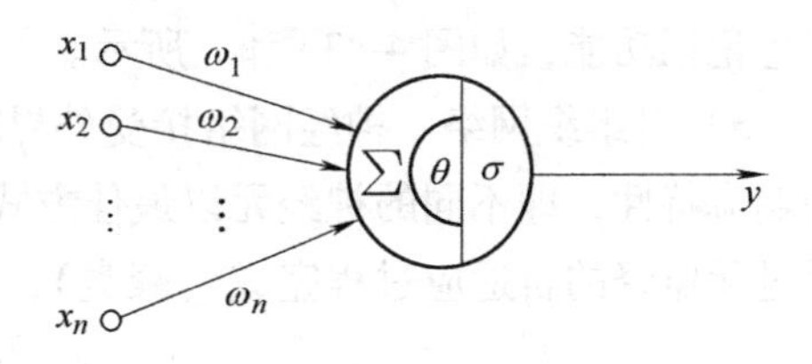

图 4-41　人工神经元模型

其数学模型表达式如下：

$$\begin{cases} S_j = \sum_{i=1}^{n} \omega_{ji} x_i - \theta_j \\ y = \sigma(s) \end{cases} \tag{4-63}$$

响应函数可以控制输入对输出的激活作用，对输入输出进行函数转换，将可能无限域的输入变换成指定的有限范围内的输出。根据图 4-42 所示，响应函数的不同，人工神经元最常见的有阶跃型、线性型和非线性型（S 形，双曲线）三种形式：

1）阶跃型：$\sigma(s) = \begin{cases} 1 & s \geqslant 0 \\ 0 & s < 0 \end{cases}$

2）线性型：$y = \sigma(s) = s$

3）非线性型（S 形）：$\sigma(s) = \dfrac{1}{1 + \mathrm{e}^{-s}}$

4）非线性型（双曲线）：$\sigma(s) = \tanh(\beta s)$

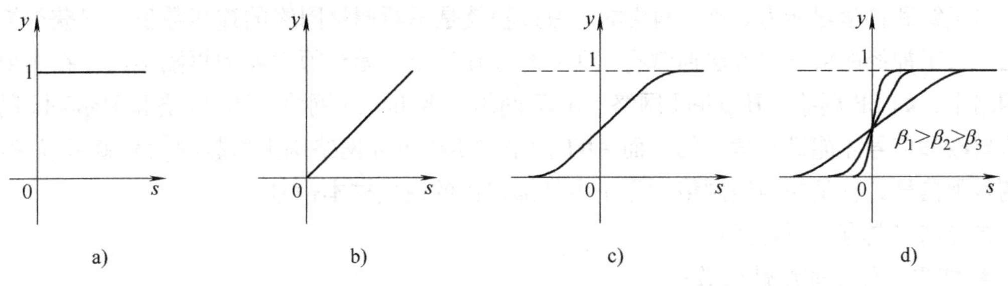

图 4-42　人工神经元的响应函数

虽然上述模型能反映生物神经元的基本特性，但仍有如下不同之处：

1）生物神经元传递的信息是脉冲，而上述模型传递的信息是模拟电压。

2）由于在上述模型中用一个等效的模拟电压来模拟生物神经元的脉冲密度，所以在模型中只有空间累加而没有时间累加（可以认为时间累加已隐含在等效的模拟电压之中）。

3）上述模型未考虑时延、不应期和疲劳等。

2. 人工神经网络的分类

神经元的模型确定之后，一个神经网络的特性及能力主要取决于网络的拓扑结构及学习方法。人工神经网络连接的几种基本形式如图 4-43 所示。

1）前向网络。网络中的神经元是分层排列的，每个神经元只与前一层的神经元相连接，如图 4-43a 所示。

2）反馈网络。从输出到输入有反馈，反馈动力学系统需要工作一段时间才稳定，具有联想记忆功能，如图 4-43b 和 c 所示。

3）自组织网络。神经网络接受外界输入时，网络会分成不同区域，不同区域具有不同的响应特性，即不同的神经元以最佳方式响应不同性质的信号激励，形成一种非线性映射，通过无监督的自适应过程完成（聚类），如图 4-43d 所示。

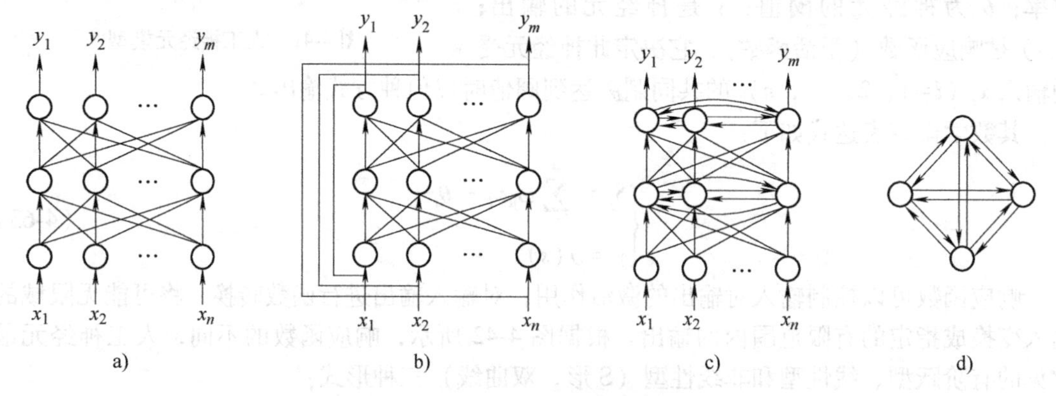

图 4-43 人工神经网络的典型结构

3. 人工神经网络的学习算法

神经网络最有用的特征之一是它具有自学习功能。通常一个 ANN 模型要实现某种功能，就需要对其加以训练。所谓“训练”，就是让它学会要做的事情，通过学习，把这些知识记忆在网络的权值中。学习算法是人工神经网络研究中的核心问题，通过学习算法，实现自适应、自组织和自学习能力。神经网络的学习过程就是不断调整网络的连接数值，以获得期望输出。人工神经网络学习方法通常有三种：有导师学习、无导师学习和再励学习。在主要神经网络中，如 BP 网络、Hopfield 网络、ART 网络和 Kohonen 网络。BP 网络和 Hopfield 网络是需要教师信号才能进行学习的，而 ART 网络和 Kohonen 网络则无需教师信号就可以学习。所谓教师信号，就是在神经网络学习中由外部提供的模式样本信号。

神经网络具有如下特征：

◆ 能逼近任意非线性函数；
◆ 信息的并行分布式处理与存储；
◆ 可以多输入、多输出；
◆ 便于用超大规模集成电路、光学集成电路系统和计算机实现；
◆ 能进行学习，以适应环境的变化；
◆ 神经元的特性；
◆ 神经元之间相互连接的拓扑结构；
◆ 为适应环境而改善性能的学习规则。

4.6.2　感知器

感知器是现代神经计算的出发点。Block 于 1962 年用解析法证明了感知器的学习收敛定理。正是由于这一定理的存在，才使得感知机的理论具有实际的意义，并引发了 20 世纪 60 年代以感知机为代表的第一次神经网络研究发展的高潮。感知器是最早被设计并被实现的人工神经网络。感知器是一种非常特殊的神经网络，它在人工神经网络的发展历史上有着非常重要的地位，尽管它的能力非常有限，其主要用于线性分类。

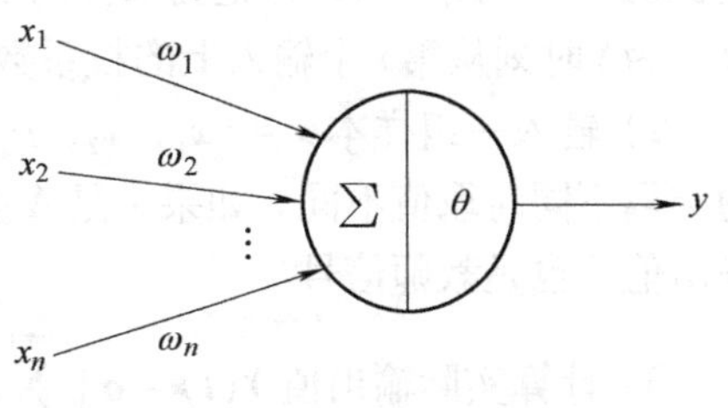

图 4-44　感知器结构

感知器是有单层计算单元的神经网络，由线性元件及阈值元件组成。感知器如图 4-44 所示。

感知器数学模型定义为

$$\begin{cases} S = \sum_{i=1}^{n} \omega_i x_i - \theta \\ y = \sigma(s) \end{cases} \tag{4-64}$$

式中，激活函数为阶跃型，即 $\sigma(s) = \begin{cases} 1 & s \geqslant 0 \\ 0 & s < 0 \end{cases}$ 或 $\sigma(s) = \begin{cases} 1 & s \geqslant 0 \\ -1 & s < 0 \end{cases}$。

感知器的最大作用就是对输入的样本分类，故它可作分类器。当感知器的输出为-1 时，输入样本称为 A 类；输出为-1 时，输入样本称为 B 类。从上可知感知器的分类边界是：感知器的学习算法目的在于找寻恰当的权系数 $\omega = (\omega_1, \omega_2, \cdots, \omega_n)$，使系统对一个特定的样本 $x_i (i = 1, 2, \cdots, n)$ 产生期望值 d。当某样本被分类为 A 类时，期望值 $d=1$；某样本为 B 类 时，$d=-1$。由此可知感知器的分类边界

$$\sum_{i=1}^{n} \omega_i x_i - \theta = 0 \tag{4-65}$$

在输入样本只有两个分量 x_1、x_2时，则有分类边界条件：$\sum_{i=1}^{2} \omega_i x_i - \theta = 0$，即 $\omega_1 x_1 + \omega_2 x_2 - \theta = 0$，此时分类情况如图 4-45 所示。

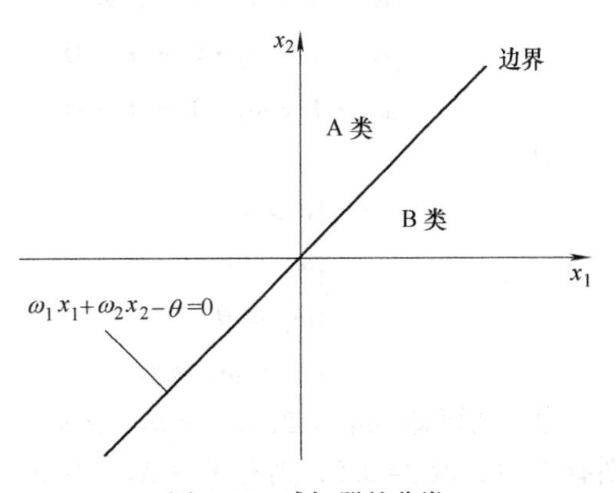

图 4-45　感知器的分类

设有 n 个训练样本，当给定某个样本的输入/输出模式时，感知器输出单元会产生一个实际输出向量，用期望输出（样本输出）与实际输出之差来修正该神经单元与上一层中相应神经单元的的连接权值，最终减小这种偏差，即神经单元之间连接权的变化正比于输出单元期望输出与实际的输出之差。感知器学习规则的实质为权值的变化量等于正负输入矢量。为了方便说明感知器的学习算法，把阈值 θ 并入权系数法 ω 中，同时，样本 x_i 也相应增加一个分量 x_{n+1}，故令

$$\omega_{n+1} = -\theta, \quad x_{n+1} = 1$$

则感知器的输出表示为

$$y = \sigma\left(\sum_{i=1}^{n+1} \omega_i x_i\right)$$

感知器的学习算法步骤如下：

1）对权系数 ω 置初值。对权系数 $\omega=(\omega_1,\omega_2,\cdots,\omega_n,\omega_{n+1})$ 的各个分量置一个较小的零随机值，但 $\omega_{n+1}=-\theta$，并记为 $\omega_1(0)$，$\omega_2(0)$，…，$\omega_n(0)$，同时有 $\omega_{n+1}(0)=-\theta$。这里 $\omega_i(t)$ 为 t 时刻从第 i 个输入上的权系数，$\omega_{n+1}(t)$ 为 t 时刻时的阈值。

2）输入一组样本 $x=(x_1, x_2, \cdots, x_{n+1})$ 以及它的期望输出值 d。期望输出值 d 在样本的类属不同时取值不同。如果 x 是A类，则取 $d=1$；如果 x 是B类，则取 $d=-1$。同时期望输出值 d 也是教师信号。

3）计算实际输出值 $Y(t)=\sigma\left[\sum_{i=1}^{n+1}\omega_i(t)X_i\right]$

4）根据实际输出求误差　$e=d-Y(t)$

5）用误差 e 去修改权系数 $\omega_i(t+1)=\omega_i(t)+\eta eX$，$i=1, 2, \cdots, n, n+1$，式中，$\eta$ 称为权重变化率，$0<\eta\leqslant1$。η 的取值非常关键，如果取值太大则会影响 $\omega_i(t)$ 的稳定；取值也不能太小，太小则会使 $\omega_i(t)$ 的求取过程收敛速度太慢。当实际输出和期望值 d 相同时，$\omega_i(t+1)=\omega_i(t)$。

6）转到第2步，一直执行到一切样本均稳定为止。例如，用感知器实现逻辑函数的真值。

X_1	0011
X_2	0101
$X_1 \vee X_2$	0111

以 $X_1 \vee X_2=1$ 为A类，以 $X_1 \vee X_2=0$ 为B类，则有方程组

$$\begin{cases}\omega_1\cdot 0+\omega_2\cdot 0-\theta<0\\ \omega_1\cdot 0+\omega_2\cdot 1-\theta\geqslant 0\\ \omega_1\cdot 1+\omega_2\cdot 0-\theta\geqslant 0\\ \omega_1\cdot 1+\omega_2\cdot 1-\theta\geqslant 0\end{cases}$$

即

$$\begin{cases}\theta>0\\ \omega_2\geqslant\theta\\ \omega_1\geqslant\theta\\ \omega_1+\omega_2\geqslant\theta\end{cases}$$

由上式可知，$\omega_1\geqslant\theta$，$\omega_2\geqslant\theta$。令 $\omega_1=1$，$\omega_2=1$，则有 $\theta\leqslant1$，取 $\theta=0.5$，则有 $X_1+X_2-0.5=0$。分类情况如图4-46所示。

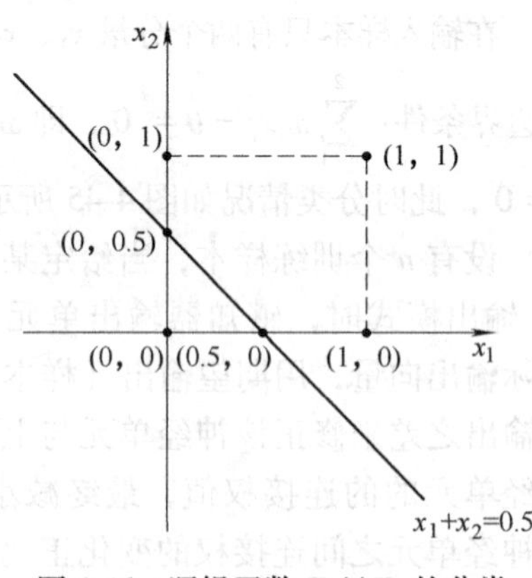

图4-46　逻辑函数 $X_1 \vee X_2$ 的分类

4.6.3　BP神经网络

BP（Back Propagation）神经网络于1986年由Rinehart和McClelland为首的科学家小组提出，是一种按误差后向传播算法训练的多层前馈网络，是目前应用最广泛的神经网络模型

之一。BP 网络能学习和存储大量的输入-输出模式映射关系，而无需事前揭示描述这种映射关系的数学方程。它的学习规则是使用最速下降法，通过反向传播来不断调整网络的权值和阈值，使网络的误差平方和最小。BP 神经网络模型拓扑结构包括输入层（Input）、隐层（Hide Layer）和输出层（Output Layer），其结构如图 4-47 所示。

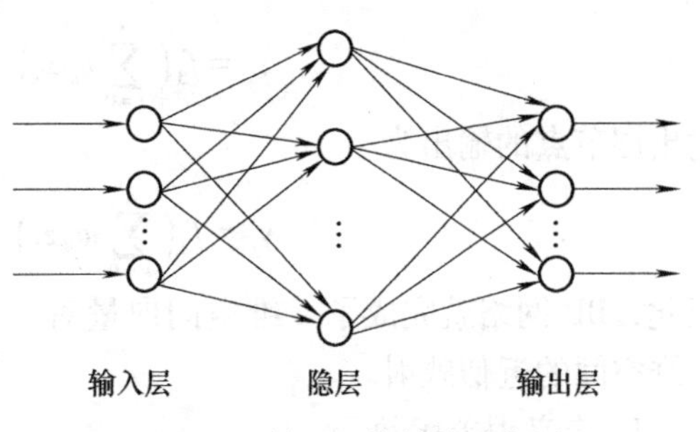

图 4-47　神经网络结构示意图

图 4-48 给出了第 j 个基本 BP 神经元（节点），它只模仿了生物神经元所具有的三个最基本也是最重要的功能：加权、求和与转移。其中 $X_i=(x_1, x_2, \cdots, x_n)$ 分别代表来自神经元 i 的输入；$\omega_{ji}=(\omega_{j1}, \omega_{j2}, \cdots, \omega_{jn})$ 则分别表示神经元第 i 与第 j 个神经元的连接强度，即权系数；b_j 为阈值；$f(*)$ 为传递函数；y_j 为第 j 个神经元的输出。

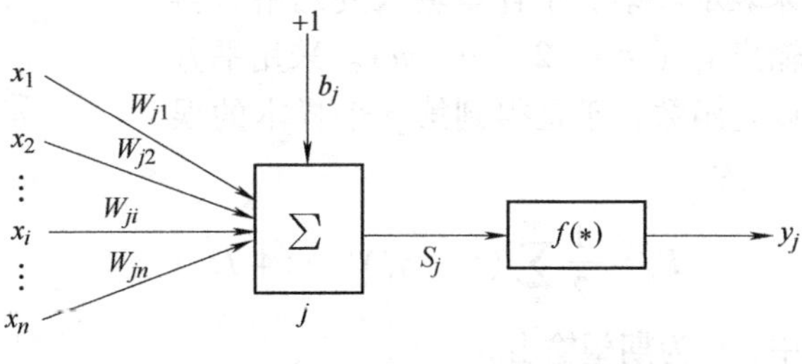

图 4-48　BP 神经元

第 j 个神经元的净输入值 S_j 为

$$S_j = \sum_{i=1}^{n} w_{ji}x_i + b_j = W_jX + b_j \tag{4-66}$$

式中，　$X_i=[x_1, x_2, \cdots, x_n]^{\mathrm{T}}$　$W_{ji}=(w_{j1}, w_{j2}, \cdots, w_{jn})$

若 $x_0=1$，$w_{j0}=b_j$，即令 X 及 W_j 包括 x_0 及 w_{j0}，则

$$X=[x_0, x_1, x_2, \cdots, x_n]^{\mathrm{T}},\ W_{ji}=(w_0, w_{j1}, w_{j2}, \cdots, w_{jn})$$

于是节点 j 的净输入 S_j 可表示为

$$S_j = \sum_{i=0}^{n} w_{ji}x_i = W_jX \tag{4-67}$$

净输入 S_j 通过传递函数 $f(*)$ 后，便得到第 j 个神经元的输出 y_j

$$y_j = f(S_j) = f\left(\sum_{i=0}^{n} w_{ji}\cdot x_i\right) = F(W_jX) \tag{4-68}$$

式中，$f(*)$ 是单调上升函数，而且必须是有界函数，因为细胞传递的信号不可能无限增加，必有一最大值。

BP 算法由数据流的前向计算（正向传播）和误差信号的反向传播两个过程构成。正向传播时，传播方向为输入层→隐层→输出层，每层神经元的状态只影响下一层神经元。若在输出层得不到期望的输出，则转向误差信号的反向传播流程。通过这两个过程的交替进行，在权向量空间执行误差函数梯度下降策略，动态迭代搜索一组权向量，使网络误差函数达到最小值，从而完成信息提取和记忆过程。

设 BP 网络的输入层有 n 个节点，隐层有 q 个节点，输出层有 m 个节点，输入层与隐层之间的权值为 v_{ki}，隐层与输出层之间的权值为 ω_{jk}，如图 4-49 所示。隐层的传递函数为 $f_1(*)$，输出层的传递函数为 $f_2(*)$，则隐层节点的输出为（将阈值写入求和项中）

$$z_k = f_1\left(\sum_{i=0}^{n} v_{ki} x_i\right) \qquad k = 1, 2, \cdots, q \tag{4-69}$$

输出层节点的输出为

$$y_j = f_2\left(\sum_{k=0}^{q} w_{jk} z_k\right) \qquad j = 1, 2, \cdots, m \tag{4-70}$$

至此，BP 网络就完成了 n 维空间向量对 m 维空间的近似映射。

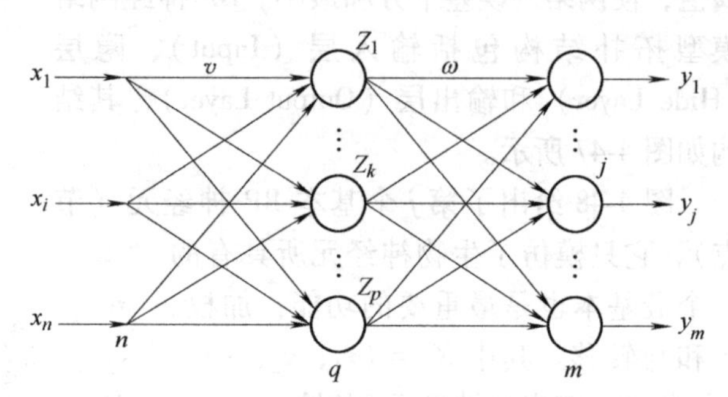

图 4-49　三层神经网络的拓扑结构

1. 定义误差函数

输入 P 个学习样本，用 x^1，x^2，…，x^p 来表示。第 p 个样本输入到网络后得到输出 y_j^p（$j=1, 2, \cdots, m$）。采用平方型误差函数，于是得到第 p 个样本的误差 E_p 为

$$E_p = \frac{1}{2}\sum_{j=1}^{m}(t_j^p - y_j^p)^2 \tag{4-71}$$

式中，t_j^p 为期望输出。

对于 P 个样本，全局误差为

$$E = \frac{1}{2}\sum_{p=1}^{P}\sum_{j=1}^{m}(t_j^p - y_j^p) = \sum_{p=1}^{P} E_p \tag{4-72}$$

2. 输出层权值的变化

采用累计误差 BP 算法调整 w_{jk}，使全局误差 E 变小，即

$$\Delta w_{jk} = -\eta \frac{\partial E}{\partial w_{jk}} = -\eta \frac{\partial}{\partial w_{jk}}\left(\sum_{p=1}^{P} E_p\right) = \sum_{p=1}^{P}\left(-\eta \frac{\partial E_p}{\partial w_{jk}}\right) \tag{4-73}$$

式中，η 为学习率。

定义误差信号为

$$\delta_{yj} = -\frac{\partial E_p}{\partial S_j} = -\frac{\partial E_p}{\partial y_j}\frac{\partial y_j}{\partial S_j} \tag{4-74}$$

式（4-74）的第一项为

$$\frac{\partial E_p}{\partial y_j} = \frac{\partial}{\partial y_j}\left[\frac{1}{2}\sum_{j=1}^{m}(t_j^p - y_j^p)^2\right] = -\sum_{j=1}^{m}(t_j^p - y_j^p) \tag{4-75}$$

第二项 $\frac{\partial y_j}{\partial S_j} = f_2'(S_j)$ 是输出层传递函数的偏微分。于是

$$\delta_{yj} = \sum_{j=1}^{m}(t_j^p - y_j^p) f_2'(S_j) \tag{4-76}$$

由链定理得

$$\frac{\partial E_p}{\partial S_j} = \frac{\partial E_p}{\partial y_j} \cdot \frac{\partial y_j}{\partial S_j} = -\delta_{yj} z_k = -\sum_{j=1}^{m}(t_j^p - y_j^p) f_2'(S_j) \cdot z_k \tag{4-77}$$

于是输出层各神经元的权值调整公式为

$$\Delta w_{jk} = \sum_{p=1}^{P}\sum_{j=1}^{m}\eta(t_j^p - y_j^p) f_2'(S_j) \cdot z_k \tag{4-78}$$

3. 隐层权值的变化

$$\Delta v_{ki} = -\eta \frac{\partial E}{\partial v_{ki}} = -\eta \frac{\partial}{\partial v_{ki}}\left(\sum_{p=1}^{p} E_p\right) = \sum_{p=1}^{p}\left(-\eta \frac{\partial E_p}{\partial v_{ki}}\right) \tag{4-79}$$

定义误差信号为

$$\delta_{zk} = -\frac{\partial E_p}{\partial S_k} = -\frac{\partial E_p}{\partial z_k}\frac{\partial z_k}{\partial S_k} \tag{4-80}$$

式（4-80）的第一项为

$$\frac{\partial E_p}{\partial z_k} = \frac{\partial}{\partial z_k}\left[\frac{1}{2}\sum_{j=1}^{m}(t_j^p - y_j^p)^2\right] = -\sum_{j=1}^{m}(t_j^p - y_j^p)\frac{\partial y_i}{\partial z_k} \tag{4-81}$$

由链定理有

$$\frac{\partial y_j}{\partial z_k} = \frac{\partial y_j}{\partial S_j}\frac{\partial S_j}{\partial z_k} = f_2'(S_j) \cdot w_{jk} \tag{4-82}$$

式（4-80）的第二项 $\frac{\partial z_k}{\partial S_k} = f_1'(S_k)$ 是隐层传递函数的偏微分。于是

$$\delta_{zk} = \sum_{j=1}^{m}(t_j^p - y_j^p)f_2'(S_j)w_{jk}f_1'(S_k) \tag{4-83}$$

由链定理得

$$\frac{\partial E_p}{\partial v_{ki}} = \frac{\partial E_p}{\partial S_k}\frac{\partial S_k}{\partial v_{ki}} = -\delta_{zk}x_i = \sum_{j=1}^{m}(t_j^p - y_j^p)f_2(S_j)w_{jk}f_1'(S_k)x_1 \tag{4-84}$$

从而得到隐层各神经元的权值调整公式为

$$\Delta v_{ki} = \sum_{p=1}^{p}\sum_{j=1}^{m}(t_j^p - y_j^p)f_2'(S_j)w_{jk}f_1'(S_k)x_i \tag{4-85}$$

BP 算法理论具有依据可靠、推导过程严谨、精度较高、通用性较好等优点。但标准 BP 算法存在以下缺点：收敛速度缓慢；容易陷入局部极小值；难以确定隐层数和隐层节点个数。在实际应用中，BP 算法很难胜任，因此出现了很多改进算法，如利用动量法改进 BP 算法，自适应调整学习速率，L-M 学习规则等。

4.6.4　神经网络控制

神经网络是高度非线性的连续时间动力系统，具有很强的自学习能力和对非线性系统的强大映射能力，广泛应用于控制系统。神经网络的智能处理能力及控制系统所面临的越来越大的挑战是神经网络控制的发展动力。神经网络用于控制的优越性表现为：能处理难以用模型或规则描述的对象；并行分布处理方式具有很强的容错性；可实现任意非线性映射；很强的信息综合能力；能同时处理大量不同类型的输入；很好地解决输入信息间互补和冗余；硬件实现更趋方便。神经网络在控制系统中的应用主要有以下几个方面：

1）基于神经网络的系统辨识：可在已知常规模型结构的情况下，估计模型的参数；或利用神经网络的线性、非线性特性，建立线性、非线性系统的静态、动态、逆动态及预测模型。

2）神经网络控制器：神经网络作为控制器，可实现对不确定系统或未知系统进行有效的控制，使控制系统达到所要求的动态、静态特性。

3）神经网络与其他算法相结合：神经网络与专家系统、模糊逻辑、遗传算法等相结合可构成新型控制器。

4）优化计算：在常规控制系统的设计中，常遇到求解约束优化问题，神经网络为这类问题提供了有效的途径。

5）控制系统的故障诊断：利用神经网络的逼近特性，可对控制系统的各种故障进行模式识别，从而实现控制系统的故障诊断。

所谓神经网络控制即基于神经网络的控制，在控制系统中采用神经网络这一工具对难以精确描述的复杂非线性对象进行建模，或充当控制器，或优化计算，或进行推理，或故障诊断，以及同时兼有上述某些功能的适当组合。

根据神经网络在控制器中的作用不同，可分为两大类：一类为神经网络控制，它是以神经网络为基础而形成的独立智能控制系统；另一类为混合神经网络控制，它是指利用神经网络学习和优化能力来改善传统控制的智能控制方法，如自适应神经网络控制等。常见的几种神经网络控制如下：

1. 神经网络监督控制

神经网络监督控制是通过对传统控制器进行学习，然后用神经网络控制器逐渐取代传统控制器的方法。其结构如图4-50所示。神经网络控制器实际上是一个前馈控制器，它建立的是被控对象的逆模型。神经网络控制器通过对传统控制器的输出进行学习，在线调整网络的权值，使反馈控制输入趋近于零，从而使神经网络控制器逐渐在控制作用中占据主导地位，最终取消反馈控制器的作用。一旦系统出现干扰，反馈控制器重新起作用。这种前馈加反馈的监督控制方法，不仅可以确保控制系统的稳定性和鲁棒性，而且可有效地提高系统的精度和自适应能力。

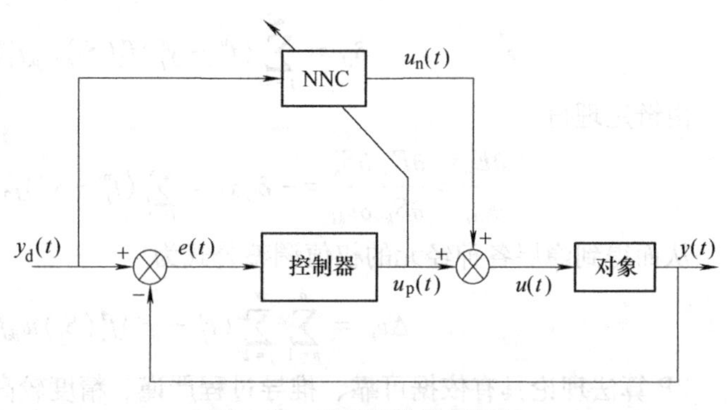

图4-50　神经网络监督控制

2. 神经网络直接逆动态控制

神经网络直接逆动态控制就是将被控对象的神经网络逆模型直接与被控对象串联起来，以便使期望输出与对象实际输出之间的传递函数为1。将此网络作为前馈控制器后，被控对象的输出为期望输出。图4-51为神经网络直接逆控制的两种结构方案。图4-51a中，NN1和NN2为具有完全相同的网络结构，并采用相同的学习算法，分别实现对象的逆。图4-51b中，神经网络NN通过评价函数进行学习，实现对象的逆控制。显然，神经网络直接逆控制的可用性在相当程度上取决于逆模型的准确精度。由于缺乏反馈，简单连接的直接逆控制缺乏鲁棒性。为此，一般应使其具有在线学习能力，即作为逆模型的神经网络连接权能够在线调整。

3. 神经网络自适应控制

与传统自适应控制相同，神经网络自适应控制也分为神经网络自校正控制和神经网络模型参考自适应控制两种。自校正控制根据对系统正向或逆模型的结果调节控制器内部参数，使系统满足给定的指标。而在模型参考自适应控制中，闭环控制系统的期望性能由一个稳定的参考模型来描述。神经网络自校正控制分为直接自校正控制和间接自校正控制。间接自校正控制如图 4-52 所示，使用常规控制器，神经网络估计器需要较高的建模精度。直接自校正控制同时使用神经网络控制器和神经网络估计器。

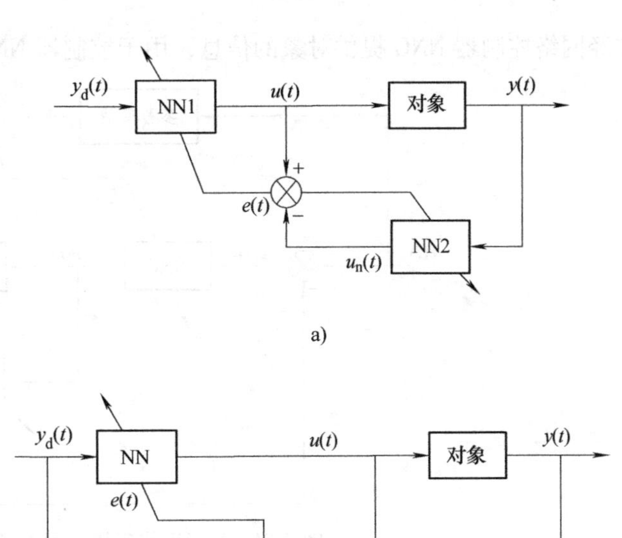

图 4-51　神经网络直接逆控制

神经网络模型参考自适应控制分为直接模型参考自适应控制和间接模型参考自适应控制两种。直接模型参考自适应控制如图 4-53 所示。神经网络控制器的作用是使被控对象与参考模型输出之差为最小。但该方法需要知道对象的雅克比信息。

间接模型参考自适应控制如图 4-54 所示。神经网络辨识器 NNI 向

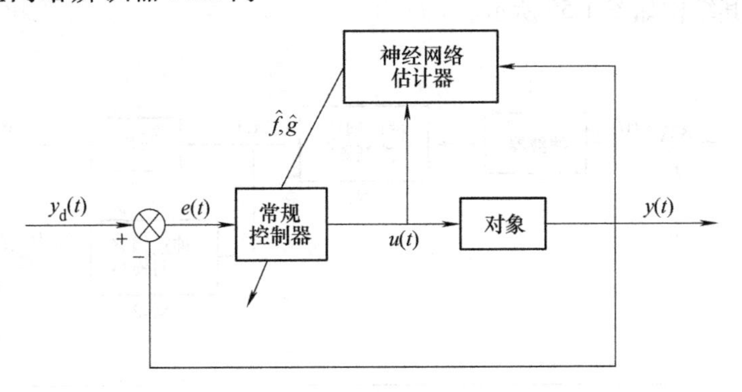

图 4-52　神经网络间接自校正控制

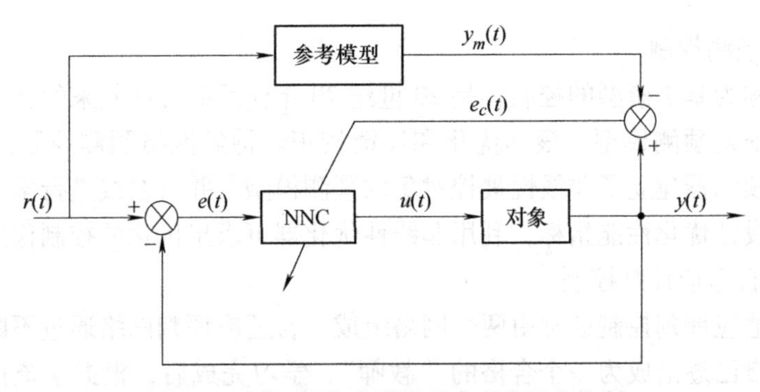

图 4-53　神经网络直接模型参考自适应控制

神经网络控制器NNC提供对象的信息，用于控制器NNC的学习。

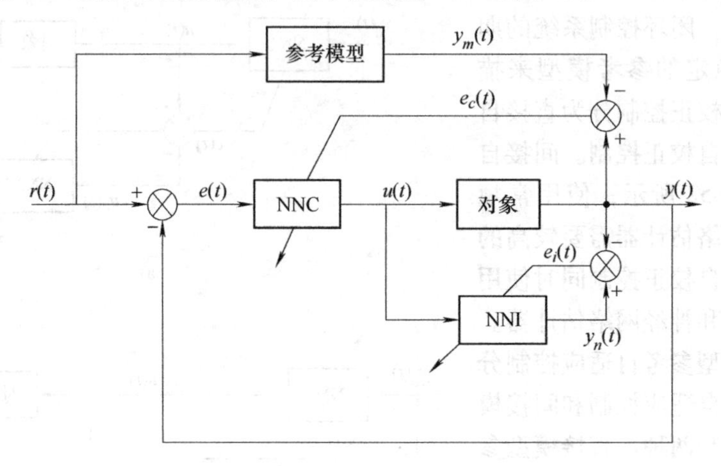

图4-54　神经网络间接模型参考自适应控制

4. 神经网络内模控制

经典的内模控制将被控系统的正向模型和逆模型直接加入反馈回路。系统的正向模型作为被控对象的近似模型与实际对象并联，两者输出之差被用作反馈信号，该反馈信号又经过前向通道的滤波器及控制器进行处理。控制器直接与系统的逆有关，通过引入滤波器来提高系统的鲁棒性。其结构如图4-55所示。

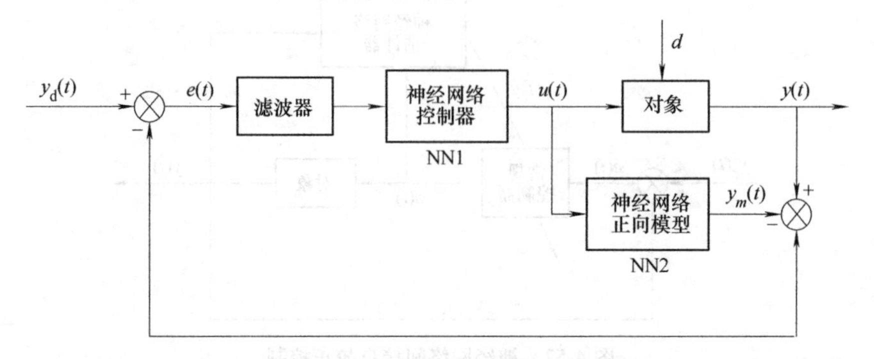

图4-55　神经网络内模控制

5. 神经网络预测控制

预测控制又称为基于模型的控制，是20世纪70年代后期发展起来的新型计算机控制方法。该方法的特征是预测模型、滚动优化和反馈校正。神经网络预测控制的结构如图4-56所示，神经网络预测器建立了非线性被控对象的预测模型，并可在线进行学习修正。利用此预测模型，通过设计优化性能指标，利用非线性优化器可求出优化的控制作用。

6. 神经网络自适应评判控制

神经网络自适应评判控制通常由两个网络组成。自适应评判网络通过不断的奖励、惩罚等再励学习，使自己逐渐成为一个合格的“教师”，学习完成后，根据系统目前的状态和外部激励反馈信号产生一个内部再励信号，以对目前的控制效果做出评价。控制选择网络相当于一个在内部再励信号指导下进行学习的多层前馈神经网络控制器，该网络在进行学习后，根据编码后的系统状态，再允许控制集中选择下一步的控制作用。图 4-57 为神经网络内模控制，被控对象的正向模型及控制器均由神经网络来实现。

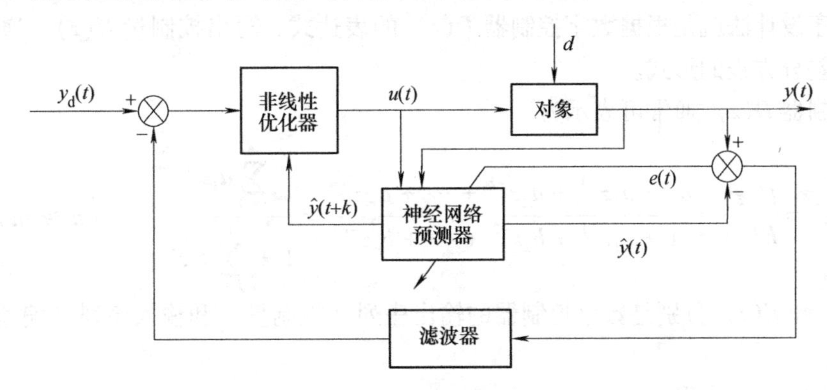

图 4-56　神经网络预测控制

7. 神经网络混合控制

神经网络混合控制方法是集成人工智能各分支的优点，由神经网络技术与模糊控制、专家系统等相结合而形成的一种具有很强学习能力的智能控制系统。由神经网络和模糊控制相结合构成模糊神经网络，由神经网络和专家系统相结合构成神经网络专家系统。神经网络混合控制可使控制系统同时具有学习、推理和决策的能力。

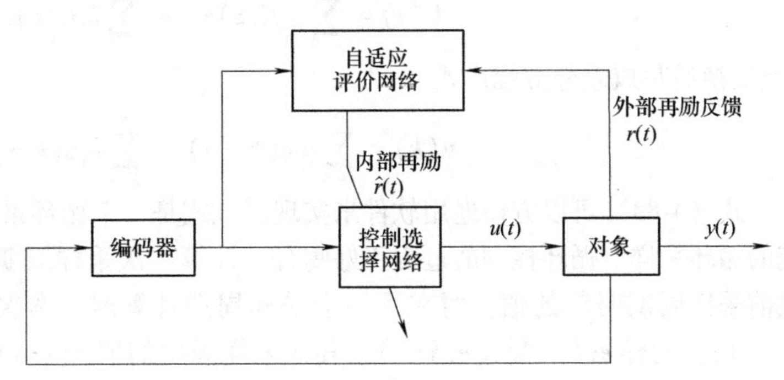

图 4-57　神经网络自适应评判控制

随着控制系统的日益复杂，基于神经网络的智能 PID 控制算法日益受到关注。神经网络技术和 PID 控制器的结合，实际上属于智能 PID 控制器的一类，可以通过对系统性能的学习来实现具有最佳组合的 PID 控制，其基本思想主要是利用神经网络的自学习功能和非线性函数的表示能力，遵从一定的最优指标，在线智能式地调整 PID 控制器的参数，使之适应被控对象参数以及结构的变化和输入参考信号的变化，并抵御外来扰动的影响。

4.7　数字控制器的实现方法

“两弹一星”功勋科学家：杨嘉墀

以上讨论的数字控制器 $D(z)$ 的设计，主要从设计方法讲述，而且从这些设计方法获得的控制器 $D(z)$ 仅是一个数学表达式。我们的最终目的是能够在控制系统中实现。实现的方法主要有硬件实现和计算机软件实现。要用计算机软件实现，必须要将数字控制器 $D(z)$ 变化成控制量 $U(z)$ 的差分方程形式，这样才可以进行编程。在实际应用中，考虑到 $D(z)$ 的复杂性以及编程的方便性、灵活性，将 $D(z)$ 变换成差分方程有多种方法，如直接程序设计法、串行程序设计法、并行程序设计法等。

4.7.1 直接程序设计法

直接程序设计法就是根据数字控制器 $D(z)$ 的表达式，写出控制量 $U(z)$，通过 Z 反变换，获得其差分方程的形式。

数字控制器 $D(z)$ 通常可表示为

$$D(z)=\frac{U(z)}{E(z)}=\frac{a_0+a_1z^{-1}+a_2z^{-2}+\cdots+a_mz^{-m}}{1+b_1z^{-1}+b_2z^{-2}+\cdots+b_nz^{-n}}=\frac{\sum_{i=0}^{m}a_iz^{-i}}{1+\sum_{j=1}^{n}b_jz^{-j}}\quad(n\geqslant m)\qquad(4\text{-}86)$$

式中，$U(z)$ 和 $E(z)$ 分别是数字控制器的输出序列（控制量）和输入序列（偏差）的 z 变换形式。

由式（4-86）可求得

$$U(z)=\sum_{i=0}^{m}a_iE(z)z^{-i}-\sum_{j=1}^{n}b_jU(z)z^{-j}\qquad(4\text{-}87)$$

z 反变换后写成差分方程形式

$$u(k)=\sum_{i=0}^{m}a_ie(k-i)-\sum_{j=1}^{n}b_ju(k-j)\qquad(4\text{-}88)$$

式（4-88）可以方便地用软件来实现。该式是一个循环累加的过程，这与计算机控制系统的循环采样、循环控制的过程正好吻合。计算本次采样周期的控制器输出 $u(k)$，要用到之前采样周期时刻的值，而在下一个采样周期计算时，本次采样周期的 $u(k)$ 就变成了 $u(k-1)$，同样 $e(k)$ 变成 $e(k-1)$，其他采样周期的值 $e(k-i)$ 和 $u(k-j)$ 都要往后递推一次，变成 $e(k-i-1)$ 和 $u(k-j-1)$，以便下一个采样周期使用。

例 4-20 已知数字控制器脉冲传递函数 $D(z)$ 为

$$D(z)=\frac{U(z)}{E(z)}=\frac{1+3z+z^2}{3+5z+z^2}$$

试用直接程序设计法写出实现 $D(z)$ 的表达式。

解： 首先将 z 的正次幂形式变化成负次幂形式，将分子、分母同除以 z^2，得

$$D(z)=\frac{U(z)}{E(z)}=\frac{1+3z^{-1}+z^{-2}}{1+5z^{-1}+3z^{-2}}$$

将上式进行交叉相乘、移项，得到

$$U(z)=E(z)+3E(z)z^{-1}+E(z)z^{-2}-5U(z)z^{-1}-3U(z)z^{-2}$$

对上式进行 z 反变换，得到控制量的差分方程为

$$u(k)=e(k)+3e(k-1)+e(k-2)-5u(k-1)-3u(k-2)$$

用此差分方程，可画出程序流程图，然后编制控制程序。该差分方程表明，为了获得本次采样周期的 $u(k)$，需要用到本次采样周期的偏差 $e(k)$ 以及前两次的偏差值和控制量。

4.7.2 串行程序设计法

对于 $D(z)$ 具有较高阶次的情况，可将其化作串联起来的多个一阶（或二阶）环节，每个串联环节相当于一个简单的控制器，其中第一个控制器的输出为第二个控制器的输入，

第二个控制器的输出为第三个控制器的输入，依次类推。先算出第一个控制器的输出，再算出第二个控制器的输出，依次类推，最后一个控制器的输出即为整个控制器的输出。此方法即为串行程序设计法。

设控制器 $D(z)$ 为

$$D(z)=\frac{U(z)}{E(z)}=\frac{K(z+z_1)(z+z_2)\cdots(z+z_m)}{(z+p_1)(z+p_1)\cdots(z+p_n)}\quad(n\geqslant m)\tag{4-89}$$

式中，z_1，z_2，…，z_m为控制器的零点；p_1，p_2，…，p_n为控制器的极点。

令

$$\begin{cases}D_1(z)=\dfrac{U_1(z)}{E(z)}=\dfrac{z+z_1}{z+p_1}\\D_2(z)=\dfrac{U_2(z)}{U_1(z)}=\dfrac{z+z_2}{z+p_2}\\\quad\vdots\\D_m(z)=\dfrac{U_m(z)}{U_{m-1}(z)}=\dfrac{z+z_m}{z+p_m}\\D_{m+1}(z)=\dfrac{U_{m+1}(z)}{U_m(z)}=\dfrac{1}{z+p_{m+1}}\\\quad\vdots\\D_n(z)=\dfrac{U(z)}{U_{n-1}(z)}=\dfrac{K}{z+p_n}\end{cases}\tag{4-90}$$

则
$$D(z)=D_1(z)D_2(z)\cdots D_n(z)\tag{4-91}$$

即 $D(z)$ 可以看成由 $D_1(z)$、$D_2(z)$、…、$D_n(z)$ 串联而成，即由多个子控制器串联而成。

为了计算 $u(k)$，可先求出 $u_1(k)$，再计算出 $u_2(k)$、$u_3(k)$、…，最后算出 $u(k)$。由以上各控制器的表达式，可以得到

$$\begin{cases}u_1(k)=e(k)+z_1e(k-1)-p_1u_1(k-1)\\u_2(k)=u_1(k)+z_2u_1(k-1)-p_2u_2(k-1)\\\quad\vdots\\u_m(k)=u_{m-1}(k)+z_mu_{m-1}(k-1)-p_mu_m(k-1)\\u_{m+1}(k)=u_m(k-1)-p_{m+1}u_{m+1}(k-1)\\\quad\vdots\\u(k)=Ku_{n-1}(k-1)-p_nu(k-1)\end{cases}\tag{4-92}$$

由以上各个简单的计算式，只要用较为简单的乘法和加法就可以计算出各子控制器的控制量，进而算出控制器的输出。另外，以上分解的子控制器都是一阶环节形式，根据需要可以是二阶环节形式，也可以是一阶和二阶环节的混合形式。

例 4-21　设数字控制器

$$D(z)=\frac{U(z)}{E(z)}=\frac{z^2+3z-4}{z^2+5z+6}$$

试用串行程序设计法写出 $D(z)$ 的迭代表达式。

解：将 $D(z)$ 的分子分母进行因式分解

$$D(z)=\frac{U(z)}{E(z)}=\frac{z^2+3z-4}{z^2+5z+6}=\frac{(z+4)(z-1)}{(z+2)(z+3)}$$

令

$$D_1(z)=\frac{U_1(z)}{E(z)}=\frac{z+4}{z+2}=\frac{1+4z^{-1}}{1+2z^{-1}}$$

$$D_2(z)=\frac{U(z)}{U_1(z)}=\frac{z-1}{z+3}=\frac{1-z^{-1}}{1+3z^{-1}}$$

将 $D_1(z)$、$D_2(z)$ 分别进行交叉相乘及 z 反变换后得到

$$u_1(k)=e(k)+4e(k-1)-2u_1(k-1)$$

$$u(k)=u_1(k)-u_1(k-1)-3u(k-1)$$

4.7.3 并行程序设计法

对于 $D(z)$ 具有较高阶次的情况，也可将其化作并联起来的多个一阶（或二阶）环节，同样地每个并联环节相当于一个简单的控制器，它们具有相同的输入，每个子控制器的输出之和即为整个控制器的输出。此方法即为并行程序设计法。

若控制器 $D(z)$ 可以写成分部式的形式（注：将具有分母多项式展开成分部式表达式）

$$D(z)=\frac{U(z)}{E(z)}=\frac{k_1z^{-1}}{1+p_1z^{-1}}+\frac{k_2z^{-1}}{1+p_2z^{-1}}+\cdots+\frac{k_nz^{-1}}{1+p_nz^{-1}} \tag{4-93}$$

令

$$\begin{cases}D_1(z)=\dfrac{U_1(z)}{E(z)}=\dfrac{k_1z^{-1}}{1+p_1z^{-1}}\\D_2(z)=\dfrac{U_2(z)}{E(z)}=\dfrac{k_2z^{-1}}{1+p_2z^{-1}}\\\quad\vdots\\D_n(z)=\dfrac{U_n(z)}{E(z)}=\dfrac{k_nz^{-1}}{1+p_nz^{-1}}\end{cases} \tag{4-94}$$

因此可得

$$D(z)=D_1(z)+D_2(z)+\cdots+D_n(z) \tag{4-95}$$

同样地由以上各控制器的表达式，可以得到

$$\begin{cases}u_1(k)=k_1e(k-1)-p_1u_1(k-1)\\u_2(k)=k_1e(k-1)-p_2u_2(k-1)\\\quad\vdots\\u_n(k)=k_ne(k-1)-p_nu_n(k-1)\end{cases} \tag{4-96}$$

整个控制器的输出为

$$u(k)=u_1(k)+u_2(k)+\cdots+u_n(k) \tag{4-97}$$

例 4-22　设数字控制器

$$D(z)=\frac{U(z)}{E(z)}=\frac{0.6z^{-2}+3.6z^{-1}+3}{-0.2z^{-2}+0.1z^{-1}+1}$$

试用并行程序设计法写出 $D(z)$ 的输出表达式。

解：将控制器 $D(z)$ 写成分部式的形式

$$D(z)=\frac{U(z)}{E(z)}=-3+\frac{6+3.9z^{-1}}{(1+0.5z^{-1})(1-0.4z^{-1})}=-3-\frac{1}{1+0.5z^{-1}}+\frac{7}{1-0.4z^{-1}}$$

令

$$D_1(z)=\frac{U_1(z)}{E(z)}=\frac{1}{1+0.5z^{-1}},\ D_2(z)=\frac{U_2(z)}{E(z)}=\frac{1}{1-0.4z^{-1}}$$

则

$$D(z)=-3-D_1(z)+7D_2(z)$$

$$\begin{aligned}U(z)&=-3E(z)-U_1(z)+7U_2(z)\\&=-3E(z)-[E(z)-0.5U_1(z)z^{-1}]+7[E(z)+0.4U_2(z)z^{-1}]\end{aligned}$$

则

$$\begin{aligned}u(k)&=-3e(k)-u_1(k)+7u_2(k)\\&=-3e(k)-[e(k)-0.5u_1(k-1)]+7[e(k)+0.4u_2(k-1)]\\&=-3e(k)-[e(k)-0.5u_1(k-1)]+7[e(k)+0.4u_2(k-1)]\\&=0.5u_1(k-1)+2.8u_2(k-1)+3e(k)\end{aligned}$$

下面对以上三种实现方法进行比较：

（1）直接程序设计法具有较好的直观性，物理上更容易理解，另外从计算的角度看，其效率也比较高。因为根据计算机控制系统及编程的特点，一般情况下，每一次计算都只需用当前的采集数据计算，然后再与之前的计算结果进行累加，就可以得到所需要的控制量。即只要控制器的表达式不是特别复杂，都可以应用直接程序设计法。

（2）串行程序设计法和并行程序设计法在高阶数字控制器设计时，可以简化程序设计，只要设计出一阶或二阶的控制器子程序，通过反复调用子程序即可实现 $D(z)$。这样设计的程序占用内存容量少、容易读、调试方便。采用这两种方法时，需要将高阶函数分解成一阶或二阶环节，倘若无法分解，则不能使用这些方法。

4.7.4　数字控制器的设计步骤

数字控制器设计的基本步骤如下：

1）根据被控对象的传递函数，求出系统的广义对象传递函数（一般是加零阶保持器），如

$$G(s)=\frac{1-\mathrm{e}^{-Ts}}{s}G_0(s)$$

2）求出其对应的脉冲传递函数

$$G(z)=Z[G(s)]=Z\left[\frac{1-\mathrm{e}^{-Ts}}{s}G_0(s)\right]=(1-z^{-1})Z\left[\frac{G_0(s)}{s}\right]$$

3）根据控制系统的性能指标及其输入信号要求，确定出整个闭环控制系统的脉冲传递

函数 $\Phi(z)$。

4）根据下式确定数字控制器的脉冲传递函数

$$D(z)=\frac{\Phi(z)}{G(z)[1-\Phi(z)]}$$

5）写出直接程序设计法或者串、并行程序设计法的控制量差分方程表达式。

6）根据系统的采样周期、时间常数及其他条件求出相应的系数，并将其转换成计算机能接收的数据形式。

7）由差分方程编写出汇编语言或其他语言程序。

4.8 本章小结

本章主要讲述计算机控制系统中常用的控制算法，学习过程中除了掌握这些算法的基本原理和如何设计控制算法外，更重要的是要理解和掌握以算式形式表述的控制算法最终如何在计算机中实现，即如何根据计算机的类型编制好相应的控制算法程序，达到应用的目的。因此，本章给出了大量的实例，无论是应用 MATLAB 编程，还是单片机汇编编程，希望通过这些例子能够提供控制算法编程的思路和方法。

本章的主要内容和重点概述如下：

1）数字 PID 的基本原理及其控制算式，包括位置式和增量式。其中，关于控制器参数的作用及其设计是重点。另外，还要重点掌握各种改进的 PID 控制。

2）掌握最少拍控制器基本原理及其设计方法。

3）纯滞后系统控制器设计。包括大林控制算法和 Smith 预估控制算法。

4）两种智能控制算法：模糊控制算法和神经网络控制算法的最基本原理和形式。

5）数字控制器的计算机实现方法。

习题与思考题

1. PID 控制参数 K_c、T_i、T_d 对系统的动态特性和稳态特性有何影响？简述试凑法进行 PID 参数整定的步骤。

2. 在数字 PID 中，采样周期 T 的选择需要考虑哪些因素？其大小对计算机控制系统有何影响？

3. 试比较普通 PID、积分分离 PID 和变速积分 PID 三种算法有什么区别和联系。

4. 最少拍设计的要求是什么？在设计过程中怎样满足这些要求？它有什么局限性？

5. 什么叫振铃现象？在使用大林算法时，振铃现象是由控制器中哪部分引起的？为什么？如何消除振铃现象？

6. 已知 PI 调节器 $D(s)=\dfrac{U(s)}{E(s)}=\dfrac{2(s+6)}{s}$，采样周期 T=1s，要求

1）写出其离散化表达式 $D(z)$；

2）将 $D(z)$ 用第一种直接程序法编排实现，试求 $u(k)$ 表达式，并画出编程的流程图。

7. 已知模拟 PID 控制器的传递函数为 $D(s)=\dfrac{U(s)}{E(s)}=\dfrac{1+0.17s}{0.085s}$，试写出相应的数字控制器的位置式和增量式算式（采样周期 T=0.2s）。

8. 期望的系统闭环传递函数为 $G(s)=\dfrac{\omega_n^2}{s^2+2\zeta\omega_n s+\omega_n^2}$，阻尼系数 $\xi=0.707$，使系统具有较小的超

调，且当 ω_n 较大时具有快速的响应。如果对象的传递函数为 $G_0(s)=\left(\frac{K_1}{T_1s+1}\right)\left(\frac{K_2}{T_2s+1}\right)\left(\frac{K_3}{T_3s+1}\right)$，其中 $T_1>T_2>T_3$。试设计一模拟PID控制器，使闭环系统具有上述 $G(s)$ 的形式。在采样周期 T 的情况下，写出其位置式PID控制算式。

9. 连续对象的传递函数为 $G_0(s)=\frac{10}{s(s+1)}$，选取采样周期 $T=1\text{s}$，试确定它对速度输入的最少拍控制器，并用 z 传递函数计算出输入为单位速度时系统的输出量和控制量序列，并判断是否有纹波。

10. 设广义对象的脉冲传递函数为：$G(z)=\frac{0.213z^{-1}(1+0.847z^{-1})}{(1-z^{-1})(1-0.6065z^{-1})}$，采样周期 $T=1\text{s}$。试设计在单位阶跃输入作用下的最少拍无纹波控制器。

11. 设被控对象为：$G(s)=\frac{e^{-80s}}{60s+1}$，采样时间为20s，设计大林控制器。

12. 用数字控制器的实现方法，试求：

1）用直接程序法求数字控制器 $D(z)=\frac{z^{-2}}{(1+2z^{-1})^2}$ 的 $u(k)$ 表达式；

2）用串行程序法求数字控制器 $D(z)=\frac{3+3.6z^{-1}+0.6z^{-2}}{1+0.1z^{-1}-0.2z^{-2}}$ 的 $u(k)$ 表达式；

3）用并行程序法求数字控制器 $D(z)=\frac{0.1}{(1-0.9z^{-1})(1-0.95z^{-1})}$ 的 $u(k)$ 表达式。

第 5 章　计算机控制系统设计

第 5 章重难点

科学家精神

5.1　计算机控制系统的设计方法及步骤

5.1.1　设计控制系统的知识能力要求、基本原则和设计内容

1. 计算机控制系统设计需要具备的知识和能力

计算机控制系统的设计既涉及理论问题，同时也是一个工程实际问题。在设计过程中，会涉及控制理论、计算方法等理论问题，也有包括电路、模拟和数字电子技术、计算机技术、自动检测技术、网络技术和通信技术等技术问题，是一种多学科的综合应用。

一般来说，要能够从事计算机控制系统的设计，需要具备以下几方面的知识和能力：

1）必须具备必要的控制理论知识。计算机控制系统就是一个自动调节的“机器”，调节的机理就是通常所说的控制算法，它其实是计算机控制系统的核心。因此，掌握控制算法的基本原理和设计方法对控制系统设计是必须的。另外，所涉及的系统建模、分析、优化、综合和设计、信息获取和传递等基本理论和方法，都需要掌握。

2）必须具有一定的硬件基础知识。首先要有电路、模拟和数字电子技术的基础知识；其次要掌握计算机系统相关硬件知识，如各种微型计算机、单片机、DSP 控制器、PLC、嵌入式控制器、存储器及 I/O 接口等；再者还需了解用于信息设定的键盘及开关、检测各种输入量的传感器、控制用的执行装置、与微型计算机及各种仪器进行通信的接口，以及打印和显示设备等。

3）需要具备一定的软件设计能力。要掌握相关的程序设计语言和软件设计平台，如汇编语言、C 语言、可视化程序设计语言、组态软件等；其次要掌握程序设计技巧，能够根据系统的要求，灵活地设计出所需要的程序，如数据采样程序、A/D 及 D/A 转换程序、数码转换程序、数字滤波程序、标度变换程序、键盘处理程序、显示及打印程序、通信程序以及各种控制算法及非线性补偿程序等。

4）具有综合运用知识的能力。要善于将一台微型计算机化的仪器或装置的复杂设计任务划分成许多便于实现的组成部分，要注意综合考虑系统功能、性能、成本、时间、人工制作等问题。学会“软硬兼施”地运用能力，即恰当地处理软件、硬件的折中应用。设计计算机控制系统的基本方法是先选择和组织硬件，构成最小系统；当硬件、软件之间需要折中协调时，通常解决的办法是尽量减少硬件（以便使系统的成本降到最低）；应满足设计中各方面对软件的要求。通常情况下，硬件性能高、系统实时性好，就会使系统成本高，结构变得较复杂；而软件实现的功能成本相对较低，而且应用灵活，因此在硬件能够满足系统要求下，尽可能用软件来实现系统功能。

5）必须掌握生产过程或系统运行过程的工艺性能及被测参数的测量方法，以及被控对象动态、静态特性，通常还需要掌握被控对象的数学模型。

6）掌握必要的仿真技术。控制系统设计过程或调试之前，通过系统仿真，可以预先设计合适的控制算法。另外，仿真实验有利于降低控制系统设计和实现的成本；最大可能地避免系统样机在调试过程中损毁的风险。

2. 计算机控制系统设计原则

尽管计算机控制的生产过程和对象多种多样，系统的设计方案和具体的技术指标也是千差万别，但在计算机控制系统的设计与实现过程中，设计原则与步骤基本相同。一般来说应遵循以下系统设计原则。

（1）安全可靠

倘若计算机控制系统出现故障，轻者影响生产，重者造成事故，产生机毁人亡的严重后果。因此，在设计过程中，要把安全可靠放在首位。一般可从以下方面来保证控制系统的安全性：

首先，要选用高性能、高可靠的工业控制用计算机系统，保证在恶劣的工业环境下能够正常运行。工业控制用的微型计算机系统不同于一般应用的计算机系统，它的工作环境比较恶劣，各种干扰随时威胁着它的正常运行，而且它所担当的控制重任又不允许发生异常现象。其次，设计可靠的控制方案，并具有各种安全保护措施，比如报警、事故预测、事故处理和不间断电源等。同时为了预防计算机故障，通常需要设计后备装置。对于一般的控制回路可选用手动操作为后备；对于重要的控制回路，选用常规控制仪表作为后备，或者选用两套计算机控制系统。这样，一旦主机出现故障，就把后备装置切换到控制回路中去，维持生产过程的正常运行。我们把具有两套计算机控制系统的情况称为双机系统。双机系统的工作方式一般分为备份工作方式、主从工作方式和双工工作方式。在备份工作方式中，一台作为主机投入系统运行，另一台作为备份机处于通电工作状态，作为系统的热备份机，当主机出现故障时，专用程序切换装置便自动地把备份机切入系统运行，承担起主机的任务，而故障排除后的原主机则转为备份机，处于待命状态。在主从工作方式中，两套计算机系统同时投入系统运行，在正常情况下，分别执行不同的任务，一台承担整个系统的主要控制任务（称主机），另一台则执行一般的数据处理或部分设备的控制等工作（称从属机）。当主机发生故障时，它就自动脱离系统，而让从属机承担起系统所有的控制任务，以保证系统正常运行。在双工工作方式中，两台主机并行工作，同步执行一个任务，并比较两机执行结果。如果比较的结果相同，则表明系统正常工作；否则重复执行，再校验两机结果，以排除随机故障干扰。若经过几次重复执行与校验，两机运行的结果仍然不相同，则启动故障诊断程序，将其中一台故障机切离系统，让另一台主机继续执行。

另外，采用集散控制系统、分布式控制系统或者现场总线控制系统是当今提高系统可靠性的重要措施之一。这类系统都可以将局部故障对整个系统的影响减至最小。

（2）系统操作性能好

系统操作性能好包括两个含义：操作方便、维修容易。这个要求对控制系统来说是很重要的，在设计系统硬件和软件时都要考虑这个问题。在配置软件时，就应考虑配置什么样的软件才能降低对操作人员专业知识的要求；在硬件配置方面，应该考虑使系统的控制开关不能太多、太复杂，而且操作顺序要简单等。

操作方便表现在操作简单、直观形象和便于掌握，且对于不具备计算机知识、控制系统知识的操作人员，只要按照操作手册就能够操作；同时既要体现操作的先进性，又要兼顾原有的操作习惯。例如，操作工已习惯了PID控制器的面板操作，那么就可设计成回路操作显示面板，或在CRT画面上设计成回路操作显示界面。

维修容易体现在易于查找故障、排除故障。通常采用标准的功能模块式结构，有利于更换故障模块，并且在功能模块上安装工作状态指示灯和监测点，便于维修人员检查。另外还可以配置诊断程序，用来查找故障。

(3) 实时性强

计算机控制系统的实时性，表现在对内部和外部事件能及时地响应，并及时做出相应的处理，不丢失信息，不延误操作。计算机处理的事件一般分为两类：一类是定时事件，如数据的定时采集、运算控制等；另一类是随机事件，如事故、报警等。对于定时事件，系统设置时钟，保证定时处理。对于随机事件，系统设置中断程序，并根据故障的轻重缓急，预先分配中断级别，一旦事故发生，保证优先处理紧急故障。

(4) 通用性好、便于扩充

计算机控制的对象千变万化，可以控制多个设备和不同的过程参数，但各个设备和控制对象的要求是不同的，这就要求系统的通用性要好，能灵活地进行扩充。系统设计时应考虑能适应不同设备和不同控制对象，并且尽可能采用功能模块化结构，使系统在不大改动的前提下就能很快适应新的情况。

计算机控制系统的通用灵活性体现在两方面：一是硬件设计模块化、标准化，并尽可能采用通用的系统总线结构（如PC总线、现场总线等），配置各种通用的功能模块，以便在扩充功能时，只需增加功能模块就能实现；二是软件模块或控制算法采用标准模块结构，用户使用时不需要二次开发，只需按要求选择各种功能模块，灵活地进行控制系统组态。

(5) 设计周期短，成本低

计算机技术发展迅速，各种新技术和产品不断出现，在满足精度、速度和其他性能要求的前提下，应缩短设计周期和尽可能采用价格低的元器件，以降低整个控制系统的费用。

3. 计算机控制系统设计内容

微型计算机控制系统的设计主要包括以下几方面内容：

1）计算机控制系统总体方案设计，包括系统的要求、控制方案的选择以及工艺参数的测量范围等。

2）选择各参数检测元件及变送器。

3）建立数学模型及确定控制算法。

4）选择计算机控制系统控制器类型，如选择微型计算机，还是单片机、DSP控制器、PLC、嵌入式控制器等。

5）计算机控制系统硬件设计，确定计算机系统是自行设计还是购买成套设备。包括接口电路、逻辑电路及操作面板的设计，特别是输入输出通道的设计。

6）系统软件设计，包括管理、监控程序以及应用程序的设计。

7）系统的调试及实验。

5.1.2 控制系统总体方案的确定

确定计算机控制系统设计总体方案，是控制系统设计重要而又关键的一步。总体方案的好坏，直接影响整个控制系统的投资、控制品质及实施细则。总体方案的设计首先主要依据被控对象的工艺要求，即设计之前要注重对实际问题的调查，才能设计出一个性能优良的计算机控制系统。由于被控对象多种多样，要求计算机控制系统完成的任务也千差万别，所以确定控制系统的总体方案必须根据工艺的要求，结合具体控制对象而定。尽管如此，在总体方案设计方面还是有一定的共性的。大体上可从以下几方面进行考虑。

1. 确定控制系统方案

依据控制系统合同书（或协议书）的技术要求确定系统类型，例如，是数据采集处理系统，还是对象（或过程）控制系统等。如果是对象（或过程）控制系统，还应根据系统性能指标要求，决定是采用开环控制还是闭环控制。再根据控制要求、任务的复杂度、控制对象的地域分布等，确定整个系统是采用直接数字控制系统（DDC），还是计算机监督控制系统（SCC），或者采用分布式控制系统、现场总线控制系统等，并划分各层次应该实现的功能。同时，综合考虑上述计算机控制系统设计原则的各个方面。

总体方案设计方法是“黑箱”设计法。所谓“黑箱”设计，就是根据控制要求，将完成控制任务所需的各功能单元、模块以及控制对象，采用方块图表示，从而形成系统的总体框图。在这种总体框图上只能体现各单元与模块的输入信号、输出信号、功能要求以及它们之间的逻辑关系，而不知道“黑箱”的具体结构实现；各功能单元既可以是一个软件模块，也可以采用硬件电路实现。

2. 选择检测元件

在确定方案的同时，必须选择好被测参数的测量元件，它是影响控制系统精度的首要因素。测量各种参数的传感器，如温度、流量、压力、液位、成分、位移、重量、速度等，种类繁多，规格各异，因此，需要正确地选择测量元件。目前许多生产厂家已经开发和研制出专门用于微型计算机系统的集成化传感器，例如许多产品将传感器与变送器集成在一起，因而为计算机控制系统设计带来极大的方便。变送器是这样一种仪表，它能将被测变量（如温度、压力、物位、流量等非电量物理量，以及大电压和大电流等电量）转换为可远距离传送的统一标准信号（0～10mA、4～20mA 等），且输出信号与被测变量存在一定的连续关系。常用的变送器有温度变送器、压力变送器、液位变送器、差压变送器、流量变送器，以及各种电量变送器等。系统设计人员可根据被测参数的种类、量程、被测对象的介质类型和环境来选择变送器的具体型号。

3. 选择执行机构

执行机构是计算机控制系统的重要组成部件，是控制系统中必不可少的组成部分，它的作用是接收计算机发出的控制信号，并把它转换成调节机构的动作，使生产过程（或被控对象）按预先规定的要求正常运行。执行机构的选择，一方面要与控制算法匹配，另一方面要根据被控对象的实际情况决定。应对多种方案进行比较，综合考虑工作环境、性能、价格等因素择优而用。常用的执行机构有以下四种：

（1）电动执行机构

电动执行机构具有响应速度快、与计算机接口连接容易等优点，因而成为计算机控制系统的主要执行机构，例如，DKJ 或 DKZ 型电动执行器，专门用来把 4～20mA 直流信号转换成相应的转角位移或线位移，以带动风门、挡板、阀门等动作，从而完成自动调节的任务。

（2）气动调节阀

气动调节阀具有结构简单、操作方便、使用可靠、维护容易、防火防爆等优点，目前广泛应用于石油、冶金、电力系统等环境较恶劣的行业中。此种阀门再配以电气阀门定位器，如ZPD-01型电气阀门定位器，将4~20mA的直流信号转换成0.02~0.1MPa的标准气压信号，以便驱动薄膜调节阀，并利用气动薄膜阀阀杆位移进行反馈，来改善阀门位置的线性度，克服阀杆的各种附加摩擦力和消除被调介质压力的变化影响，从而使阀门位置能按调节信号实现正确定位。

（3）步进电动机

由于步进电动机可以直接接收数字量，而且具有响应速度快、精度高、容易控制等优点，随着其成本不断降低，容量不断增大，在计算机控制系统中用步进电动机作执行机构越来越广泛。如数控机床、X-Y记录仪、高射炮自动跟踪、电子望远镜和大型电子显微镜、旋转变压器、多圈电位器等对象，都采用步进电动机作为其执行机构。

（4）液压伺服机构

液压伺服机构（如油缸和油电动机）将油液的压力能转换成机械能，驱动负载直线或回转运动。液压传动的主要优点：能方便地进行无级调速；单位重量的输出功率大，结构紧凑，惯性小，且能传送大扭矩和较大的推力；控制和调节简单、方便、省力，易于实现自动控制和过载保护。

4. 选择输入/输出通道及外围设备

计算机控制系统的过程通道，通常应根据被控对象参数来确定，并根据系统的规模及要求，配以适当的外围设备，如打印机、CRT、绘图仪、通信设备等。选择时应考虑以下一些问题：

1）被控对象参数的数量；

2）各输入/输出通道是串行操作还是并行操作；

3）各通道数据的传输速率；

4）各通道数据的字长及选择位数；

5）对显示、打印等外围设备的要求。

5. 硬件、软件功能的划分

在计算机控制系统中，一些功能既能由硬件实现，也能由软件实现。在确定系统总体方案时，硬件和软件功能的划分要综合考虑，以决定哪些功能由硬件实现，哪些功能由软件来完成。一般采用硬件实现时速度比较快，可以节省CPU的大量时间，但系统比较复杂、灵活性差，价格也比较高；采用软件实现比较灵活、价格便宜，但要占用CPU更多的时间。所以，一般在CPU运行速率允许和满足系统实时性要求的情况下，尽量采用软件实现。如果系统控制回路较多、CPU任务较重，或某些软件设计比较困难，则可考虑用硬件完成。

6. 建立总体方案文档

形成系统的总体方案和确认后，要形成文件，建立总体方案文档。系统总体方案文档主要包括以下内容：

1）系统的主要功能、技术指标、原理性框图及文字说明。结合工业流程图，画出完整的控制系统原理框图，包括各种传感器、变送器、外围设备、输入/输出通道及微型计算机等。它是整个系统的总图，要求简单、清晰、明了。

2）控制策略和控制算法，例如PID控制、大林算法、Smith补偿控制、最优控制、前馈控制、解耦控制、自适应控制、模糊控制和神经网络控制等。要对控制算法的参数设计、性能等加以说明。

3）系统的硬件结构及配置，主要的软件功能、结构及框图。

4）方案比较和选择。

5）保证性能指标要求的技术措施。

6）抗干扰和可靠性设计。

7）机柜或机箱的结构设计。

8）经费和进度计划的安排。

对所提出的总体设计方案要进行合理性、经济性、可靠性及可行性论证。论证通过后，便可形成作为系统设计依据的系统总体方案图和设计任务书，以指导具体的系统设计过程。

在设计系统的总体方案时，必须要清楚系统的工艺，并征求现场操作人员的意见后再行设计。

5.1.3　控制用微型计算机的选择

在总体方案确定之后，首要的任务是选择满足系统控制需要且性能成本适当的微型计算机，微型机种类繁多，选择合适的微型机是计算机控制系统设计的关键。

1. 选用成品微型计算机系统

根据被控对象的任务要求，选择适合系统应用的微型计算机系统（或芯片）是十分重要的。它直接关系到系统的投资及规模，一般应根据总体方案进行选择。

（1）工业控制计算机

工业控制计算机，简称工控机，是一种采用总线结构，对生产过程及机电设备、工艺装备进行检测与控制的工具总称。工控机具有重要的计算机属性和特征，如具有计算机CPU、硬盘、内存、外设及接口，不仅提供了具有多种功能的主机系统板，而且还配备了各种接口板，如多通道模拟量输入/输出板、开关量输入/输出板、CRT图形显示板、扩展用的各种通信总线接口板等，并有操作系统、控制网络和协议、计算能力、友好的人机界面。

常用的工业控制计算机主要为IPC（PC总线工业电脑），简称工业PC。它们具有很强的硬件功能和灵活的I/O扩展能力，不仅可以构成独立的工控机，而且具有较强的开发能力，配有专用的组态软件，给计算机控制系统的软件设计带来了极大的方便。另外，还具有如下优点：可靠性，工业PC在粉尘、烟雾、高/低温、潮湿、震动、腐蚀等恶劣环境中具有快速诊断和良好的可维护性；实时性，工业PC对工业生产过程进行实时在线检测与控制，对工作状况的变化给予快速响应，及时进行采集和输出调节，遇险自复位，保证系统的正常运行；扩充性，工业PC由于采用底板+CPU卡结构，因而具有很强的输入输出功能，最多可扩充20个板卡，能与工业现场的各种外设、板卡等相连，以完成各种任务；兼容性，能同时利用各种总线资源，并支持各种操作系统，多种语言汇编，多任务操作系统。

如果系统的任务比较多，要求的功能比较强，而且设计时间要求比较紧，可考虑选用现成的工业控制机。

（2）PLC（可编程序控制器）

PLC是一种专门为在工业环境下应用而设计的数字运算操作的电子装置。它采用可以编制程序的存储器，用来在其内部存储执行逻辑运算、顺序运算、计时、计数和算术运算等操作指令，并能通过数字式或模拟式的输入和输出，控制各种类型的机械或生产过程。PLC及其有关的外围设备都按易于与工业控制系统形成一个整体、易于扩展其功能的原则而设计。

PLC 的主要特点如下：

1）可靠性高，抗干扰能力强。PLC 用软件代替大量的中间继电器和时间继电器，仅剩下与输入和输出有关的少量硬件，接线可减少到继电器控制系统的1/10~1/100，因触点接触不良造成的故障大为减少。PLC 由于采用现代大规模集成电路技术，采用严格的生产工艺制造，内部电路采取了先进的抗干扰技术，具有很高的可靠性。一些使用冗余 CPU 的 PLC 的平均无故障工作时间则更长。从 PLC 的机外电路来说，使用 PLC 构成控制系统，和同等规模的继电接触器系统相比，电气接线及开关接点已减少到数百甚至数千分之一，故障也就大大降低。此外，PLC 带有硬件故障自我检测功能，出现故障时可及时发出警报信息。在应用软件中，应用者还可以编入外围器件的故障自诊断程序，使系统中除 PLC 以外的电路及设备也获得故障自诊断保护。

2）硬件配套齐全，功能完善，适用性强。PLC 发展到今天，已经形成了大、中、小各种规模的系列化产品，并且已经标准化、系列化、模块化，配备有品种齐全的硬件装置供用户选用，用户能灵活方便地进行系统配置，组成不同功能、不同规模的系统。PLC 的安装接线也很方便，一般用接线端子连接外部接线。PLC 有较强的带负载能力，可直接驱动一般的电磁阀和交流接触器，可以用于各种规模的工业控制场合。除了逻辑处理功能以外，现代 PLC 大多具有完善的数据运算能力，可用于各种数字控制领域。近年来 PLC 的功能单元大量涌现，使 PLC 渗透到了位置控制、温度控制、CNC 等各种工业控制中。加上 PLC 通信能力的增强及人机界面技术的发展，使用 PLC 组成各种控制系统变得非常容易。

3）易学易用，深受工程技术人员欢迎。PLC 作为通用工业控制计算机，是面向工控企业的工控设备。它接口容易，编程语言易于为工程技术人员接受。梯形图语言的图形符号与表达方式和继电器电路图相当接近，只用 PLC 的少量开关量逻辑控制指令就可以方便地实现继电器电路的功能。为不熟悉电子电路、不懂计算机原理和汇编语言的人使用计算机从事工业控制提供了方便。

4）系统的设计、安装、调试工作量小，维护方便，容易改造。PLC 的梯形图程序一般采用顺序控制设计法。这种编程方法很有规律，很容易掌握。对于复杂的控制系统，梯形图的设计时间比设计继电器系统电路图的时间要少得多。PLC 用存储逻辑代替接线逻辑，大大减少了控制设备外部的接线，使控制系统设计及建造的周期大为缩短，同时维护也变得容易起来。更重要的是使同一设备经过改变程序改变生产过程成为可能。这很适合多品种、小批量的生产场合。

5）体积小，重量轻，能耗低。以超小型 PLC 为例，可将外形尺寸缩小10倍、功耗降低50%以上、数字 I/O 输出数据处理速度加快70倍。由于体积小很容易装入机械内部，是实现机电一体化的理想控制设备。使设计人员以更低功耗、更少元件和更低成本实现工业4.0版设计。

（3）最小微处理器系统

最小微处理器系统，如单片机最小系统、DSP 系统、嵌入式系统，它们大都具有微处理器、存储器及 I/O 接口、LED 显示器和小键盘，再配以各类 I/O 接口板，即可组成简单的控制系统。这种系统的特点是价格便宜，常用于小系统或顺序控制系统。选用这些系统时应注意以下几点：

1）选用主机时要适当留有余地，既要考虑当前应用，又要照顾较长远发展。因此，要求系统有较强的扩展能力。

2）主机能满足设计要求，外设尽量配备齐全，最好选用同一厂家产品，便于维护和扩展。

3）系统要具有良好的结构，便于使用和维修，尽可能选购具有标准总线的产品。

4）要选择那些技术力量雄厚，维修力量强，并能提供良好技术服务的厂家的产品。

5）图纸、资料齐全，备品备件充足。

6）有丰富的系统软件，如汇编、反汇编、交叉汇编、DEBUG操作软件、高级语言、汉字处理软件等，最好能配备一定的应用软件。

2. 利用微处理器芯片自行设计

选择合适的微处理器芯片，针对被控对象的具体任务，自行开发和设计一个微处理器系统，是目前计算机控制系统设计中经常使用的方法。这种方法具有针对性强，投资少，系统简单、灵活等特点。特别对于批量生产，它更有其独特的优点。

微处理器是整个控制系统的核心，它的选择将对整个系统产生决定性的影响，一般应从如下几个方面考虑是否符合控制系统的要求：

1）字长会直接影响微处理器处理数据的精度、指令的数目、寻址能力和执行操作的时间。一般说来，字越长，对数据处理越有利，但从减少辅助电路的复杂性和降低成本的角度考虑，字短些为宜。所以应根据不同对象和不同要求，恰当选择。在过程控制领域中，一般选用8位或16位字长的微处理器就能达到一般的控制要求。

2）寻址范围和寻址方式。寻址范围表示了系统中可存放的程序和数据量，用户应根据系统要求选择与寻址范围有关的合理的内存容量。选择恰当的寻址方式，会使程序量大大减少。

3）指令种类和数量。一般来说，指令条数越多，针对特定操作的指令也必然增多，这可使处理速度加快，程序量减少。

4）内部寄存器的种类和数量。微处理器内部寄存器结构也是关系到系统性能的重要方面。它们的种类和数量越多，访问存储器的次数就越少，从而加快执行速度。

5）微处理器的速度。它应该与被控对象的要求相适应，不宜过高，也不能太低。

6）中断处理能力。在控制系统中，中断处理往往是主要的一种输入输出方式。微处理器中断功能的强弱，往往涉及整个系统硬件和应用程序的布局。

当今，集成芯片制造技术越来越强，微处理器的性能强大且成本低，选择微处理器也变得越来越容易，系统设计者主要是根据个人熟悉的处理器类型，即可有多种产品型号供选择。

5.1.4 控制策略和控制算法的确定

当控制系统的总体方案及机型选定之后，采用什么样的控制算法才能使系统达到控制性能要求，这是非常关键的问题。一般来说，在硬件系统确定后，计算机控制系统的控制效果的优劣，主要取决于采用的控制策略和控制算法是否合适。很多控制算法的选择与系统的数学模型有关，因此建立系统的数学模型是非常必要的。

所谓数学模型就是系统动态特性的数学表达式，它反映了系统输入、内部状态和输出之间的逻辑与数量关系，为系统的分析、综合或设计提供了依据。确定数学模型，既可以根据过程进行的机理和生产设备的具体结构，通过对物理平衡等关系的分析计算予以推导计算，也可以采用现场实验测量的方法，如飞升曲线法、临界比例度法、伪随机信号法（即统计相关法）等。系统模型确定之后，即可确定控制算法。

每个特定的控制对象均有其特定的控制要求和规律，必须选择与之相适应的控制策略和控制算法，否则就会导致系统的品质不好，甚至会出现系统不稳定、控制失败的现象。对于一般简单的生产过程可采用PI、PID控制；对于工况复杂、工艺要求高的生产过程，可以选用比值控制、前馈控制、串级控制、自适应控制等控制策略；对于快速随动系统可以选用最小拍无差的直接设计算法；对于具有纯滞后的对象最好选用大林算法或Smith纯滞后补偿算法；对于随机系统应选用随机控制算法；对于具有时变、非线性特性的控制对象以及难以建立数学模型的控制对象，可以采用模糊控制、神经网络控制等智能控制算法。

5.1.5　控制系统硬件设计

尽管微型计算机集成度高，内部包含I/O控制线、ROM、RAM和定时器等，但在组成控制系统时，扩展接口仍是设计者经常遇到的任务。扩展接口有两种方案，一种是购置成品接口板，如A/D转换接口板、D/A转换接口板、开关量I/O接口板（带光电隔离器或不带光电隔离器）、实时时钟板、步进电动机控制板、晶闸管控制板等。扩展的接口板数量及品种视系统而论。这主要适用于选用成品微型计算机系统的方案。另一种方案是根据系统的实际需要，选用合适的芯片进行设计，这里主要是讨论这种方案设计的基本内容。

1. 存储器扩展

根据所选微处理器以及系统的可能程序量、存储的数据量，并考虑今后控制系统可能的扩展，扩展存储器是必要的。

2. 模拟量输入通道设计

模拟量输入通道设计主要考虑下面两个问题。

（1）数据采集通道的结构形式

一般来说，计算机控制系统是多通道系统。因此，选用何种结构形式采集数据，是进行模拟量输入通道设计中首先要考虑的问题。一般来说，数据采集通道的结构形式有三种：独立采样保持器（S/H）和A/D形式、共享A/D和S/H形式、多路S/H和共享A/D形式。

1）独立采样保持器（S/H）和A/D形式，每个通道都有各自的S/H和A/D，数据采集完全可以独立进行，实时性强，可靠性相对较高，缺点是成本较高。这种结构形式一般应用在对实时性要求较高、各通道数据特性差异较大的情况。

2）共享A/D和S/H形式如图5-1所示，所有的通道共用A/D和S/H，通过多路开关切换，分时采集和转换各通道的数据。这种结构形式的优点是成本差，缺点是实时性差。主要应用在对实时性要求不高的场合。

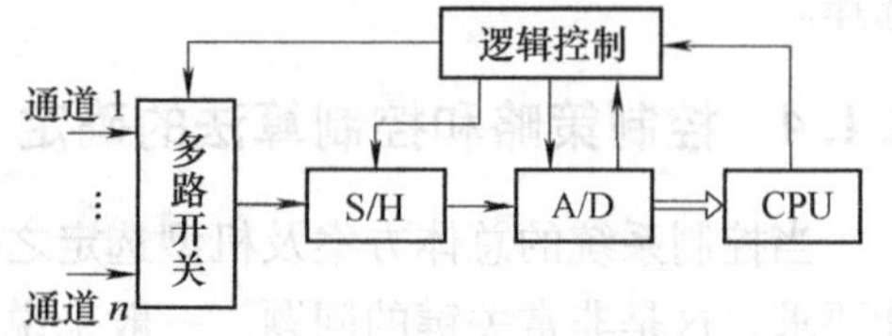

图5-1　分时采样、分时转换型多路模拟量输入通道

3）多路 S/H 和共享 A/D 形式如图 5-2 所示，每个通道有一个采样保持器（S/H），通过多路开关共用一个 A/D 转换器。这种结构形式可实现同时采集、分时转换，成本和性能是以上两种形式的折中。

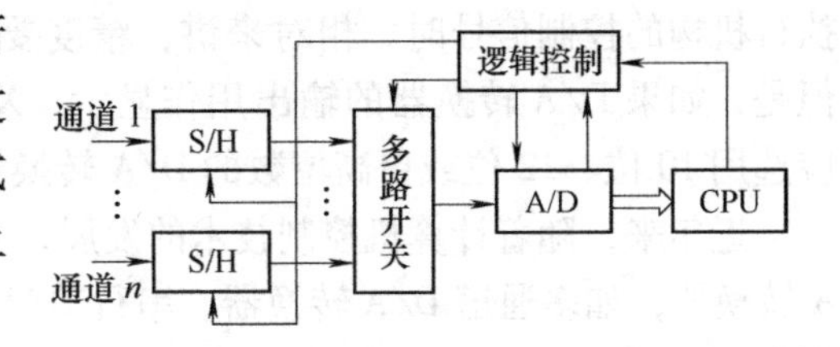

图 5-2　同时采样、分时转换型多路模拟量输入通道

（2）A/D 转换器的选择

设计控制系统的模拟量输入通道时，一定要根据被控对象的实际要求选择 A/D 转换器，主要根据 A/D 转换器的分辨率、转换精度、转换时间等性能参数选择 A/D 转换器型号；根据数据的传输形式，选用并行 A/D 转换器或者串行 A/D 转换器。

3. 模拟量输出通道的扩展

模拟量输出通道是计算机控制系统与执行机构（或控制设备）连接的桥梁。设计时，要根据被控对象的通道数及执行机构的类型进行选择。对于那些能直接接收数字量的执行机构，可由微型计算机直接输出数字量，如步进电动机或开关、继电器系统等。对于只能接收模拟量的执行机构（如电动、气动执行机构、液压伺服机构等），则需要用 D/A 转换器把数字量变成模拟量后，再带动执行机构。

和输入通道一样，输出通道的设计也需要考虑两个方面的问题。

（1）输出通道的连接方式

模拟量输出通道除了应具有可靠性和精度外，还必须使输出具有保持功能，以保证被控对象可靠地工作。保持器的主要作用是在新的信号到来之前，使本次控制信号保持不变。根据数据性质的不同，有数字保持器（即锁存器）和模拟保持器。因此，模拟量输出通道有两种结构形式。

1）每个通道设置一个 D/A 转换器的形式。这种结构形式如图 5-3 所示，每个通道设置一个 D/A 转换器，这是一种数字保持的方案。其优点是可靠性高、速度快，即使某一通路出现故障，也不会影响其他通路的工作。但它使用 D/A 转换器数量较多，成本相对较高。随着多 D/A 转换器结构形式集成芯片的出现，给这种应用带来更大的方便。例如，MAX5250 是一个低功耗四通道 10 位串行输入 D/A 转换器，AD7226 是一个四通道 8 位并行 D/A 转换器。

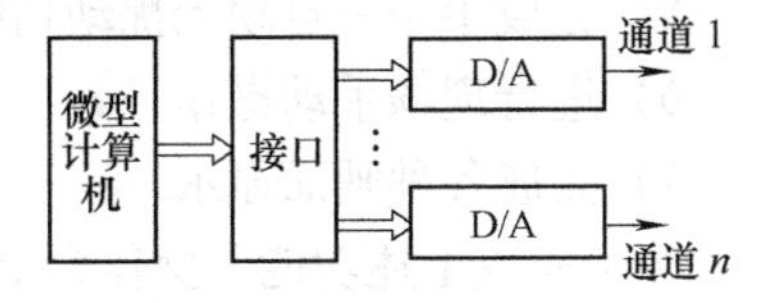

图 5-3　每通道一个 D/A 转换器原理图

2）多通道共享 D/A 转换器的结构形式。这种结构形式如图 5-4 所示，在这种结构中，由于共用一个 D/A 转换器，各通道必须分时进行工作，因而必须在每个通道中加上一个保持器，这种结构形式可降低成本，但实时性及可靠性比较差，所以只适用于通道数比较少且转换速度要求不太高的场合；或者采用高精度 D/A 转换器且对成本要求较高的场合。

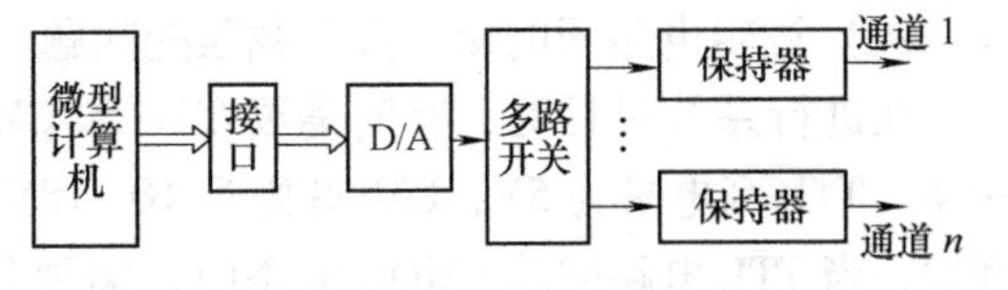

图 5-4　多通道共享 D/A 转换器的结构形式

（2）D/A 转换器的选择

应根据设计要求选择性能参数合适的 D/A 转换器。当系统中 D/A 转换器的输出只作为

执行机构的控制信号时，相对来讲，精度要求不高，所以一般选用8位D/A转换器即可。但是，如果D/A转换器的输出用作显示、X-Y记录或位置控制时，由于精度要求比较高，应选用10位、12位或更高位数的D/A转换器。

近年来，随着计算机控制技术的发展，一些厂家设计了许多结构简单、适用的新型D/A转换器，如多通道D/A转换器、串行D/A转换器、电压输出D/A转换器等，设计者可根据需要选用。

4. 开关量I/O接口设计

在计算机控制系统中，除了模拟量输入/输出通道外，通常还有开关量I/O接口。由于开关量只有“0”和“1”两种状态，所以，每个开关量只需一位二进制数表示，设计一些数字接口即可。为了提高系统的抗干扰能力，通常采用光电隔离器把微处理器与外部设备隔开，即在微处理器与开关量I/O接口之间用光电隔离器连接。

5. 操作面板

操作面板也叫操作台，它是人机对话的纽带。根据具体情况，操作面板可大可小，大到可以是一个庞大的操作台，小到只有几个功能键和开关。在智能仪器中，操作面板都比较小，一般需要自己设计。为了操作安全，很多操作面板上都设有电子锁。一般情况下，为便于现场操作人员操作，计算机控制系统都要设计一个操作面板，而且要求使用方便，操作简单，安全可靠，并具有自保功能，即使误操作也不会给生产带来恶果。

操作面板的主要功能有：

1）输送源程序到存储器，或者通过面板操作来监视程序执行情况。

2）打印、显示中间结果或最终结果。

3）根据工艺要求，修改一些检测点和控制点的参数及给定值。

4）设置报警状态，选择工作方式以及控制回路等。

5）完成手动—自动无扰动切换。

6）进行现场手动操作。

7）完成各种画面显示。

为了完成上述功能，操作台上必须设置相应的按键或开关，并通过接口与主机相连。此外，操作台上还需设置报警及显示设备等。

6. 系统速度匹配问题

计算机控制系统设计除了考虑功能原理外，还有一个值得注意的问题，就是系统中各个器件之间的负载匹配问题。它主要表现在以下几个方面。

（1）逻辑电路间的接口及负载匹配问题

在进行系统设计时，有时需要TTL和CMOS两种电路混合使用，但两者要求的电平不一样（TTL高电平为5V，CMOS则为10~18V），因此，一定要注意电流及负载的匹配问题。例如，当TTL电路驱动CMOS电路时，需要增加TTLOC门（集电极开路门）或采用TTL-CMOS电平移动器；而当CMOS电路驱动TTL电路时，则需要增加如CC4049/CC4050或CC40107/74C906等缓冲器/电平转换器作为中间接口。当用TTL和CMOS器件带较大负载时，可在其输出端增加放大电路。

（2）微处理器负载匹配问题

微型计算机与微型计算机之间、微型计算机与I/O接口之间都存在负载匹配问题。下面以 8031 为例，简述微型计算机带动负载的能力。8031 的外部扩展功能是很强的，但是 8031 的 P0 口和 P2 口以及控制信号的负载能力都是有限的；P0 口能驱动八个 LSTTL 电路，P2 口能驱动四个 LSTTL 电路。硬件设计时应仔细核对 8031 的负载，使其不超过总负载能力的 70%。若负载过重，需要 P0 口、P2 口及相关的控制引脚增加驱动器，或者用 CMOS 电路代替 TTL 电路。MCS-80/85 标准的外围接口电路均采用 CMOS 电路。

5.1.6　控制系统软件设计

计算机控制系统的软件分为系统软件和应用软件两大类。如果选用成品计算机系统，一般系统软件配置比较齐全；如果自行设计一个系统，则系统软件就要以硬件系统为基础进行设计。不论采用哪一种方法，应用软件一般都需要开发人员自行设计。近年来，随着计算机应用技术的发展，应用软件也逐步走向模块化和商品化。现在已经有通用的软件程序包出售，如 PID 调节软件程序包，常用控制程序软件包，浮点、定点运算子程序包等。还有更高一级的软件包，将各种软件组合在一起，用户只需根据自己的要求，填写一个表格，即可构成目标程序，用起来非常方便。这是应用软件的发展方向。但是，对于一般用户来讲，应用程序的设计总是必不可少的，特别是嵌入式系统的设计更是如此。应用软件设计时应注意以下几个方面。

1. 控制系统对应用软件的要求

（1）实时性

工业过程控制系统是实时控制系统，对应用软件的执行速度都有一定的要求，即能够在被控对象允许的时间间隔内对系统进行控制、计算和处理。换言之，要求整个应用软件必须在一个采样周期内处理完毕。所以对于微处理器系统，一般都采用汇编语言编写应用软件，但是，对于那些计算工作量比较大的系统，也可以采用高级语言和汇编语言混合使用的办法。通常数据采集、判断及控制输出程序用汇编语言，而对于较为复杂的计算可采用高级语言或高级语言和汇编语言相结合的方法。近年来在单片机系统中，可供使用的高级语言有 PL/M 语言、C51 和 C96 语言等，都是实时性很强的语言。为了提高系统的实时性，对于那些需要随机间断处理的任务，可采用中断系统来完成。

（2）灵活性和通用性

在应用程序设计中，为了节省内存和具有较强的适应能力，通常要求有一定的灵活性和通用性。为此，可以采用模块结构，尽量将共用的程序编写成子程序，如算术和逻辑运算程序、A/D 与 D/A 转换程序、延时程序、PID 运算程序、数字滤波程序、标度变换程序、报警程序等。设计人员的任务就是把这些具有一定功能的子程序（或中断服务程序）进行排列组合，使其成为一个完成特定任务的应用程序。另外，有一些结构化的程序平台，用户只需要根据提示的菜单进行填写即可生成用户程序，使程序设计大为简化。

（3）可靠性

在计算机控制系统中，系统的可靠性至关重要，它是系统正常运行的基本保障。计算机系统的可靠性一方面取决于其硬件组成，另一方面也取决于其软件结构。为保证系统软件的可靠性，通常设计一个诊断程序，定期对系统进行诊断；也可以设计软件陷阱，防止程序失控。近年来广泛采用的 Watchdog（看门狗）方法，便是增加系统软件可靠性的有效方法之一。

2. 软件、硬件折中问题

如前面“设计原则”所述，在计算机过程控制系统设计中，需要根据系统的具体情况，确定哪些用硬件完成，哪些用软件实现。这就是所谓的软件、硬件折中问题。同样一个功能，例如计数、逻辑控制等，既可以通过硬件实现，也可以用软件完成。这时，一般而言，在系统允许的情况下，尽量采用软件可以降低硬件成本。若系统要求实时性比较强，则可采用硬件实现。在许多情况下，两者兼而有之。例如，在显示电路接口设计中，为了降低成本，可采用软件译码动态显示电路。但是，如果系统要求采样数据多，数据处理及计算任务比较大，若仍采用动态显示电路，则要求采样周期比较短，将不能正常显示。此时，必须增加硬件电路，改为静态显示电路。又比如，在计数系统中，采用软件计数法节省计数器，减少系统的开支，但需占用CPU的大量时间。如果采用硬件计数器可减轻CPU的负担，但要提高成本。

3. 软件开发过程

软件开发大体包括以下几个方面：

1）划分功能模块及安排程序结构。例如，根据系统的任务，将程序大致划分成数据采集模块、数据处理模块、非线性补偿模块、报警处理模块、标度变换模块、数字控制计算模块、控制器输出模块、故障诊断模块等，并规定每个模块的任务及其相互间的关系。

2）画出各程序模块详细的流程图。

3）选择合适的语言（如高级语言或汇编语言）编写程序。编写时尽量采用现有子程序（或子函数），以提高程序设计速度。

4）将各个模块连接成一个完整的程序。

5.1.7 计算机控制系统的调试

计算机控制系统设计完成之后，最主要的任务就是调试。由于微型机本身提供的调试手段比较少，特别是自行设计的系统，最好有一台开发及仿真系统，这样可以加快调试速度。计算机控制系统的调试工作分硬件调试和软件调试两部分。

系统的调试分为离线仿真与调试阶段、在线调试与运行阶段。离线仿真与调试阶段一般在实验室或非工业现场进行，在线调试与运行阶段是在生产过程工业现场进行。离线仿真与调试阶段是基础，是检查硬件和软件的整体性能，为现场投入运行做准备，现场投运是对全系统的实际考验与检查。系统调试的内容很丰富，碰到的问题是千变万化的，解决的方法也是多种多样的，并没有统一的模式。

1. 离线仿真和调试

（1）硬件调试

对于各种标准功能模块，按照说明书检查主要功能。比如主机板（CPU板）上RAM区的读写功能、ROM区的读出功能、复位电路、时钟电路等的正确性调试。

在调试A/D和D/A模块之前，必须准备好信号源、数字电压表、电流表等。对这两种模块首先检查信号的零点和满量程，然后再分档检查。比如满量程的25%、50%、75%、100%，并且上行和下行来回调试，以便检查线性度是否合乎要求，如有多路开关板，应测试各通路是否正确切换。

利用开关量输入和输出程序来检查开关量输入（DI）和开关量输出（DO）模块。测试时可往输入端加开关量信号，检查输入状态的正确性；可在输出端检查（用万用表）输出状态的正确性。

硬件调试还包括现场仪表和执行机构。如压力变送器、差压变送器、流量变送器、温度变送器以及电动或气动调节阀等。这些仪表必须在安装之前按说明书要求校验完毕。如果是分级计算机控制系统和集散控制系统，还要调试通信功能，验证数据传输的正确性。

（2）软件调试

软件调试的顺序是子程序、功能模块和主程序。有些程序的调试比较简单，利用开发装置（或仿真器）以及计算机提供的调试程序就可以进行调试，程序设计一般可采用汇编语言和高级语言混合编程。对处理速度和实时性要求高的部分用汇编语言编程（如数据采集、时钟、中断、控制输出等），对速度和实时性要求不高的部分用高级语言来编程（如数据处理、变换、图形、显示、打印、统计报表等）。

一般与过程输入输出通道无关的程序，都可用开发系统（仿真器）的调试程序进行调试，不过有时为了能调试某些程序，可能要编写临时性的辅助程序。

系统控制模块的调试可分为开环和闭环两种情况进行。开环调试是检查它的阶跃响应特性，闭环调试是检查它的反馈控制功能。

一旦所有的子程序和功能模块调试完毕，就可以用主程序将它们连接在一起，进行整体调试。只有这样，才会发现把它们连接在一起可能会产生不同软件层之间的交叉错误。一个模块的隐含错误对自身可能无影响，却会妨碍另一个模块的正常工作；单个模块允许的误差，多个模块连起来可能放大到不可容忍的程度等，所以有必要进行整体调试。

整体调试的方法是自底向上逐步扩大。首先按分支将模块组合起来，以形成模块子集，调试完各模块子集，再将各分模块子集连接起来进行局部调试，最后进行全局调试。这样经过子集、局部和全局三步调试，完成了整体调试工作，整体调试是对模块之间连接关系的检查，有时为了配合整体调试，在调试的各阶段编制了必要的临时性辅助程序，调试完成后应删去。通过整体调试能够把设计中存在的问题和隐含的缺陷暴露出来，从而基本上消除编程上的错误，为以后的仿真调试和在线调试及运行打下良好的基础。

（3）系统仿真

在硬件和软件分别调试后，并不意味着系统的设计和离线调试已经结束，为此，必须再进行全系统的硬件、软件统调，即通常所说的“系统仿真”（也称为模拟调试，或硬件、软件联合调试）。所谓系统仿真，就是应用相似原理和类比关系来研究事物，也就是用模型来代替实际生产过程（即被控对象）进行实验和研究。系统仿真有以下三种类型：全物理仿真（或称在模拟环境条件下的全实物仿真）、半物理仿真（或称硬件闭路动态试验）、数字仿真（或称计算机仿真）。

系统仿真尽量采用全物理或半物理仿真。试验条件或工作状态越接近真实，其效果也就越好。对于纯数据采集系统，一般可做到全物理仿真；而对于控制系统，要做到全物理仿真几乎是不可能的。因为人们不可能将实际生产过程（被控对象）搬到自己的实验室或研究室中，因此，控制系统只能做离线半物理仿真。被控对象可用实验模型代替。不经过系统仿真和各种试验，试图在生产现场调试中一举成功的想法是不实际的，往往会被现场联调工作的现实所否定。

在系统仿真的基础上进行长时间的运行考验（称为考机），并根据实际运行环境的要求，进行特殊运行条件的考验。例如，高温和低温剧变运行试验、振动和抗电磁干扰试验、电源电压剧变和掉电试验等。

2. 在线调试和运行

在现场进行在线调试和运行，设计人员与用户要密切配合，在实际运行前制定一系列调试计划、实施方案、安全措施，分工合作细则等。现场调试与运行过程是从小到大，从易到难，从手动到自动，从简单回路到复杂回路逐步过渡。为了做到有把握，现场安装及在线调试前先要进行下列检查：

1）检测元件、变送器、显示仪表、调节阀等必须经过校验，保证精确度要求。作为检查，可进行一些现场校验。

2）各种接线和导管必须经过检查，保证连接正确。

3）对在流量中采用隔离液的系统，要在清洗好引压导管以后，灌入隔离液（封液）。

4）检查调节阀能否正常工作。旁路阀及上下游截断阀关闭或打开，要保证正确。

5）检查系统的干扰情况和接地情况，如果不符合要求，应采取措施。

6）对安全防护措施也要检查。

经过检查并已安装正确后即可进行系统的投运和参数的整定。投入运行时应先切入手动，等系统运行接近于给定位时再切入自动，并进行参数的整定。

值得说明的是，软件、硬件的调试是一个综合性的系统工程，必须反复进行才能完成。有时为了得到满意的结果，往往需要对硬件和软件设计方案进行多次修改。在现场调试的过程中，往往会出现错综复杂、时隐时现的奇怪现象，一时难以找到问题的根源。此时此刻，计算机控制系统设计者们要认真地共同分析，每个人都不要轻易地怀疑别人所做的工作，以免掩盖问题的根源所在。

下面给出四个应用实例，见5.2节~5.5节。由于本书篇幅所限，在论述这些实例时，给出主要的设计思想，详细情况可参阅相关文献。这些实例是作者过去的一些科研成果和应用经验，难免有不足之处，请读者谅解和批评指正。

5.2 设计实例1（DDC控制系统）——湿热试验箱控制系统

5.2.1 湿热试验系统简介

湿热试验箱（室）用于考核电工电子产品的耐潮性能，试验时箱（室）内的温度和湿度按一定规律周期性变化。一个试验周期（24h）分四个阶段：升温阶段、高温高湿阶段、降温阶段及低温高湿阶段。进入第一个周期前，一般来说有一个预处理阶段。$25m^3$ 湿热试验箱的温度、湿度的调节采用双循环系统，即主风道循环系统和夹层风道循环系统。主风道循环系统直接调节试验箱内的温湿度，该系统包括：风机、电热器、压缩冷机组、喷淋水泵、水箱、水电热器等。夹层风道循环系统起辅助调节的作用。温度的控制是通过控制主风道和夹层风道的电热器以及压缩制冷机组的投切来实现。湿度的控制是通过控制喷淋水泵的投切和加湿水的温度（控制储水箱中电热器的投切）来实现。箱体内温度通过温度传感器来测量；相对湿度的测量采用干湿球法，即将干球温度传感器、湿球温度传感器的测量温度及它们的温差代入以下公式计算：

$$RH(\%)=\frac{0.61\times 10^{f(t_2)}-0.068\times \Delta t}{0.61\times 10^{f(t_1)}}\times 100\% \tag{5-1}$$

式中，$f(t)=\frac{1.75t}{273.3+t}$；$t_1$、$t_2$、$\Delta t$ 分别为干球温度、湿球温度和干湿球的温差。

过去的湿热试验控制系统为电接点温度计及电子继电器控制系统，控制精度低，需要人值班。要求设计控制系统为微机自动控制系统（DDC 控制系统），采用双机运行备份方式：工控机控制系统和单片机控制系统，能对湿热试验全过程进行自动测量、控制、数据显示、记录，能对主要设备进行安全监控及故障指示，实现无人值守。

5.2.2　系统设计

设计的系统应达到的目标形式为：

1）有控制操作台。实现工作电源、控制电源的投切，电压、电流的测量，控制方式的切换，阶段转换信号指示，主体设备工作状态指示，温湿度显示。

2）系统采用双机方式。工控机系统和单片机系统可互相切换，实现无人值班。

3）实现系统的过电流保护及主体设备的热保护，能指示故障及故障原因。

4）控制精度（箱体温度均匀度、波动范围、湿度的变化范围等）符合国家标准《GB 5170.5—2008 电工电子产品环境试验设备基本参数检定方法交变湿热试验设备》的要求。

1. 系统硬件设计

测控系统主要包括工控机系统、单片机系统和操作控制台，其原理框图如图5-5所示。由图可见，这个系统的硬件采用了集成的模板式结构。除单片机系统板需单独设计外，其他模板均为集成的、商品化的模板，这样使硬件结构设计大为简化，抗干扰能力增强，可靠性提高。

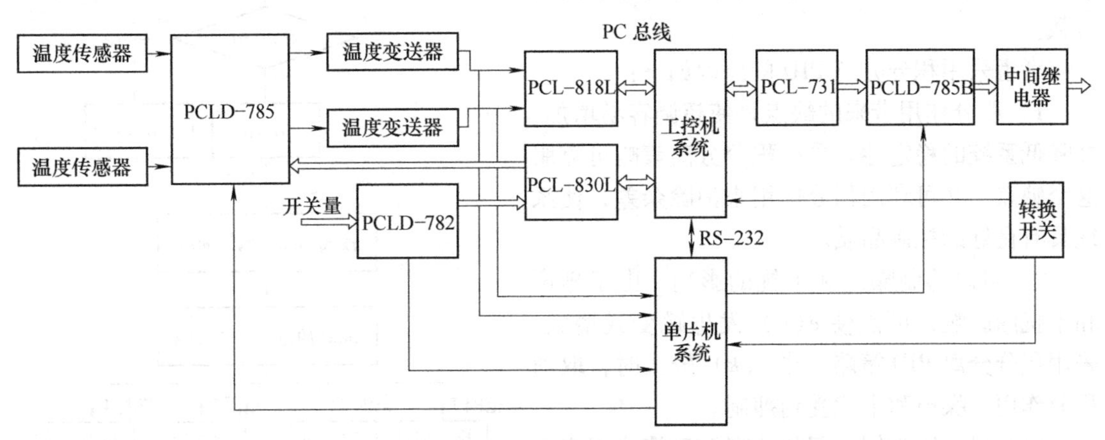

图5-5　湿热试验微机测控系统硬件原理框图

工控机选用研华 IPC，选用开关量 I/O 板 PCL-731、PCL-830 和采集板 PCL-818L，并插在工控机的扩展槽中。模拟量输入通道中，温度传感器采用 WZP 型铂热电阻 Pt100，温度变送器采用 TE-301B 型数显温度变送器，数显温度范围为 0~100℃，继电器板 PCLD-785 起多路转换作用；开关量从 PCLD-782 输入；继电器板 PCLD-785B 以及中间继电器构成了开关量输出通道。

单片机系统板由单片机 GMS90C32（8032 内核）、EPROM2764、DCM0064B（不挥发 RAM）、并行接口 8255A、RS-232C 电平转换电路、DIP 设置开关以及模拟低通滤波器等组成。DCM0064B 用于存放过程数据和突然断电时的有关数据。RS-232C 电平转换电路由单电源、八引脚的 MAX202CPE 构成，电路十分简单。工控机和单片机可通过串行口交换数据。DIP 设置开关可设置严酷等级（包括最高温度和运行周期数）、预处理时间、运行阶段。转换开关用于手动选择工控机系统工作或单片机系统工作。单片机系统与工控制机系统共用模拟量输入通道、开关量输入通道和开关量输出通道。

2. 控制算法选择

本系统的控制算法采用实际的积分分离 PID 算法，见式（5-2）、式（5-3）和式（5-4）。虽然温湿度系统是多变量（包含试验箱内温度、相对湿度、水温等变量）、强耦合、纯滞后系统，但本系统的纯滞后时间与过程惯性时间常数之比小于 0.5，可以不作为大纯滞后系统；另一方面，根据上述国家标准所提出的性能指标要求：温度允许偏差为±2.0℃，相对湿度为-3%~+2%，对精度要求不是很高；同时在现场调试中对 PID 的参数进行多次选择，选择的参数能够保证控制精度的要求。因此采用典型的 PID 控制也能取得良好的控制效果。

$$\Delta u(k) = (1-\beta)\Delta u(k-1) + \beta\Delta p(k) \tag{5-2}$$

$$\Delta p(k) = K_c\left\{\Delta e(k) + \alpha\frac{T_s}{T_i}e(k) + \frac{T_d}{T_s}[e(k) - 2e(k-1) + e(k-2)]\right\} \tag{5-3}$$

$$\beta = \frac{K_d T_s}{K_d T_s + T_d} \tag{5-4}$$

式中，当 $e(k) \leqslant a, \alpha=1; e(k)>a$，$\alpha=0$；$T_s$、$T_i$、$T_d$、$K_c$、$K_d$、$a$ 分别为采样周期、积分时间常数、微分时间常数、比例增益、微分增益、阈值常数。

考虑采用积分分离 PID 的原因如下：

1）积分作用带来的缺点是使超调容易增加，并降低系统的稳定性。采用积分分离策略可克服这个缺点，又可利用积分作用来消除余差，使系统具有良好的控制品质。

2）可以抑制噪声和干扰的影响。由于噪声和干扰的影响，可能使 $e(k)$ 发生跳变或增大，采用积分分离 PID 策略，当 $e(k)$ 较大时，取消积分作用，噪声和干扰受到抑制。

以升温阶段为例，积分分离 PID 算式程序框图如图 5-6 所示。

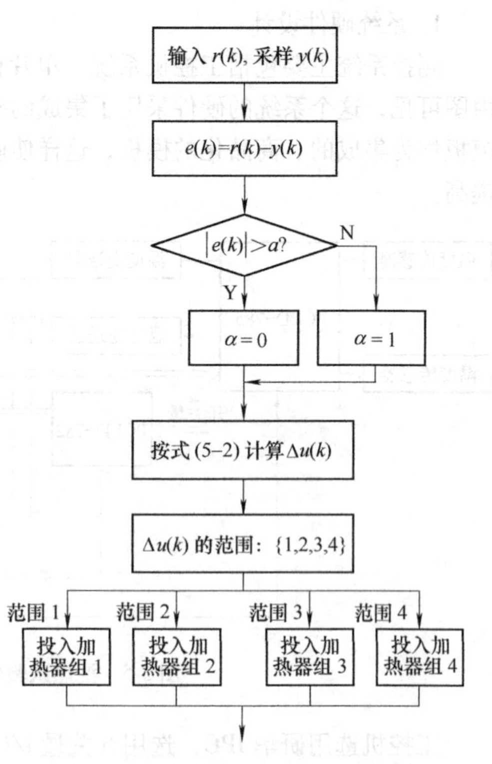

图 5-6　积分分离 PID 算式程序框图

3. 软件设计

系统软件包括工控机系统的控制软件、单片机系统的控制软件、通信软件和打印软件。

工控机系统的控制软件是基于组态软件 GENIE 设计的。该组态软件以 Windows 操作系统为平台，具有人机界面良好、组态方便、设计时间短等优点。控制软件由脚本文件及若干个控制策略组成。脚本文件类似于批处理文件，它根据不同的条件运行不同的策略。图 5-7 为脚本文件（主程序）的框图。

单片机系统的控制软件主程序框图类似于图 5-7。因篇幅所限，其他附属软件不再详叙。

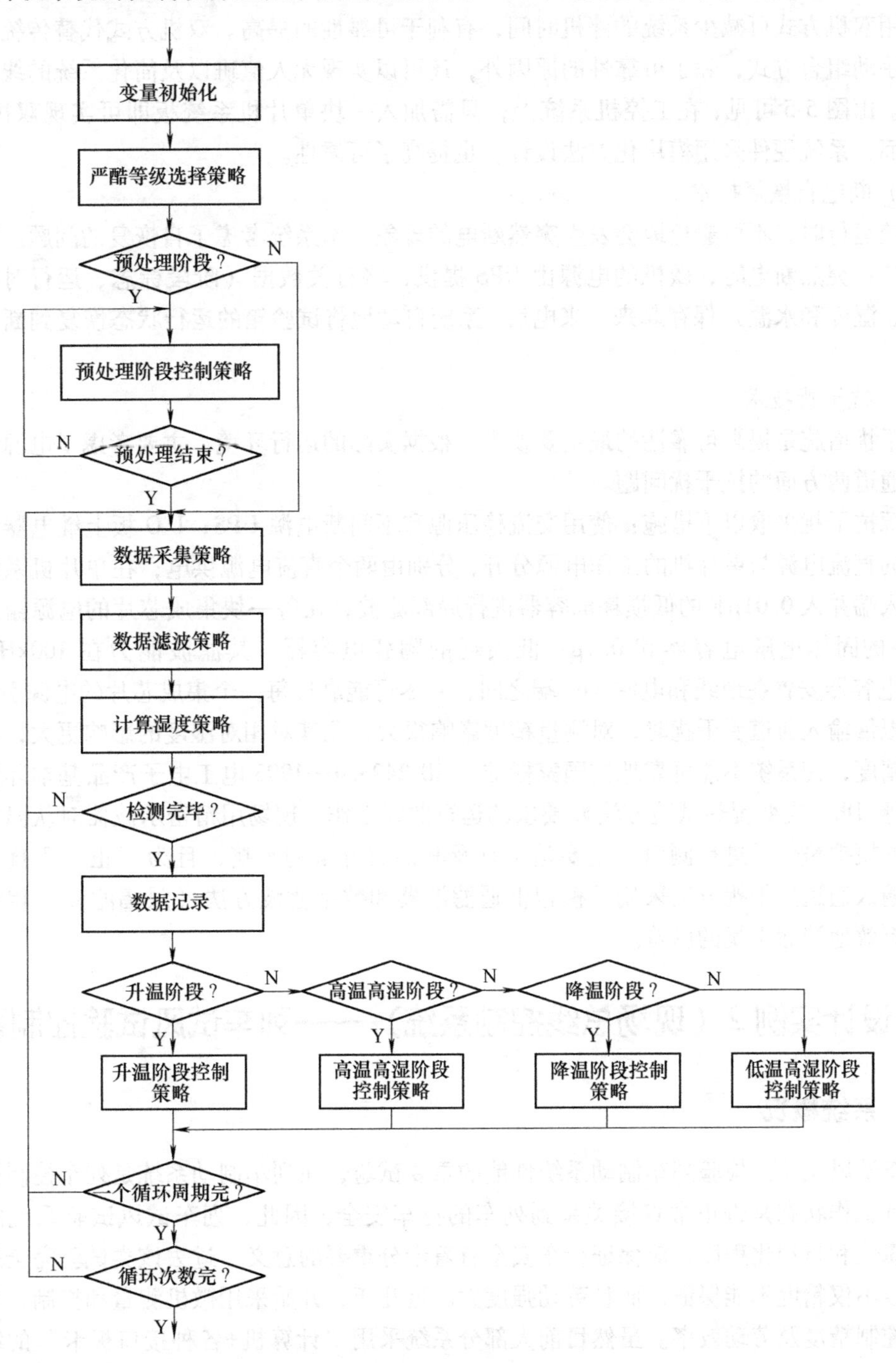

图 5-7　系统主程序流程图

4. 可靠性设计

湿热试验需要连续做几天，甚至十几天、几十天，因此，对系统的可靠性要求较高。根据实际的运行环境，主要从以下几方面考虑其可靠性。

（1）双机方式

采用双机方式可减少系统的停机时间，有利于可靠性的提高。双机方式代替传统的自动控制和手动组合方式，除了可靠性的原因外，还可以实现无人值班以及简化系统的线路，降低成本。由图5-5可见，在工控机系统上，只需加入一块单片机系统板即可实现双机方式。另一方面，系统硬件采用模块化方法设计，也提高了可靠性。

（2）断电自恢复技术

系统运行时，不可避免地会发生突然断电的现象。本系统考虑了自恢复的问题。基本实现方法是：突然断电时，微机的电源由UPS提供，将有关数据（阶段标志、运行时间、箱内温度、湿度和水温）保存起来，来电后，系统自动地将试验箱的运行状态恢复到断电时的状态。

（3）抗干扰技术

抗干扰措施是提高可靠性的最主要技术。根据实际的运行环境，主要考虑了电源和模拟量输入通道两方面的抗干扰问题。

电源抗干扰采取以下措施：使用交流稳压源和不间断电源UPS；I/O板上继电器和中间继电器的直流电源与单片机的工作电源分开，分别由两个直流电源供电；在单片机系统板的电源输入端并入0.01μF的低损耗电容器进行局部滤波；在每一块集成芯片的电源输入端并入16μF的固体电解电容器和0.1μF低损耗的陶瓷电容器，其滤波能力在100kHz时为20dB；电容器安置在地线和电源Vcc端之间，并尽可能靠近每一个集成芯片的电源引线端。

模拟量输入通道受干扰时，对测量精度影响很大，尤其对相对湿度的影响更大，从而影响控制精度，使系统不能可靠地按国家标准《GB 2423.4—1993 电工电子产品基本环境试验规程 试验Db：交变湿热试验方法》要求的运行曲线工作。现场用精密示波器对从温度变送器输出的模拟量信号进行测量，主要是工频及其谐波分量的干扰，且为“正”干扰。因此模拟量输入通道抗干扰方法采用了模拟低通滤波器和数字滤波方法（限幅滤波）相结合的方式，有效地消除干扰的影响。

5.3 设计实例2（现场总线控制系统）——列车试风试验控制系统

5.3.1 系统概况

列车试风试验是检验列车制动系统性能的重要试验，而列车制动系统是列车控制机构的核心，其工作状态是否正常直接关系到列车的行车安全，因此，列车试风试验系统的准确性、可靠性和自动化程度，对保证行车安全有着十分重要的意义。过去该类试验完全采用手动控制，不仅精度不能保证，而且劳动强度大。近几年，开始采用微机测量和控制，提高了测量和控制精度及劳动效率。虽然目前大部分系统采用“计算机+各种接口板卡”的结构方式，现场操作人员通过对讲机将试验命令、试验状况和观测到的列车尾部风压数据传送给试验中心，但其接口板卡的可靠性以及现场操作人员观测数据的实时性和准确性仍然不够高。

因此微机测控的列车试风试验系统也在不断改进。这里给出一种由工控机、可编程序控制器、单片机系统等多个微机系统组成，并采用现场总线进行远程通信的智能型试验系统，实现了高精度测量、控制和试验完全自动化。

试风试验主要包括：①充风试验。要求 2min 内充风至列车尾部风压 500kPa。②漏泄试验。2min 内充风至列车尾部风压 500kPa 后保压 1min，若列车管压力下降不超过 20kPa，漏泄量合格。③感度试验。2min 内充风至列车尾部风压 500kPa 后减压 50kPa（60 辆以上编组列车减压 70kPa），列车发生制动作用，保压 1min，然后进行充风缓解。(4) 安定试验。2min 内充风至列车尾部风压 500kPa 后减压 140kPa，列车发生紧急制动，保压 1min，漏泄量不超过 20kPa，试验合格，进行充风缓解。

5.3.2　系统设计

1. 系统总体结构

列车试验场所布局为：试验控制中心与气泵房距离较近，而与被试列车距离较远；另外，一个试验场应能对多组列车同时进行试验。根据以上地理位置及要求，设计如图 5-8 所示的系统硬件原理框图。该系统由工控机系统、可编程控制系统、单片机系统和控制器局域网（CAN 总线系统）构成一个多微机系统，并且可以同时控制四个闸道的试验（即同时对四组列车试验）。该方案的主要技术特点是：

1）工控机中装入组态软件，作为系统的管理机，通过 RS-232 串行口与可编程控制系统进行数据通信，通过 CAN 接口卡与控制器局域网上的 CAN 节点实现远程数据通信。它完成试验设置、发出试验命令、接收试验数据、报表显示和打印、显示系统运行状况等功能。

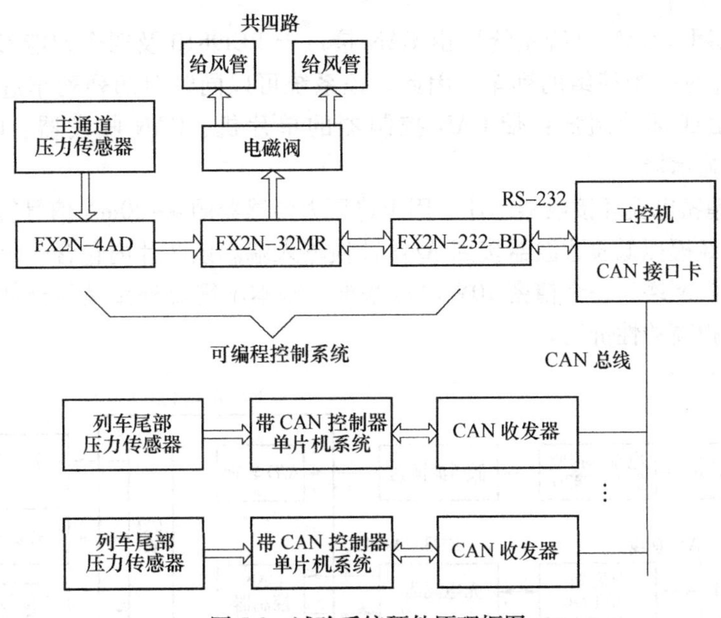

图 5-8　试验系统硬件原理框图

2）可编程控制系统由控制器 FX2N-32MR、模拟量输入单元 FX2N-4AD、RS232 通信板 FX2N-232-BD 构成，对试验过程进行控制。它通过压力传感器对风管路的风压进行测量并控制管路上的电磁阀调节试验风压。电磁阀采用 FDF 系列电磁阀。每个闸道的管路设有大充风阀、小充风阀、快排风阀和慢排风阀。压力传感器的测量范围为 0~1MPa，供电电压为 24VDC，输出为 4~20mA。模拟量输入单元 FX2N-4AD 有四路 A/D，可以检测四路模拟量，通过软件设置可直接输入 4~20mA 信号，获得数字量。可编程序控制器接收工控机发送的试验命令和列车尾部风压，并向工控机发送试验数据和试验状态标志：

3）控制器局域网是一种技术先进、可靠性高、功能完善、成本低的远程网络通信控制方式，数据传输距离可达 10km，其传输的物理介质可采用低成本的双绞线，CAN 总线上可以挂接多个 CAN 节点，且各个 CAN 节点的接入或拆除不影响其他节点的工作。本系统的 CAN 节点设计为智能 CAN 节点，主要由带 CAN 控制器的嵌入式单片机构成。为了达到能同时控制多组列车进行试验的目的，智能 CAN 节点设计成便携式装置，可根据试验列车组数在总线上挂接相应数目的 CAN 节点，实现低成本的多点远程数据测量。

2. 单片机系统及控制器局域网

带 CAN 控制器的单片机选用 Microchip 公司新出品的单片机 PIC18F248，它的主要特性为：片内 16KB 的 FLASH 程序存储器，768B 的 SRAM，256B 的 EEPROM；片内带 CAN 控制器，支持 CAN2.0B 协议；八通道 10 位的 A/D 转换；串行通信 USART、SPI、I^2C 接口；多个内部定时器；I/O 引脚具有较大的灌/拉电流，直接驱动 LED 等。它是一款高性能、高集成度的单片机。图 5-9 给出了智能 CAN 节点的组成原理。由图可见，引脚 RB2/CANTX 和 RB3/CANRX 为 CAN 控制器的发送和接收端，通过高速光电耦合器 6N137 与 CAN 收发器 TJA1040 连接，CAN 收发器连接到 CAN 总线上，收发器的电源是独立的。这种连线保证 CAN 总线与各节点在电气上的隔离，防止了各节点互相之间以及对总线的干扰，提高系统的可靠性。

控制器局域网（CAN 总线系统）由 CAN 接口卡 PCI9810 及四个智能 CAN 节点构成。每个 CAN 节点针对一个编组的列车，因此，该系统可以同时对四列列车进行试验。一个 CAN 节点主要由四部分组成：带 CAN 控制器的单片机、CAN 收发器、电流环接收器 RCV420 和 LED 显示器。

RCV420 是精密电流环接收器芯片，用于将压力传感器的 4~20mA 信号转换为 0~5V 输出信号，其输出经模拟低通滤波器接到 A/D 转换输入端。该芯片内包含一个高级运算放大器、一个精密电阻网络和一个精密 10V 电压基准，基本不需要外接其他器件就可以实现信号的转换，具有很高的性价比。

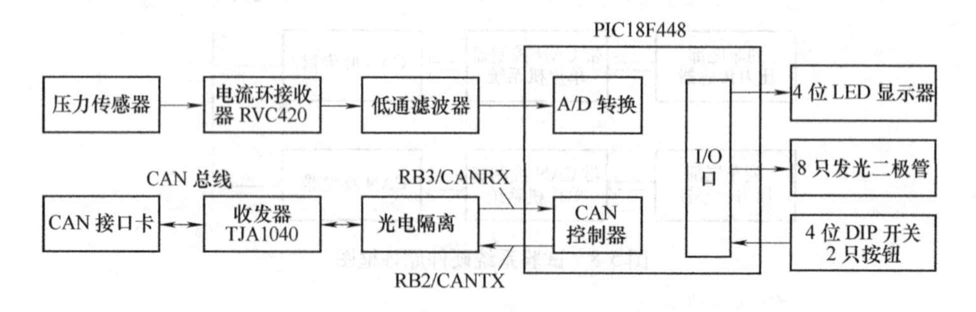

图 5-9 单片机系统及控制器局域网原理框图

4 位 LED 显示器不需要驱动器，直接与单片机的 I/O 引脚连接。在试验前，用 DIP 拨位开关设置列车编组（1~16，也作为 CAN 节点的 ID），LED 显示器显示其编组号；一只按钮用于选择试验项目（即试验命令），发光二极管组则指示选中哪个试验项目；另一只按钮用于手动确认试验命令。试验过程中，LED 显示器显示压力传感器检测的列车制动管尾部风压，发光二极管组指示试验状态。

3. 控制算法选择

列车管是一个细长且充满一定压力空气的管路。当前部试风阀向列车管充风时，前部列车管内空气以某压力向后部传播，由于气体分子无规则地运动，形成过渡区的空气波，空气波以某一压力连续逐步地向后传播。经过一段时间，达到新的动态平衡，压力变化停止。显然，压力空气在列车管内的运动有很大的离散性和迟滞性。列车管减压的过程则是这一动态平衡的逆过程。考虑其运动特性，采用模糊控制算法来调节管路空气压力。根据不同的试验阶段采用不同性能的模糊控制，主要考虑充风试验、安定试验和感度试验。充风试验选用两输入、单输出模式的模糊控制器，安定试验和感度试验选用单输入、单输出模式的模糊控制器。它们的输入为风压的偏差 E_P 和风压偏差的变化 ΔE_P；输出为风量大小，分充风量和排风量，通过控制大充风阀、小充风阀、快排风阀和慢排风阀来实现风量的调节。这里，E_P = 定压-实际风压，ΔE_P 定义为本时刻偏差与前时刻偏差之差。

（1）充风试验模糊控制算法

按规程规定充风应在 2min 内充风至列车尾部风压 500kPa，实际上，由于列车管可能存在泄漏现象，允许有 2%的误差，即定压允许在 490~500kPa。如果采用开关控制，只要达到了 490kPa 即可停止充风，显然总是存在一定的偏差。较理想的情况是不存在泄漏时应充风至 500kPa 或接近 500kPa。采用模糊控制可以较好地解决这个问题。模糊控制器的输入除了偏差 E_P 外，还有偏差变化率 ΔE_P，当 ΔE_P 为零时，说明偏差不再变化，才可以考虑停止充风。E_P 的语言变量为 {NB，NS，Z，PS，PB}，ΔE_P 的语言变量为 {N，Z，P}，它们的隶属度函数均采用三角形均匀分布、全交叠函数。NB、NS、Z、PS、PB 分别表示负大、负小、零、正小、正大。输出 U 的语言变量为 {NB，NS，Z，PS，PB}，隶属度函数采用简单的棒形函数，NB、NS 表示排风，Z 表示保持（即不充风也不排风），PB、PS 表示充风。模糊规则采用 if 和 then 来描述，例如，“if 风压很小（即偏差大），then 输出风量大”。充风试验模糊控制规则见表 5-1，实际只有七条模糊规则，因表中 NC 表示操作量保持不变，即与前一时刻相同。

表 5-1 充风试验模糊控制规则

U		ΔE_P		
		N	Z	P
E_P	NB	NC	NB	NC
	NS	NC	NS	NC
	Z	NS	Z	PS
	PS	NC	PS	NC
	PB	NC	PB	NC

（2）安定试验和感度试验模糊控制算法

对于安定试验，采用开关控制不能达到控制性能要求，其静差达到了 11～13kPa，而一般允许的静差为±5kPa。安定试验从 500kPa 减压 140～360kPa，是风压变化最大的一个试验，同时进行的是减压试验，列车管空气的迟滞性和离散性更严重，因此控制更困难。采用模糊控制必须要很好地解决这些问题。其模糊控制器输入 E_P 的语言变量为｛NB，NM，NS，Z，PS，PM，PB｝，其隶属度函数采用三角形不均匀分布函数；输出 U 的语言变量为｛NB，NM，NS，Z，PS，PM，PB｝，隶属度函数为棒形函数。共有七条模糊规则，见表 5-2。隶属度函数选择是否适当对系统控制性能有重要影响。NB、NM、PB、PM 的隶属度函数均有较宽的幅度，使得偏差较大时系统能够得到较快的调节；NS、PS 则具有较窄的隶属度函数幅度，使系统在某一定的偏差范围内由快速调节进入慢速调节，并使之具有较精确的调节性能；Z 的隶属度函数选取较宽的幅度，原理上会产生较大的静差，但考虑到列车管空气的迟滞性和离散性，在系统偏差进入到一个较小的范围后停止调节作用，使列车管空气有足够的时间稳定下来。再据此进行新的调节，可以避免由于迟滞性带来的频繁和过度调节而使系统控制精度低甚至不稳定现象。进行减压时，希望只有排风操作，不要出现排风、充风的反复过程，即希望偏差 E_P 只在 NB、NM、NS、Z 内，如果隶属度函数的幅宽选择适当，则可以满足该要求。

感度试验的模糊控制与安定试验具有相同的思想，这里不再叙述。

表 5-2　安定试验模糊控制规则

E_P	NB	NM	NS	Z	PS	PM	PB
U	NB	NM	NS	Z	PS	PM	PB

4. 软件设计和调试

系统软件由多种语言编制，包括工控机监控及数据管理软件、PLC 软件及通信软件、CAN 总线系统软件。

（1）监控及数据管理软件

该软件采用基于 Windows 和 NT 平台的组态软件 MCGS 编制。该组态软件主要包括五个部分：主控窗口、设备窗口、用户窗口、实时数据库和运行策略。用 MCGS 编制一个用户应用系统时，需在其组态环境中用系统提供的或用户扩展的部件配置各种参数，以及使用内部函数等构造应用系统。

运行系统时，首先出现用户登录界面，要求输入用户名和密码，只有具有相应资格的人员才能操作该系统，保证系统的安全性。该软件系统主要有初始化和运行两个界面。初始化界面实现作业组号、试验列车编号、充风定压量、最大减压量、感度减压量等的输入，其中后三者的默认值分别为 500kPa、140kPa、50kPa。运行界面则实现运行状态显示和命令操作等功能。界面中有气泵房、管道、列车等图形界面，运行时出现管道气流流动、气泵旋转、阀门开关的动画，还会跳出试验阶段、数据、结果等消息框。该界面上还有菜单栏，有系统管理、试验项目、数据报表、报表打印、主窗口、初始化窗口。“系统管理”包括用户登录、用户退出、修改密码、编辑用户、退出系统，编辑用户只有系统管理员才具有操作权限，可以增加新的操作员或修改操作员的信息。操作员登录系统后其用户名、登录时间、退出时间等都会记录下来，便于系统管理。“试验项目”包括试验选择、结束试验。单击“试验选择”，跳出“试验项目选择”界面，可以同时选择 1～4 个闸道（四列列车）的不同的试验项目。结束试验用于强行结束试验，四个闸道的试验可根据需要分别结束。“数据报表”包括实时数据、历史数据。单击“实时数据”，跳出“试验数据实时显示”界面，显示四个闸道当前的试验数据。“历史数据”栏用于显示四个闸道已经完成的试验数据显示。“报表打印”用于打印一定格式的试验报表。“主窗口”用于回到运行界面。单击“初始化窗口”，跳出“初始化界面”，可以重新初始化。在运行界面的最下方有四个命令按钮：“试验项目选择”“实时数据显示”“试验数据报表”“试验报表打印”，快捷键 F1、F2、F3、F4 分别与之对应，它们与对应的菜单功能相同，设置目的是为了操作方便。

(2) PLC 控制软件

PLC 软件完成主管道风压采集、模糊控制器实现、实时控制、接收上位机的命令和传送数据等功能。模糊控制算法的 PLC 实现主要包括三个方面：①偏差及偏差变化的模糊化；②建立模糊规则查询表；③输出控制量。模糊化前先确定量化因子，因为风压经 A/D 转换后为数字量，量化因子也应为数字量，并根据偏差及偏差变化的论域及转换为数字量后的范围来确定。PLC 建立数据表及进行查询都较容易实现，因此，模糊规则用直接查表法来获得。

(3) 工控机与 PLC 的通信实现

为了实现两者 RS-232 串口的通信，除了上述的硬件需要外，在软件方面需要做以下三方面的工作：①设备驱动程序；②设备构件添加；③应用系统组态。一般来说，MCGS 已提供三菱 PLC 的 RS-232 的驱动程序，若该程序不适用，用户可以用其提供的设备驱动程序高级开发软件包自行定制，该软件包提供了设备驱动程序的框架，用 VB、VC++、Delphi 都可以开发。关于设备构件添加，若是定制的驱动程序，需要在 MCGS 的子目录 Drivers 中建立一子目录，并将该驱动程序复制进去，之后在 MCGS 组态环境中用其“工具”栏的“设备构件管理”，可以将该设备加入到系统中。

系统组态根据应用系统的不同进行相应的组态。本系统的组态方法如下：

1) 打开“设备窗口”，打开“设备工具箱”，添加设备 0—“串口通信父设备”，在该父设备下添加设备 1—“PLC_三菱”和设备 2—“PLC_三菱”。在这里添加了两个相同的通信子设备，主要是考虑了在应用时对串口操作将发送和接收分开操作，相当于两个设备。

2) 进行设备属性的设置。对“串口通信父设备”的设置主要是串口有关参数的设置，要求串口通信子设备、工控机的串口参数、PLC 串口参数与之相一致。该设备的初始工作状态设置为“启动”。设备 1 和设备 2 的初始工作状态均设置为“停止”，单击它们的基本属性中“内部属性”，进行“三菱_ PLC 通道属性设置”，设备 1 设置为“读 PLC 通道”，设备 2 设置为“写 PLC 通道”，根据实际系统中 PLC 的连接以及编写的 PLC 应用程序，选择需要的通道（这里的通道是指 PLC 的各类继电器、计时/计数器、内部寄存器等），并给每个需要的通道定义一个变量。完成该设置后即通过变量实现了硬件到软件的连接。

3) 编制相应的运行策略。主要是在循环策略中首先启动设备 1，即读取 PLC 的有关数据，根据其中的试验结束标志判断某个试验是否完成，若完成则可以启动设备 2，由工控机向 PLC 发送其他的试验命令。

4) CAN 总线系统软件

该软件完成列车尾部风压的采集、CAN 总线操作、数据上传、试验状况显示等功能，用 PIC 系列单片机汇编语言编写。

各CAN节点的主要程序流程图如图5-10所示。初始化包括A/D以及CAN等相关的寄存器初始化。工控机通过CAN接口卡向各CAN节点发送试验命令数据，四个节点的标识码（ID）分别为：ID(n)(n=1，2，3，4)=001H、002H、003H、004H；用一个字节的数据表示试验代码，分别为：00H为试验结束，01H为充风试验，02H为泄露试验，03H为感度试验，04H为安定试验，它们对应的显示代码为：EEEE、AAAA、BBBB（实际为8888）、CCCC、DDDD。各CAN节点实时监听CAN总线，接收到数据后产生中断，中断服务程序进行ID判别，若为本节点接收的数据，将该数据作为试验代码保存在存储单元中，并显示试验代码。在主程序中，以试验代码是否为试验结束代码作为是否进行数据采集的判断条件。在试验过程中采集的数据、试验代码不断地循环显示。四个CAN节点除ID不同外，其程序是一样的。

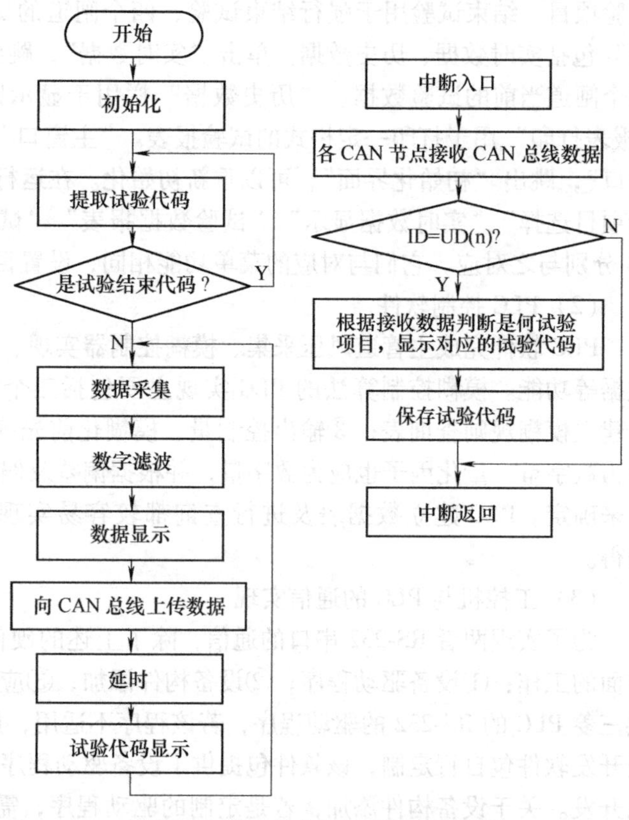

图5-10　CAN节点的主要程序流程图

5.4　研究性学习项目1——LED照明闭环控制系统

随着社会进步，电子技术的发展，人们对照明的要求越来越高，健康照明已经成为人们的重要需求。对于人类来说，健康照明最健康的光源是太阳，充分利用日光进行照明是满足健康照明与绿色要求的重要途径。智能调光技术能够根据日光的强度自动调节照明灯的亮度，是未来照明产品研发的重点技术突破方向。以它作为控制对象设计闭环控制系统，即具有实用性和前瞻性，又不会太难和太复杂，有利于实施研究性教学。研究性教学是以类似于科学研究的方式组织教学和引导学生获取、运用知识并培育学生创新精神和科学研究素养、提高学生实践能力的一种新型教学模式。LED照明闭环控制系统作为研究性学习项目，不仅使学生掌握基本电子系统的总体设计、电路硬件设计、软件设计、制作和调试的基本技能，还能使学生结合照明系统发展趋势，综合应用电子技术、单片机、C语言以及控制理论等内容，有利于提高学生的学习主动性，提高学生实践动手能力、创新能力及相关课程知识综合应用能力。在整个过程中，学生的学术研究素养也获得了提高。

5.4.1 系统总体设计要求

1. 设计要求

设计一个光强采集系统，能实时采集日光光线强度；设计一个控制器，根据日光光线强度，自动调节LED亮度，在日光不足时自动补偿，使总光照不变。光强采集采用光敏电阻、12个3mm白光LED组成LED闭环控制照明系统。LED采用电流驱动，电流步距可调。通过A/D采集光线强度，运用单片机I/O口实现PWM功率控制。

2. 设计方案

根据设计要求以及闭环控制系统的基本设计方法，制订系统的设计方案。

1）工程量转换，即将实际工程量转换成A/D转换器允许的输入量范围（例如，0~5V）。应用光敏电阻检测LED和室内环境的光照强度总和，并设计整形和放大电路，建立光照强度与A/D转换之间的关系。

2）系统的硬件电路设计。系统硬件原理框图可参考图5-11。

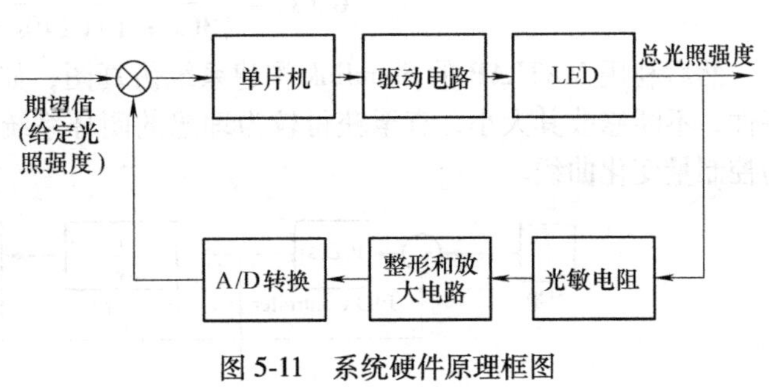

图5-11　系统硬件原理框图

3）控制算法选择。选择合适的控制算法，能够根据期望值（给定的光照强度）与实际检测的光照强度的差值计算出控制量，通过驱动电路调节LED光照强度。因为PID控制算法是“计算机控制技术”课程中重点讲授的内容，而且工程实际应用十分广泛，该算法也比较容易实现，所以学生可以选择该算法。

4）LED控制方式选择。可采用PWM方式（脉冲调制方式）调节LED两端平均电压值，从而改变LED光照强度。为了实现反馈控制，必须建立PID算法的输出值与PWM占空比的关系，以及PWM占空比与LED光照强度的关系。可以通过实验获取相关数据，并利用MATLAB编程，拟合出它们的二次曲线。

5.4.2 控制算法要求

1）可选用PID控制算法，其传递函数为

$$G_c(s) = K_P\left(1 + \frac{1}{T_I s} + T_D s\right) \tag{5-5}$$

式中，K_P、T_I、T_D分别为比例系数、积分时间常数、微分时间常数。

2）确定PID控制算法的三个参数K_P、T_I、T_D。首先学生要熟悉这三个控制参数的作用，在实验中才能更好地确定合适的参数。前文已给出较详细的介绍，这里再进一步总结说明：比例环节对偏差起到及时响应的作用，一般说比例系数越大，产生的控制作用越强，系统的响应速度越快，调节时间越短。但是其取值不能过大，否则会使系统动态品质变坏，引起系统振荡甚至导致闭环不稳定。积分环节主要用于消除静差，只要偏差存在，通过积分环节就可以不断地累积影响控制量，直至偏差趋于零，控制量不再变化，系统才稳定下来。积分时间常数大，积分环节的作用小。微分环节反映偏差信号的变化趋势（变化速率），并能在偏差信号变得太大之前，就在系统中引入一个有效的早期修正信号，从而加快系统的动作速度，减少调节时间，克服振荡，使系统趋于稳定，改善系统的动态性能。微分时间常数越大，偏差的变化率越大，微分的作用就越强。

这三个PID控制器参数的整定，一般来说，可以用理论方法，也可通过实验来获得。在工程上，常常通过实验来确定，或者通过试凑，或者通过实验结合经验公式来确定。前文给出的具体方法有：试凑法、扩充临界比例度法、扩充响应曲线法。

在已建立好对象的数学模型情况下，利用MATLAB进行仿真，获得较为适当的控制参数。在实际应用中，再应用试凑法进行适当调整，直到获得理想的控制参数。这种方法适合实验室应用和学生研究性学习。下面给出一个具体的样例供参考。

确定LED照明系统的传递函数。参考相关资料，确定获得一个系统的传递函数为

$$G_0(s)=\frac{120}{(30s+1)(140s+1)} \tag{5-6}$$

然后利用MATLAB的Simulink构建系统仿真图，如图5-12所示。依据控制参数的控制特性，不断修改其大小，直至获得较为理想的闭环系统阶跃响应，如图5-13所示。图5-14为控制量变化曲线。

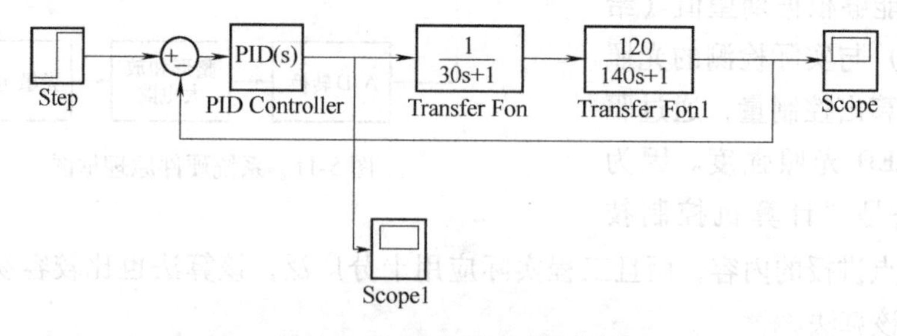

图5-12　PID控制系统仿真图

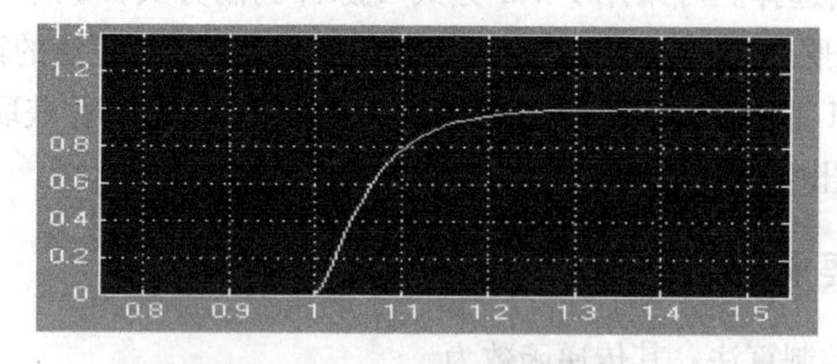

图5-13　闭环系统阶跃响应曲线

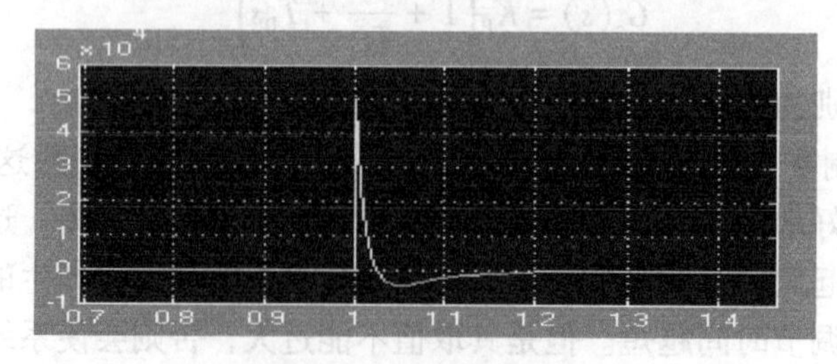

图5-14　控制量变化曲线

确定的 PID 控制参数如下：

$$\begin{cases} K_{\mathrm{P}} = 43 \\ K_{\mathrm{I}} = \dfrac{K_{\mathrm{P}}}{T_{\mathrm{I}}} = 0.0053 \\ K_{\mathrm{D}} = \dfrac{K_{\mathrm{P}}}{T_{\mathrm{D}}} = 500 \end{cases} \tag{5-7}$$

5.4.3 系统硬件设计要求

1）微处理器选型。本系统相对比较简单，可选用单片机为控制核心，例如 STC89C52。

2）检测电路设计。可采用光敏电阻检测光照强度，光敏电阻的阻值随光强的增加而逐渐减小。例如，使用一个 10kΩ 的电阻与光敏电阻串联，形成分压电路，同时也保证光敏电阻的正常工作。注意选择光敏电阻的阻值调节范围，例如 0~50kΩ。

3）整形和放大电路设计。该电路将光敏电阻检测的工程实际量（光照强度）转化成 A/D 转换电路允许的输入电压值。

4）A/D 转换电路设计。根据信号处理要求，选择合适的转换器。例如，PCF8591 是一款单电源、低功耗 8 位 COMS 型 A/D、D/A 转换芯片，它具有四路模拟量输入通道、一路模拟量输出通道和一个 I^2C 总线接口。该器件 I^2C 从地址的低三位由芯片的 A0、A1 和 A2 三个地址引脚决定，所以在不增加任何硬件的情况下，同一条 I^2C 总线最多可以连接八个同类型的器件。该器件具有多路模拟量输入、片上跟踪保持、8 位 A/D 转换和 8 位 D/A 转换等功能。A/D 与 D/A 的最大转换速率由 I^2C 总线的最大传输速率决定。在设计中使用的是该芯片的 A/D 转换功能。

5）驱动电路设计。驱动电路能够保证 PWM 脉冲信号有足够大的功率以驱动 LED，可采用晶体管驱动，单片机通过 PWM 来控制晶体管的导通时间。当占空比较小时，导通时间较短，LED 呈现出比较暗的发光效果。当占空比较高时，晶体管近乎于一直导通，所以 LED 也就会变得更亮。

6）LED 显示电路设计。根据光敏电阻采集得到的电压模拟量，经过 A/D 转换后成数字量，通过实验得出的拟合函数得到相应的 PWM 占空比，从而进行 PWM 控制，调节方波信号，最后通过 I/O 口输出控制 LED 灯在一个周期内的亮灭。

5.4.4 预处理要求

为了测量和控制被控对象，必须要获得工程量与数字量的关系、控制量与光照强度（被控量）的关系，因此，需要通过实验做前期的预处理。具体要求如下：

1）实验测量 LED 光照强度（用流明度表示）、LED 两端的平均电压（由于受 PWM 的占空比控制，所以实际中测占空比即可）、A/D 转换后的数字量。

2）利用 MATLAB 对流明度与占空比、流明度与 A/D 转换后的数字量进行拟合，得到它们的关系曲线。

实验在无光条件下进行，用流明表测量流明度；占空比则是通过两个计数器控制获得，并用示波器显示；A/D 转换后的数字量是利用单片机的串口通信得到。

为了进一步说明，表5-3、表5-4给出一个具体测量结果和拟合曲线函数表达式。

表5-3 占空比与流明度的测量数据

占空比	流明度	PWM
0.151	74	10
0.189	74	15
0.245	91	20
0.283	144	25
0.34	281	30
0.377	282	35
0.434	295	40
0.472	321	45
0.528	539	50
0.623	454	60
0.66	434	65
0.717	480	70
0.811	480	80
0.849	508	85

表5-4 流明度与数字量的测量数据

流明度	PWM	数字量
74	10	45
74	15	48
91	20	54
144	25	66
281	30	62
282	35	85
295	40	89
321	45	89
539	50	90
454	60	94
434	65	93
480	70	98
480	80	97
508	85	101

用MATLAB拟合流明度与占空比的函数关系，所得拟合曲线函数表达式为

$$y = 1.9e^{-0.5x^2+1,2x+45} \tag{5-8}$$

用MATLAB拟合数字量与流明度的函数，所得拟合曲线函数表达式为

$$y = 0.072x^2 - 2.7x + 54 \tag{5-9}$$

这些曲线就可在闭环控制系统编程时应用。

5.4.5 系统软件设计要求

单片机系统的软件可以用汇编语言编写，也可以用单片机C语言编写，或者两者混合编程。系统程序除了主程序外，还有功能子程序，应根据系统的具体要求编制功能子程序。例如，本系统主要功能子程序有：流明度测量子程序，PID控制算法子程序，驱动子程序，LED显示子程序等。

5.4.6 制作及实验要求

1）按照系统设计要求进行原理电路图设计后和器件选型后，要进行系统制作，由于系统电路不太复杂，可以在万用板上焊接相关的元器件，从而形成一个完整的LED闭环控制系统。

2）根据功能要求完成主程序和子程序的编制，并对系统的软硬件进行调试。

3）完成系统的主功能实验，分别将LED照明系统放在光线较暗和较亮环境中，测试LED照明系统是否能够自动调节亮度。

给出一个测试样例，如图5-15所示。由图可见，外界亮度变暗时，LED亮度增强；外界亮度变亮时，LED亮度减弱，而且在变化过程中LED无闪烁，变化平稳，达到较理想的

设计效果。

a)

b)

图 5-15　实验结果

a）外界亮度变暗时 LED 亮度　b）外界亮度变亮时 LED 亮度

中国创造：无人驾驶

5.5　研究性学习项目 2——智能小车控制系统

智能小车（又称轮式机器人），早期主要应用于恶劣环境或人类难以工作的环境，如高电压、瓦斯、太空等环境，主要进行相关的服务与检测。随着科学技术的发展，智能小车已得到广泛的应用，但对其功能的要求也越来越高。例如自定位功能、动态随机避障功能和实时适应导航功能等。控制系统是智能小车的关键部件，对于高年级本科学生来说，设计和制作该控制系统具有一定的难度，但却更适合学生进行研究性学习。

5.5.1　系统总体设计要求

智能小车控制系统的总体设计要求是能使智能小车实时避障、测距和路径跟踪，应用相应的路径规划法、避障算法，根据障碍物距离及目标位置距离，判断出最优路径，并以最快、最稳的方式到达终点。更详细的设计要求如下：

1）智能小车车体结构和控制系统原理设计。为了使系统结构简单且具有平稳性，使用三轮结构车体（也可以选其他车体结构），其中前排两个左右轮为驱动轮，后方中心装有万向轮起支撑作用，如图 5-16 所示。传感器、电动机、电源安装在底盘下部，控制电路板与底盘分上下两层安装。控制系统的硬件原理如图 5-17 所示。

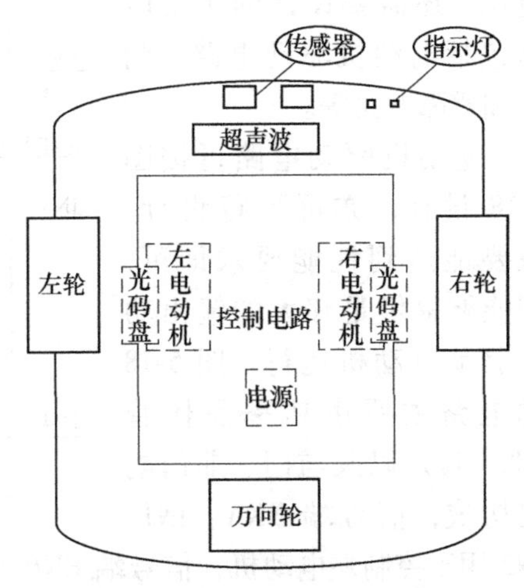

图 5-16　智能小车车体结构

2）测距及避障设计方案。为了提高智能小车避开障碍物的准确度，可同时采用红外线和超声波传感器的测距方案。红外线能够检测到较远距离的障碍物，而超声波则能够较精确地测距。两者结合可有效地实施测距和避障，要求智能小车与障碍直线距离 5cm 内进行避障。

3）路径规划算法选择。能够选择最优路径到达给定的目标位置。人工势场法主要将小车运动空间假想成为引力场中的运动。一般来说，应用该算法会产生一条比较平滑且安全的路径，但存在局部最优问题。可利用 MATLAB 仿真验证。

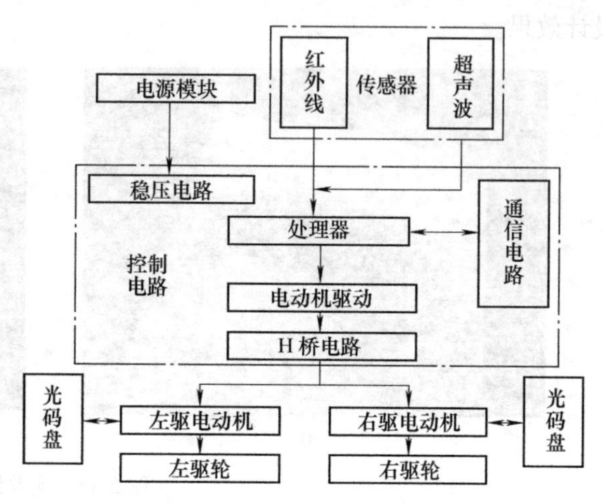

图 5-17　控制系统硬件原理框图

4）智能小车车体方位确定。完成车体方位计算的基本数据是车轮前进或后退的距离，这是通过对驱动车轮的电动机转动角度的周期性采样而获取的。光电编码器（光码盘）连接在左右电动机轴上随电动机的转动，光电编码器发出 A、B 两相脉冲，相位的超前或滞后关系代表了电动机的正转或反转。鉴相电路与脉冲计算电路相结合，以增加或减小的形式发出十六进制代码，从而可判断出左右电动机正、反转的角位移变化情况。在车轮不打滑和车轮直径参数准确的情况下，电动机轴的角位移与左右驱动轮行走的距离存在比例关系。将上述光码盘发出的脉冲计数处理后所得的信息传输给小车控制系统，便可实现小车的路径跟踪实时控制。为实现这一功能，建立小车运动数学模型，并进行积分公式的适当离散化，构造合适的算法，并在车载微处理器上实现。

5.5.2　系统硬件设计要求

如图 5-17 所示，对智能小车控制系统做进一步详细设计。

微处理器可选用单片机，如 STC89C52，其电源是由稳压芯片（如 7805）提供的 5V 电压；还需要设计的主要电路包括电动机驱动电路、测距和避障电路等。

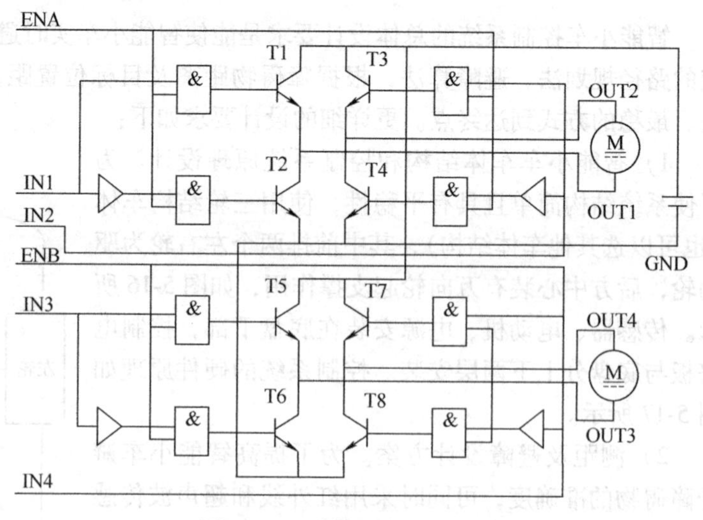

图 5-18　H 桥电动机驱动电路

电动机驱动电路可按图 5-18 设计，亦可另行设计，只要能达到性能要求即可，即能够提供足够大的输出功率驱动电动机运行。图 5-18 的电路主要由功率晶体管（$T_1 \sim T_8$）以及与门、非门电路构成，信号端 ENA、IN1、IN2 用于控制左电动机，信号端 ENB、IN3、IN4 用于控制右电动机，这些信号端都由单片机提供信号。ENA、ENB 为使能端，仅当它们为高电平“1”时才可驱动电动机转动。IN1、IN2 和 IN3、IN4 用于控制左、右电动机的转速以及正反转，由单片机提供给这些端子 PWM

脉冲信号来控制电动机的转速。当PWM脉冲信号占空比较小时，晶体管的导通时间较短，智能小车的行走速度较慢；当占空比较高时，晶体管近乎于导通，智能小车的行走速度最快。设计时提供不同占空比的PWM脉冲信号，将速度分为八个等级。小车直走时左右轮电动机速度均为同一速度；转向时，通过控制左右轮电动机速度差来实现车体的转向。例如当左轮电动机速度大于右轮时，车体会向右转向。

测距和避障电路主要由红外线传感器和超声波传感器模块构成。红外传感器能够检测到较远前方的障碍物。为了易于识别，可将障碍物的颜色涂为黑色。当有障碍物时，传感器接收反射回来的红外光很少，达不到传感器动作的水平，使传感器输出高电平。单片机通过检测传感器的输出端是高电平“1”或低电平“0”，来判断有无障碍物。超声波模块包括超声波发射器、接收器与控制电路。超声波发生器内部有两个压电晶片和一个共振板。当施加于压电晶片两极的脉冲信号频率等于其固有振荡频率时，压电晶片将产生共振并带动共振板振动，便产生超声波。如果两电极间未外加电压，当共振板接收到超声波时，将压迫压电晶片振动，将机械能转换为电信号，就成为超声波接收器。只需提供一个脉宽10μs以上的脉冲触发信号，该模块内部将发出八个40kHz周期电平并检测回波，回波信号的脉冲宽度与所测得距离成正比。在超声波测距测电路中，发射端得到输出脉冲为一系列方波，其宽度为发射超声的时间间隔，被测物距离越大，脉冲宽度越宽，输出脉冲个数与被测距离成正比。超声波传播速度v近似为$v=331.5+0.607T$（T为现场的温度），测出发射和接收回波的时间差t，即可计算出距离为$S=vt/2$。

5.5.3 算法设计要求

为了使智能小车能够选择最优路径到达给定的目标位置，必须进行路径规划，同时在规划过程中要实时确定小车的方位，所以控制系统的设计涉及路径规划算法和小车位置确定算法。

1. 路径规划

有多种路径规划算法可供选择，下面仅以较为简单的人工势场法为例，说明小车的路径规划方法。智能小车在人工势场中的受力如图5-19所示。人工势场法在小车的运动空间中创建了一个势场。F_a表示目标对小车的引力，随着与目标距离增加而单调递增。F_r表示目标对小车的斥力（也即障碍物对小车的引力），随着小车与障碍物的距离增加而单调递减。F表示引力和斥力的合力，小车沿着合力的方向运动。

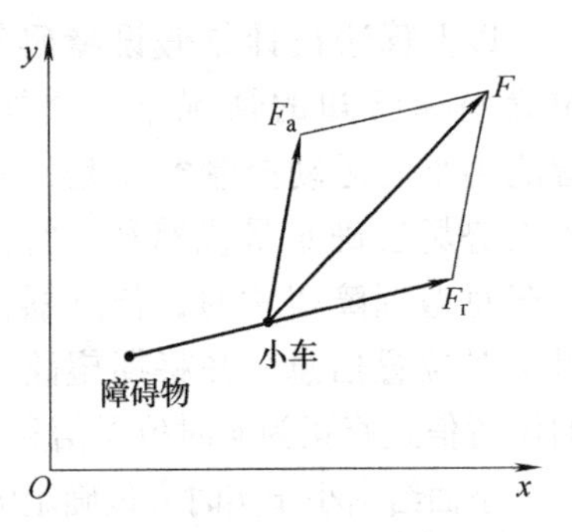

图5-19 智能小车受力图

小车受到的合力

$$F(X)=F_a(X)+F_r(X) \tag{5-10}$$

式中，X表示运动小车在工作空间中的位置。

定义势场函数为

$$U(X)=U_a(X)+U_r(X) \tag{5-11}$$

式中，$U_a(X)$、$U_r(X)$分别为目标点和障碍物对智能小车的引力势场和斥力势场。

定义引力势场为

$$U_a(X)=\frac{1}{2}K(X-X_g)^2 \tag{5-12}$$

式中，K 为大于0的引力势场常量；X_g为目标点位置。

定义引力为势场的负梯度

$$F_a(X)=-\operatorname{grad}[U_a(X)]=K(X_g-X) \tag{5-13}$$

定义斥力势场为

$$U_r(X)=\begin{cases}\dfrac{1}{2}m\left(\dfrac{1}{X-X_0}-\dfrac{1}{\rho}\right)^2 & X-X_0\leqslant\rho\\ 0 & X-X_0>\rho\end{cases} \tag{5-14}$$

式中，m 为大于0的斥力势场常量；ρ 为障碍物的范围；X_0为障碍物的位置。

定义斥力为势场的负梯度

$$F_r=-\operatorname{grad}[U_r(X)]$$

$$=\begin{cases}m\left(\dfrac{1}{X-X_0}-\dfrac{1}{\rho}\right)\left(\dfrac{1}{X-X_0}\right)^2\dfrac{\partial(X-X_0)}{\partial X} & X-X_0\leqslant\rho\\ 0 & X-X_0>\rho\end{cases} \tag{5-15}$$

合力 F 决定了智能小车的运动。用 MATLAB 进行仿真试验，结果如图5-20所示。图中，圆圈表示已设定好的障碍物坐标，直线表示最优路径，该智能小车能够实现自主避障、寻找最优路径到达终点。

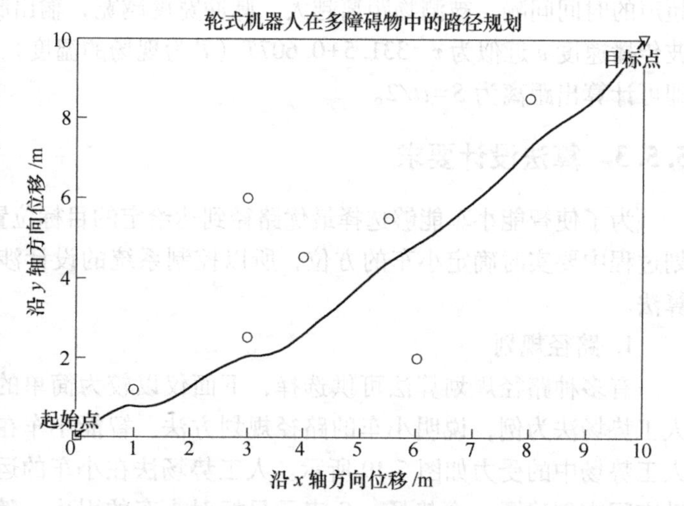

图5-20　MATLAB人工势场法仿真结果

2. 智能小车实时方位确定

以上算法设计是假设障碍物位置坐标已知的情况下，这样，智能小车的运动控制实质是跟踪人工势场法确定最优路径。智能小车每遇到障碍物时，传感器测得实时位置信息，并将期望路径的位置信息修正为实时位置信息，实现跟踪控制。

下面给出小车实时方位确定的说明，供参考。如图5-21所示，O'点为车体位置参考点，车体中心线 $O'A$ 与横向坐标轴的夹角 $\theta(t)$ 代表车体方向，$X(t)$、$Y(t)$、$\theta(t)$ 代表车体的方位。其坐标系的状态由前轴中点坐标 (x, y) 及 θ 表示，即 $\boldsymbol{W}=[X(t),Y(t),\theta(t)]^{\mathrm{T}}$。令位姿矢量 $\boldsymbol{W}=[X(t), Y(t), \theta(t)]^{\mathrm{T}}$，速度矢量 $\boldsymbol{u}=(V_L, V_R)^{\mathrm{T}}$，其中 V_L、V_R分别为小车的左轮平移速度和右轮平移速度，则小车的运动学模型为：

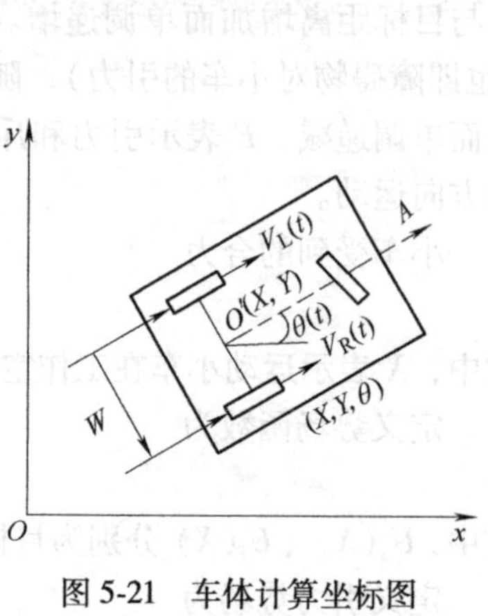

图5-21　车体计算坐标图

$$\boldsymbol{W}=\boldsymbol{B}(\theta)\cdot\boldsymbol{u} \tag{5-16}$$

式中，$B(\theta)=\begin{pmatrix}\cos\theta/2 & \cos\theta/2\\ \sin\theta/2 & \sin\theta/2\\ -1/w & 1/w\end{pmatrix}$，$w$ 为两车轮的距离。

伺服系统的反馈信号分别取自安装在两个电动机轴上的光电编码器，其中一个电动机作左轮驱动用，另一个电动机作右轮驱动用。这两个后轮上安装两个光电编码器作为位置测量传感器。

车体方位计算是路径轨迹推算导向法的基础，以光码盘作为传感器的车体方位推算导向技术。基本假设如下：

1）路面为光滑平面。

2）车轮在运动过程中，在纵向（轮面所处方向）做纯滚动，在横向无侧滑运动。

3）车体有关参数，如左右轮直径 D 相等，左右轮间距在车体负载与空载情况下相同。

在车体左右轮不发生侧滑的情况下，车体方位与左右轮运动速度 V_L 和 V_R 具有如下关系：

$$\begin{cases}\dfrac{dX(t)}{dt}=\dfrac{1}{2}\cos\theta(t)[V_L(t)+V_R(t)]\\ \dfrac{dY(t)}{dt}=\dfrac{1}{2}\sin\theta(t)[V_L(t)+V_R(t)]\\ \dfrac{d\theta(t)}{dt}=\dfrac{1}{w}[V_L(t)+V_R(t)]\cos\theta(t)\end{cases}\Rightarrow\begin{cases}X(t)=X(t_0)+\displaystyle\int_0^t\dfrac{1}{2}\cos\theta(t)[V_L(t)+V_R(t)]dt\\ Y(t)=Y(t_0)+\displaystyle\int_0^t\dfrac{1}{2}\sin\theta(t)[V_L(t)+V_R(t)]dt\\ \theta(t)=\theta(t_0)+\displaystyle\int_0^t\dfrac{1}{w}[V_L(t)+V_R(t)]dt\end{cases}\tag{5-17}$$

在车轮纯滚动的情况下，轮轴中心点在纵向经过的距离 S_A，应与车轮与地面接触之外沿任一固定点绕车轮圆心 O' 在环向所经过的距离 S_C 相等，即 $S_A=S_C$。

设由驱动电动机到车轮的减速比为 n_0。电动机轴转动 θ 弧度时车轮转动 $\theta'=\theta/n_0$ 弧度，则比例常数 $K_C=\dfrac{\pi D}{2\pi n_0}=\dfrac{D}{2n_0}$，即 $S_C=K_C\theta=\dfrac{D\theta}{2n_0}$，此时电动机上的光码盘（其分度数为 2500）发出 m 个脉冲，则 $\theta=\dfrac{2\pi m}{2500}$。因 $\boldsymbol{W}=[X(t),\ Y(t),\ \theta(t)]^T$ 具有周期性，将其离散化后得到

$$\begin{cases}X_{n+1}=X_n+\Delta X_n\\ Y_{n+1}=Y_n+\Delta Y_n\\ \theta_{n+1}=\theta_n+\Delta\theta_n\end{cases}\tag{5-18}$$

式中

$$\begin{cases}\Delta X_n=\displaystyle\int_{t_n}^{t_n+T}\dfrac{1}{2}\cos\theta(t)\cdot[V_L(t)+V_R(t)]dt\\ \Delta Y_n=\displaystyle\int_{t_n}^{t_n+T}\dfrac{1}{2}\sin\theta(t)\cdot[V_L(t)+V_R(t)]dt\\ \Delta\theta_n=\displaystyle\int_{t_n}^{t_n+T}\dfrac{1}{w}[V_L(t)+V_R(t)]dt=\dfrac{1}{w}(\Delta S_{R_{1n}}-\Delta S_{L_{1n}})\end{cases}$$

在区间 $[t_n,\ t_n+T]$ 内，对 cos（t）进行线性插值

$$\cos\theta(t)=\cos\theta_n+\frac{\cos\theta_{n+1}-\cos\theta_n}{T}(t-t_n)$$

得到

$$\begin{aligned}
\Delta X_n &= \int_{t_n}^{t_n+T} V(t)\left[\cos\theta_n + \frac{\cos\theta_{n+1} - \cos\theta_n}{T}(t - t_n)\right]\mathrm{d}t \\
&= \int_{t}^{t_n+T} V(t)\left[\cos\theta_n - \frac{\cos\theta_{n+1} - \cos\theta_n}{T}t_n\right]\mathrm{d}t + \int_{t_n}^{t_n+T} V(t)\,\frac{\cos\theta_{n+1} - \cos\theta_n}{T}t\mathrm{d}t \\
&= \left[\cos\theta_n - \frac{\cos\theta_{n+1} - \cos\theta_n}{T}t_n\right](S_{n+1} - S_n) + \frac{\cos\theta_{n+1} - \cos\theta_n}{T}[(t_n + T)S_{n+1} - t_n S_n] \\
&\quad - \frac{\cos\theta_{n+1} - \cos\theta_n}{T}\int_{t_n}^{t_n+T} S(t)\mathrm{d}t
\end{aligned} \tag{5-19}$$

对 $\int_{t_n}^{t_n+T} S(t)\mathrm{d}t$ 近似积分，得 $\int_{t_n}^{t_n+T} S(t)\mathrm{d}t \approx \frac{S_{n+1} + S_n}{2}T$。

式（5-18）最终化简得到

$$\Delta X_n = \frac{\cos\theta_{n+1} - \cos\theta_n}{2}\Delta S_n \tag{5-20}$$

同理得

$$\Delta Y_n = \frac{\sin\theta_{n+1} + \sin\theta_n}{2}\Delta S_n \tag{5-21}$$

根据左右轮驱动电动机光码盘发出脉冲的个数 m，即可求得 $S_{\mathrm{R},n}$、$S_{\mathrm{R},n+1}$、$S_{\mathrm{L},n}$、$S_{\mathrm{L},n+1}$，从而求出车体方位 $(X(t),\ Y(t),\ \theta(t))$。

5.5.4 系统软件设计要求

同样，该系统的微处理器选用单片机。单片机系统的软件可以用汇编语言编写，也可以用单片机C语言编写，或者两者混合编程。系统程序除了主程序外，也有功能子程序，应根据系统的具体要求编制功能子程序。例如，本系统主要功能子程序有：障碍物测距子程序，路径规划子程序，小车位置计算子程序，小车驱动控制子程序等。

5.5.5 制作及实验要求

1）按照系统设计要求进行原理电路图设计后和器件选型后，需要进行系统制作，包括电路板的设计和制作、器件的焊接和安装等，从而形成包含控制系统在内的智能小车。

2）根据功能要求完成主程序和子程序的编制，并对系统的软硬件进行调试。

3）完成系统的主功能实验。设置多个障碍物，测试小车能否规划出最优的路径避开障碍物，顺利到达目标终点。

图5-22 智能小车样机

图5-22给出一个智能小车样机。在实际测试中，传感器的安装位置会产生一定的影

响：若红外线传感器安装过高，会导致无法检测到障碍物（视其自身的高度）；安装过低时，会导致小车过于敏感，抖动比较严重。因此，要根据障碍物的大小和高度进行必要的安装调试。

5.6　本章小结

本章主要讲述了计算机控制系统的设计方法及步骤，包括：计算机控制系统设计需要具备的知识和能力，系统设计原则，系统设计主要包括的内容，控制系统总体方案的确定，控制用微型计算机的选择，建立数学模型、确定控制策略和控制算法，控制系统硬件设计，控制系统软件设计，计算机控制系统的调试。为了使学生能够对计算机控制系统基本设计方法和步骤进一步理解，本章给出了 DDC 控制系统、现场总线控制系统两个计算机控制系统应用实例，另外还提供了作为研究性学习的两个项目：LED 照明闭环控制系统和智能小车控制系统。显然，在教学过程中，若能够让学生利用课余时间去完成研究性学习项目，教学效果将十分显著。

（1）通过 LED 闭环控制系统设计，学生获得了实际完成一个计算机控制系统的完整训练，整个过程包括系统设计、控制算法应用、系统制作和调试，学生的实际动手能力获得很大提高。而智能小车的研制不仅包括硬件电路的设计、制作，还包括电动机的控制方法、路径规划和避障方法等理论内容，且智能小车的开发具有更多的趣味性，能使学生的学习兴趣和研究兴趣更大、自主能动性更强，学生的实际动手能力、知识应用能力和创新能力获得更大提高。

（2）在整个过程中，学生的学术研究素养获得提高。如学生不仅能够进行深入的理论知识学习，还要进行方法的选择和应用，例如路径规划方法、避障方法等；学会利用 MATLAB 对控制算法进行研究、仿真；学生还可以对更多的其他方法进行比较研究，等等。

附录　常用函数 z 变换表

序号	拉普拉斯变换 $E(s)$	时间函数 $e(t)$	z 变换 $E(z)$
1	1	$\delta(t)$	1
2	$\dfrac{1}{1-\mathrm{e}^{-Ts}}$	$\delta_{\mathrm{T}}(t)=\sum\limits_{n=0}^{\infty}\delta(t-nT)$	$\dfrac{z}{z-1}$
3	$\dfrac{1}{s}$	$1(t)$	$\dfrac{z}{z-1}$
4	$\dfrac{1}{s^2}$	t	$\dfrac{Tz}{(z-1)^2}$
5	$\dfrac{1}{s^3}$	$\dfrac{t^2}{2}$	$\dfrac{T^2z(z+1)}{2(z-1)^3}$
6	$\dfrac{1}{s^{n+1}}$	$\dfrac{t^n}{n!}$	$\lim\limits_{a\to 0}\dfrac{(-1)^n}{n!}\dfrac{\partial^n}{\partial a^n}\left(\dfrac{z}{z-\mathrm{e}^{-aT}}\right)$
7	$\dfrac{1}{s+a}$	e^{-at}	$\dfrac{z}{z-\mathrm{e}^{-aT}}$
8	$\dfrac{1}{(s+a)^2}$	$t\mathrm{e}^{-at}$	$\dfrac{Tz\mathrm{e}^{-aT}}{(z-\mathrm{e}^{-aT})^2}$
9	$\dfrac{a}{s(s+a)}$	$1-\mathrm{e}^{-at}$	$\dfrac{(1-\mathrm{e}^{-aT})z}{(z-1)(z-\mathrm{e}^{-aT})}$
10	$\dfrac{b-a}{(s+a)(s+b)}$	$\mathrm{e}^{-at}-\mathrm{e}^{-bt}$	$\dfrac{z}{z-\mathrm{e}^{-aT}}-\dfrac{z}{z-\mathrm{e}^{-bT}}$
11	$\dfrac{\omega}{s^2+\omega^2}$	$\sin\omega t$	$\dfrac{z\sin\omega T}{z^2-2z\cos\omega T+1}$
12	$\dfrac{s}{s^2+\omega^2}$	$\cos\omega t$	$\dfrac{z(z-\cos\omega T)}{z^2-2z\cos\omega T+1}$
13	$\dfrac{\omega}{(s+a)^2+\omega^2}$	$\mathrm{e}^{-at}\sin\omega t$	$\dfrac{z\mathrm{e}^{-aT}\sin\omega T}{z^2-2z\mathrm{e}^{-aT}\cos\omega T+\mathrm{e}^{-2aT}}$
14	$\dfrac{s+a}{(s+a)^2+\omega^2}$	$\mathrm{e}^{-at}\cos\omega t$	$\dfrac{z^2-z\mathrm{e}^{-aT}\cos\omega T}{z^2-2z\mathrm{e}^{-aT}\cos\omega T+\mathrm{e}^{-2aT}}$
15	$\dfrac{1}{s-(1/T)\ln a}$	$a^{t/T}$	$\dfrac{z}{z-a}$

参考文献

[1] 胡寿松. 自动控制原理 [M]. 5 版. 北京：科学出版社，2007.
[2] 程鹏. 自动控制原理 [M]. 2 版. 北京：科学出版社，2007.
[3] 邹伯敏. 自动控制原理 [M]. 北京：机械工业出版社，2007.
[4] 张爱民. 自动控制原理 [M]. 北京：清华大学出版社，2006.
[5] 高国燊，余文杰，等. 自动控制原理 [M]. 3 版. 广州：华南理工大学出版社，2009.
[6] 张彬. 自动控制原理 [M]. 北京：北京邮电大学出版社，2009.
[7] 王孝武，方敏，葛锁良. 自动控制理论 [M]. 北京：机械工业出版社，2009.
[8] 于海生. 计算机控制技术 [M]. 北京：机械工业出版社，2011.
[9] 范立南，李雪飞. 计算机控制技术 [M]. 北京：机械工业出版社，2012.
[10] 蒋心怡，吴汉松，易曙光. 计算机控制技术 [M]. 北京：北京交通大学出版社，2007.
[11] 潘新民，王燕芳. 微型计算机控制技术 [M]. 2 版. 北京：电子工业出版社，2011.
[12] 何小阳，喻桂兰. 计算机控制技术 [M]. 重庆：重庆大学出版社，2011.
[13] 刘庆丰，秦刚，等. 计算机控制技术 [M]. 北京：科学出版社，2011.
[14] 康波，李云霞. 计算机控制系统 [M]. 北京：电子工业出版社，2011.
[15] 于微波，张德江. 计算机控制系统 [M]. 北京：高等教育出版社，2011.
[16] 张鑫，华臻，等. 单片机原理及应用 [M]. 北京：电子工业出版社，2006.
[17] 朱清慧，张凤蕊，等. Proteus 教程——电子线路设计、制版与仿真 [M]. 2 版. 北京：清华大学出版社，2011.
[18] 刘金琨. 先进 PID 控制 MATLAB 仿真 [M]. 2 版. 北京：电子工业出版社，2006.
[19] 谢剑英. 微型计算机控制技术 [M]. 3 版. 北京：国防工业出版社，2004.
[20] 王晓明. 电动机的单片机控制 [M]. 北京：北京航空航天大学出版社，2002.
[21] 顾德英，张健，马淑华. 计算机控制技术 [M]. 2 版. 北京：北京邮电大学出版社，2007.
[22] 刘金琨. 智能控制 [M]. 4 版. 北京：电子工业出版社，2017.
[23] 罗文广，覃伟年，陈工. 湿热试验箱微机测控系统的设计 [J]. 微计算机信息，1998，14 (5)：34-36.
[24] 罗文广，覃伟年，陈工. 湿热试验箱单片微机测控系统 [J]. 自动化与仪表，2000，15 (1)：52-55.
[25] 罗文广，兰红莉. 基于模糊控制的多微机智能列车试风试验系统 [J]. 仪器仪表学报，2005，26 (2)：211-214.
[26] 罗文广，兰红莉. 一种远程智能列车试风测试系统 [J]. 传感器技术，2004，23 (11)：38-40.
[27] 黄丹，罗文广，陈文辉，等. LED 照明闭环控制实验系统研究 [J]. 实验技术与管理，2016，33 (8)：82-86.
[28] 黄丹. 罗文广，文家燕，等. 智能小车自主寻优控制实验系经研究 [J]. 实验技术与管理，2018，35 (3)：146-150.